HEYNE
BÜCHER

Vom gleichen Autor erschienen außerdem
als Heyne-Taschenbücher

Trozas · Band 687
Der Marsch ins Reich der Caoba · Band 786

B. TRAVEN

DIE REBELLION DER GEHENKTEN

Roman

WILHELM HEYNE VERLAG
MÜNCHEN

HEYNE-BUCH Nr. 559
im Wilhelm Heyne Verlag, München

16. Auflage

Genehmigte Taschenbuchausgabe
Verlegt 1951 bei Europäische Verlagsanstalt, GmbH

Printed in Germany 1977
Umschlag: Atelier Heinrichs, München
Gesamtherstellung: Ebner, Ulm

ISBN 3-453-00066-8

1

Nahe dem Orte Chalchihuistan, in einer Siedlung kleiner, unabhängiger indianischer Bauern, die den Namen Cuishin hatte, lebte auf seinem Ranchito der Tsotsil-Indianer Candido Castro mit seiner Frau Marcelina de las Casas und seinen beiden Söhnchen Angelino und Pedrito. Der kleine Hof, den Candido bewirtschaftete, besaß etwa zwei und ein halbes Hektar Land, das trocken, dürr und steinig war und mit viel Mühe und viel Fleiß bebaut werden mußte, sollte er die Familie ernähren.

Große Domänenbesitzer, Finqueros, der beiden Distrikte Jovel und Chiilum, versuchten häufig mit verlockenden Versprechungen, Candido zu veranlassen, sich mit seiner ganzen Familie als Peon auf einer der Fincas anzusiedeln und seinen ärmlichen und verelendeten Ranchito als nutzloses Gut aufzugeben.

Die Finqueros, ständig auf der Suche nach neuen Familien, die unentbehrlich als Arbeitskräfte auf den Fincas sind, waren nicht immer sehr wählerisch hinsichtlich der Mittel, die angewendet wurden, um indianische Familien aus unabhängigen Dörfern und Siedlungen zu ködern. Nicht selten geschah es, daß Finqueros um den Besitz solcher Familien stritten, als wären sie unmarkierte entlaufene Kälber, auf die ein jeder Finquero der Region Anspruch zu haben glaubte.

Die Jefes Politicos, politische Oberhäupter und Vertreter des Diktators in den Distrikten, sowie alle übrigen Behörden waren dabei stets auf seiten der mächtigen und reichen Finqueros. Natürlich. Gelang es den Behörden, eine unabhängige indianische Familie ihres Bodens zu enteignen, sei es durch Ungültigkeitserklärung ihrer Besitzrechte, oder sei es durch Mittel, die in jeder Hinsicht Verbrechen gleichkamen, so wurde die entrechtete Familie einem Finquero als Eigentum übergeben. Der Finquero übernahm die Schulden jener Familie und bezahlte die hohen Geldstrafen, die einem oder mehreren Mitgliedern der Familie auferlegt worden waren für irgendwelche Vergehen, die sie wirklich begangen hatten oder deren man sie ungerechterweise anschuldigte. Geldstrafen, die zu keinem andern Zweck auferlegt wurden, als die Familie so zu verschulden, daß irgendein Finquero, der sich bereit erklärte, die Schulden zu übernehmen, die Familie als Leibeigene seiner Finca erwerben konnte.

Durch eine angeborene Bauernklugheit, durch Nüchternheit und dadurch, daß er sich um nichts anderes kümmerte als um seine Arbeit, sein Land und um das Wohlergehen seiner Familie, hatte Candido vermocht, seine Unabhängigkeit als freier Campesino aufrechtzuerhalten.

Die indianische Siedlung, Rancheria, bestand aus nur fünf Familien, alle der Tsotsil-Nation zugehörend. Obgleich das Land der übrigen Familien um nichts besser war als das des Candido Castro, obgleich alle in sehr ärmlichen Palmhütten, spärlich mit Lehm beworfen, wohnten und ein Leben führten so schlicht, einfach und dürftig, wie es auf dem amerikanischen Kontinent nur indianische kleine Bauern vermögen, so war es nicht nur gegenüber Candido, sondern auch gegenüber allen anderen Familien nie geglückt, eine von ihnen nach einer Finca als Peones hinwegzulocken. Sie hungerten lieber in Unabhängigkeit und Freiheit, als sich anzufetten auf Befehl eines Regenten. Würde man sie gefragt haben, warum sie dies Leben dem der Peones vorzogen, so würden sie vielleicht eine ähnliche Antwort gegeben haben, wie sie eine uralte Negerin in Louisiana aussprach. In ihrer Jugend, vor dem Bürgerkrieg, war sie noch Sklavin gewesen. Alle Sorgen um ihr Wohlergehen hatte damals ihr Herr und Meister; sie arbeitete als Dienstmädchen im Hause ihrer Herrschaft und durfte essen von allem, was die Küche bot. Jetzt lebte sie in einer zusammenbrechenden Hütte, wusch für die Nachbarschaft und wußte nie, ob sie am folgenden Tage etwas zu essen haben würde, ohne stehlen zu müssen und dafür ins Gefängnis zu gehen.

Sie wurde eines Tages gefragt: „Höre, Tantchen, hattest du es nicht viel besser, als du noch Sklavin warst?" „Yassuh", antwortete sie, „damals hatte ich es gewiß viel besser, aber heute bin ich viel glücklicher; denn sehen Sie, Sir, es ist das Gefühl und nicht der Magen, was die Menschen glücklich macht."

Und sicher sprach auch hier in Cuishin bei allen den Familien mehr das Gefühl mit als der Magen. Andernfalls hätte man es sich nicht erklären können, warum die Leute es ertrugen, so dürftig und so mühevoll zu leben, anstatt alle Sorgen um ihr Dasein einem Finquero aufzubürden für die Gegenleistung, zu tun, was ihnen der Finquero zu befehlen geruhen würde.

Der Indianer, in der Tiefe seiner Seele, glaubt mehr an die Macht seines Schicksals als an die Macht irgendeines Gottes oder Herrn. Seinem Schicksal kann er nicht entrinnen, was immer er auch tut. Fühlt er sein Schicksal ihm nahekommen, dann kämpft er gleich allen menschlichen Lebewesen aus reinem biologischen Selbsterhaltungstrieb gegen das Schicksal mit allen Waffen und Mitteln, die ihm zur Verfügung stehen oder von denen er glaubt, daß sie ihm von Vorteil sein möchten in dieser oder jener Weise, eingeschlossen die Fürbitten eines Heiligen, der mit dem lieben Gott in telefonischer Verbindung steht.

Aber er fühlt, daß er sich auf verlorenem Posten befindet, und sich dem Schicksal nur darum widersetzt, um dessen Wirkung zu verzögern.

Und als Marcelina, die Frau des Candido, unerwartet heftig erkrankte und keines der Mittel, die bei den Familien in Gebrauch waren, ihr Linderung verschaffte, wußte Candido, aus Instinkt heraus, daß er an einem entscheidenden Wendepunkt seines Lebens angelangt war.

Marcelina hatte unerträgliche Schmerzen an der rechten Seite ihres Unterleibes. Sie behauptete, fühlen zu können, wie ihr Leib innen anschwelle und sicher aufplatzen werde. Die alte Partera der Familien, die Hebamme, sagte, die Därme hätten sich verwickelt und verknotet und müßten wieder aufgeknotet werden. Sie half diesem Aufknoten mit starken Abführmitteln nach, geeignet für hartleibige Elefanten. Jedoch Marcelina ächzte und stöhnte nur um so mehr und behauptete, daß ihre Eingeweide hin- und hergezerrt würden und nahe daran wären, völlig zu zerreißen. Die Partera sagte, daß dies ein sicheres Zeichen der ersten Todeswehen sei, und daß es nun an der Zeit wäre, Don Mateo zu melden, er möge doch eine Caja, eine Kiste, aus Jovelto mitbringen, um Marcelina auf fromme christliche Weise zu beerdigen.

Mit dieser Entscheidung war Candido nicht zufrieden. Er liebte seine Frau, dachte nicht daran, sie so leicht aufzugeben und beschloß, sie auf ein Mule zu laden und nach Jovel zu einem richtigen Doktor zu bringen. Alles Geld, das er in seiner Behausung hatte, kratzte er zusammen, und als er es überzählte, fand er, daß es achtzehn Pesos seien. Daß die Doktoren ebensowenig etwas umsonst taten wie die geistlichen Herren, das wußte er; und daß diese Krankheit von einer Art war, für die ein Doktor sich nicht mit dem üblichen Peso begnügen würde, das wußte er auch.

Jeder Tritt, den das Mule tat, verursachte der Frau solche Schmerzen und löste ein solches Wimmern aus, daß Candido, sobald der Weg zu schlecht und holperig wurde, seine Frau auf den Rücken nahm und das Mule an der Leine führte. Aber es tat der Frau wenig gut, weil nun ihr schmerzender Unterleib sich mit der vollen Last ihres Körpers gegen den Rücken ihres Mannes preßte. Dadurch wurden ihre Qualen so vergrößert, daß sie ihren Mann bat, sie doch wieder auf das Mule zu setzen, wo sie weniger Schmerzen fühle. Endlich aber vermochte die Frau weder auf dem Mule zu sitzen, noch sich überhaupt zu bewegen.

Sie ersuchte ihren Mann, sie am Wege niederzusetzen und sie in Ruhe sterben zu lassen; denn sie fühle, daß sie dem Tode nahe sei und ihm nicht entrinnen könne.

Als die beiden dort nun wohl eine halbe Stunde gerastet hatten, die Frau ausgestreckt am Boden, ihr Mann verzweifelt neben ihr sitzend, ihr zuweilen Wasser von einem trüben lauwarmen Bach bringend, der an der gegenüberliegenden Seite der Straße traurig seines armseligen Weges sickerte, kam eine Gruppe von indianischen Familien daher, die in Jovel zu Markte gewesen waren und nun in ihr Dorf zurückkehrten. Sie gehörten zum gleichen Stamme und zur selben Parochia, der Kirchgemeinde, der auch die Siedlung angegliedert war.

Alle setzten sich zur Rast nieder, um am Bach zu trinken.

„Wo gehst du hin, Candido?" fragte einer der Männer. „Der Markt ist längst vorüber."

„Marcelina ist so krank im Unterleib, daß sie wohl bald sterben wird. Ich wollte sie zu einem Doktor nach Jovel bringen, der ihr vielleicht die Därme auseinanderknüpfen kann, die sich alle verwickelt haben. Aber ich kann sie nicht auf dem Rücken tragen, dann schreit sie, und auf der Bestia kann sie auch nicht mehr sitzen, so weh tut es ihr im Leib. Sie ist schon halb tot, und ich warte nun hier, bis sie gestorben ist. Dann kann ich sie wieder auf das Mule laden und heimbringen. Es ist schade, sie ist so jung, so sehr gut, eine so tüchtige Arbeiterin im Haus und im Felde, und die beiden Kinder werden keine Mutter mehr haben."

Darauf sagte einer: „Du mußt sie nicht so leicht aufgeben, Candido. Freilich, wenn Marcelina sterben soll, dann stirbt sie. Aber vielleicht soll sie noch nicht sterben, und wir können dir helfen. Warte einen Augenblick."

Er rief mehrere Männer beiseite und redete mit ihnen. Dann kam er zurück zu Candido. „Wir tragen deine Frau Marcelina auf unsern Schultern nach Jovel zum Doktor, und wir werden so leicht gehen und so weich, daß sie gar nicht fühlen soll, daß sie überhaupt getragen wird."

Candido nickte, ohne ein Wort zu sagen.

Die Männer krochen in das Gehölz und schnitten Stämme ab, mit deren Hilfe sie eine einfache Tragbahre fertigten. Zwischen den Stämmen spannten sie ihre entleerten Tragnetze aus, und auf dieses Lager betteten sie Marcelina.

Ihre eingekauften Waren verteilten sie auf die Frauen und Burschen, die nach Hause wanderten.

Marcelina, vor Schmerzen bewußtlos geworden, wurde nicht gewahr, was mit ihr geschah.

Spät am Abend langten sie in Jovel an. Sie brachten die Erkrankte zu einem Doktor. Der Doktor fühlte die Stelle am Unterleib der Frau ab und sagte dann: „Sie muß operiert werden und gleich jetzt. Ich muß ihr den Bauch aufschneiden und ein Stück Darm herausnehmen, der vereitert ist und in zwölf Stunden ihren Tod verursacht, wenn ich ihn nicht herausschneide. Was kannst du denn bezahlen, Chamulito?"

„Achtzehn Pesos, Doctorcito Patroncito, mein Herrchen und Doktorchen."

„Was denkst du dir denn, Chamulito, was das kostet? Achtzehn Pesos kostet mich ja schon die Watte allein, der Alkohol, die Jodoform-Gaze. Was kann ich denn mit achtzehn Pesos tun? Chloroform kostet mich zehn Pesos."

„Pero, por el amor de Dios, um der Liebe Gottes willen, Doctorcito Jefecito, ich kann doch meine Frau nicht sterben lassen wie einen Hund."

„Ich will dir etwas erzählen, Chamulito. Siehst du, wenn mir die Liebe Gottes meine rückständige Miete bezahlt, meine Lichtrechnung, meine Schulden beim Krämer, beim Bäcker, beim Fleischhacker, beim Schneider, dann kann ich deine Frau wohl recht gut auch um der Liebe Gottes willen operieren. Aber weißt du, Chamulito, ich habe mehr Vertrauen zu deinem Geld und zu guten Bürgen, die du mir bringst, denn zur Liebe Gottes. Gott kümmert sich um ein Spätzlein, das von einem Aste herunterfällt, aber nicht um einen Doktor, der in seinen Schulden ersäuft. Und alles sind Schulden von meinem Studieren her und von Rechnungen, die ich nicht bezahlen konnte, weil hier so viele Doktoren sind und zu wenig Kranke, die Geld haben."

„Aber meine Frau stirbt, wenn Sie sie nicht operieren."

„Auch ich sterbe Hungers, weißt du, wenn ich umsonst operiere. Gut, alles, was ich dir sagen kann, ist, daß die Operation dreihundert Pesos kostet. Aber damit du einsiehst, daß ich kein Heide bin und niemand, nicht einmal die Frau eines unwissenden Indianers, herzlos sterben lasse, wenn ich etwas für sie tun kann: ich werde die Operation für zweihundert Pesos vornehmen. Es ist eine Schande, und ich kann aus der Ärzteorganisation wegen Preisverlumpung schmachvoll ausgestoßen werden. Also zweihundert Pesos. Und du bringst die zweihundert Pesos in weniger als drei Stunden oder die Operation hat keinen Zweck mehr."

Während dieser Unterredung lag Marcelina auf einem Petate auf dem Ziegelfußboden im Portico des Doktorhauses. Die Männer, die sie hergebracht hatten, hockten in der Nähe, halblaut schwatzend und Zigarren rauchend.

Was hätten sie auch sonst tun können? Alles Geld, das sie in ihren Heimen besaßen, zusammengeworfen, brachte keine zweihundert Pesos. Sie hätten auch noch ihre Schafe dazu verkaufen können und wahrscheinlich wäre der Ertrag noch immer nicht auf zweihundert Pesos gekommen.

Wie und wo Candido gedachte, zweihundert Pesos zu erlangen, wußte er nicht. Und daß ihm zweihundert Pesos in dieser Not, in der er sich befand, vom Himmel regnen könnten, daran glaubte er nicht.

Nachdem der Medico den Preis festgesetzt hatte und keinen Patienten in seinem Consultorio warten sah, stülpte er sich einen alten Hut auf und ging hinaus auf die Straße. Er mußte doch wieder einmal sehen, ob die Häuser noch alle auf ihrem alten Platze standen oder ob sich während der letzten drei Stunden etwas in der Stadt ereignet habe, das würdig sei, darüber in der Cantina zu schwatzen.

Vielleicht hatte Doña Adelina es doch endlich erfahren, daß ihr Gespons Don Pablo jeden zweiten Abend eine Stunde oder eine und eine halbe Stunde bei der appetitlichen Witwe Doña Pilar verbrachte, deren Mann nur gerade vier Monate unter der Erde lag. Das war eine Schande. Nicht, daß Doña Pilar sich mit dem verheirateten Don Pablo vergnügte, sondern daß Doña Pilar nicht soviel christlichen Anstand zeigte, wenigstens ein volles Trauerjahr abzuwarten, ehe sie sich weltlichen und anderen Belustigungen hingab. Die ganze Stadt, mit der einzigen Ausnahme von Doña Adelina, wußte von den abendlichen Besuchen. Und da die Stadt sonst nichts an Neuigkeiten besaß, Straßenunfälle nie vorkamen und nur gelegentlich ein Hauseinsturz, so wartete die ganze Stadt auf das große Ereignis, da Doña Adelina erfahren würde, daß sie nicht die Einzige und Bevorzugte sei, die das Recht und das Vergnügen habe, Erleichterung aus mancherlei irdischen Nöten zu finden. Und ganz gleich, ob sich zwei Männer in einer Cantina trafen oder zwei Frauen auf dem Markte oder vor der Haustüre —, sobald das Wetter mit einigen Worten erwähnt war, fiel die Frage: „Weiß Doña Adelina noch immer nichts von dieser Schande?" Niemand betrachtete es als Schande oder sah etwas Unmoralisches in jenen abendlichen Besuchen. Jeder war gesund und normal genug, um einzusehen, daß Doña Pilar zu ihren natürlichen Rechten kommen mußte, und die Nachbarn wünschten nicht die Entdeckung an sich. Das kümmerte sie wenig. Was die Leute allein wünschten, war, den Skandal genießen zu können, den Doña Adelina aus Selbstachtung heraus anzustellen gezwungen war. Es bestand nur eine Sorge in der Stadt, die, daß Doña Adelina vielleicht schon von der Sache wußte, aber absichtlich keinen Skandal machte und so jegliche Hoffnung auf eine gesunde dramatische Komödie zerstörte.

Ehe der Doktor seinen Rundgang um die Plaza machte, dann in die Cantina ging zu sehen, wer da wäre, und so einen Grund zu haben, zwei Comitecos statt einen zu trinken, wanderte er zuerst in die Botica, die Apotheke, um seinem besten Freund und Geschäftsgenossen, Don Luis, dem Boticario „Buenas Noches" zu wünschen. Wo Doktor und Boticario gute Freunde sind, blüht das Geschäft für beide; wo jedoch die beiden in bitterer Feindschaft leben, werden Kranke fett und alt, und die deutschen Farben-Werke müssen Arbeiter entlassen.

Als der Doktor das Haus verlassen hatte, wußte Candido nicht, was er noch weiter hier tun sollte. Er beschloß, auf die Straße zu gehen und zu sehen, wohin der Doktor gegangen sei. Einen andern Doktor aufzusuchen, daran dachte er nicht. Denn er wußte recht gut, daß alle Doktoren gleich seien, wenn der Preis in Frage kam. Zu Doktor Pablo war er gekommen, weil alle seine Nachbarn in der Siedlung und in dem nächsten Dorfe zu ihm gingen, wenn sie einen Doktor benötigten. Sie wechselten diesen Doktor erst dann, wenn er einen ihrer Sippe zu Tode kuriert hatte: Dann versuchten sie es mit einem andern, solange, bis auch der an dem Tode eines Stammesgenossen schuldig gesprochen wurde. Nach Monaten freilich war die Reihe der Doktoren erschöpft, und der ganze Stamm kehrte nach und nach zu dem ersten zurück, bis sich sein Schicksal abermals erfüllte. Die Doktoren der Stadt sahen die Indianer nicht ungern als Patienten; denn es waren die Patienten, die jede Behandlung sofort bezahlten, und darum gleich bezahlten, weil ihnen nicht geborgt wurde. Sobald ein Indianer in den Consultorio trat, und ehe der Doktor ihn fragte, was er habe und wo es ihm fehle, mußte er seinen Peso oder, wenn ihm Preisermäßigung bewilligt wurde, einen halben Peso oder seine sechs Reales, dreiviertel Peso, auf den Tisch abladen. Ein Doktor, der viele Indianer als Patienten hatte, war in materieller Hinsicht bei weitem besser gestellt als der, der nur Ladinos, die mexikanische Bevölkerung, empfing. Die Ladinos bezahlten besser, aber sie bezahlten selten, ehe drei volle Jahre vergangen waren, und dann murrten sie noch, daß der Doktor sie ewig mit seinen Rechnungen belästigt habe. Das nächste Mal würden sie einen anderen nehmen.

Candido hatte seine Frau in der Obhut seiner Freunde im Portico des Hauses des Doktors zurückgelassen.

Auf der Straße stehend, wußte er nicht, wohin er sich wenden sollte. Aber da er keinen anderen Gedanken hatte als seine todkranke Frau, ging er auf die nächste Botica los mit der Absicht, den Boticario zu fragen, was für eine Medizin er ihm für seine Frau empfehlen könne. Die unbestimmte Hoffnung, es möchte vielleicht ein wirksames Mittel geben, das er mit seinen achtzehn Pesos kaufen könne, führte ihn zu der Apotheke.

„Was willst du haben, Chamula?“ fragte ihn Don Luis. „Ammoniaco oder Camphor?“

„Das wird mir nicht viel helfen, meine Frau hat es hier an dieser Seite im Unterleib.“ Er erklärte die Krankheitsgeschichte.

Als er damit durch war, sagte der Boticario, ein ehrlicher Mann, er habe für diesen Fall keine Medizin, und nur eine Operation könne helfen.

„Sprich mit dem Doktor hier“, riet er Candido. In diesem Augenblick war der Arzt in den Laden gekommen, um von Don Luis zu hören, welche Neuigkeiten sich in der Stadt innerhalb der letzten vier Stunden ereignet hatten.

„Ich kenne den Chamula“, sagte der Medico. „Seine Frau liegt bei mir im Portico. Sie hat Blinddarmentzündung. Ich habe ihr Eis aufgelegt. Hilft nicht viel. Wenn ich nicht operiere, geht sie drauf. Aber wie kann ich denn operieren, er hat nur achtzehn Pesos.“

„Dafür können Sie es freilich nicht machen“, lachte der Boticario.

„Für die Watte allein, die Gaze und Chloroform muß ich Ihnen ja schon mehr berechnen als achtzehn Pesos."

„Das habe ich dem Chamula bereits klargemacht." Nun wandte er sich an Candido: „Hast du denn niemand hier, der dir vielleicht die zweihundert Pesos borgt, damit du deine Frau retten kannst?"

„Wer wird mir denn zweihundert Pesos borgen?" Candido sagte das weder hoffnungslos noch verzweifelt, sondern ebenso schlicht, als ob er sagen würde: „So ist es und daran kann ich nichts ändern."

„Könntest vielleicht einen Kontrakt als Kaffeepflücker nach Soconusco annehmen. Der Enganchador würde dir sicher zweihundert Pesos Vorschuß geben", schlug der Boticario vor.

Candido schüttelte den Kopf. „Nach Soconusco gehe ich nicht. Da sind die Alemanes. Die haben alle Cafetales. Sie sind grausam und behandeln einen Indianer, als wäre er weniger als ein Hund. Nein, dorthin gehe ich nicht."

„Dann wird dir kaum zu helfen sein, Chamula, und deine Frau wird wohl sterben."

„Das wird sie wohl, Patroncito", meinte Candido in einem Tone, als spräche man von einer Frau, die er nicht kenne. Er schabte sich den Rücken gegen den Türpfosten, kraulte sich im Haar herum und spuckte aus auf die Straße, die von einigen traurig glimmenden Glühbirnen mager beleuchtet war.

Der Boticario, beide Arme faul auf die Ladenplatte gestützt und eine Zigarette im Munde herumquirlend, blickte gleichfalls auf die Straße hinaus, die hier in die nordöstliche Ecke der Plaza einmündete. Während der Doktor mit seinem Rücken an der Ladenplatte lehnte, um sich nach den Anstrengungen eines völlig arbeitslosen Tages so faul und bequem wie möglich auszuruhen, hatte er rückwärts beide Ellenbogen auf die Ladenplatte gelümmelt und seinen rechten Fuß auf eine Kiste gesetzt, die schon seit dem Morgen unausgepackt hier im Laden stand.

„Wann wird denn nun endlich die alte Schraube, Doña Amalia, abnibbeln?" fragte der Boticario gelangweilt.

„Doña Amalia? Welche meinen Sie denn?" fragte der Arzt.

„Die mit dem Uterus-Krebs."

„Nach allen medizinischen Weissagungen und nach den allerbesten Prophezeiungen Äskulaps ist Doña Amalia seit mehr als zehn Jahren tot und begraben. Da sie aber immer noch herumhüpft und ihre Tage damit verbringt, über ihre Leiden zu klagen und über den unnützen Saufbold zu schimpfen, den ihre Tochter geheiratet hat, scheint das ein neues Beispiel zu sein für die laienhafte Behauptung, daß die medizinische Wissenschaft auf derselben Stufe sich befinde, wo sie vor dreitausend Jahren war. Und das ist auch meine ehrliche Meinung." Er wollte noch etwas hinzufügen, wurde aber in seiner philosophischen Abhandlung unterbrochen durch das Auftauchen eines Mannes, der plötzlich im Lichtkreis der gutbeleuchteten Botica erschien.

„He, Don Gabriel", rief der Doktor, „wo kommen Sie denn her? Auf Vergnügungsabstecher?"

Don Gabriel blieb stehen, als überlege er, ob er eintreten solle oder nicht. Er entschied sich endlich, hereinzukommen und den unnützen Schwatz, der hier geführt wurde, noch weiter zu verblöden. Er stolperte die drei Steinstufen hinauf, trat über die Schwelle und sagte: „Buenas Noches, Caballeros!" stülpte dabei mit lang ausgestrecktem Zeigefinger seinen Basthut in den Nacken und stöhnte: „Verfluchtes Zeug. Bin hier, die Schecks von den Monterias einzulösen. Und nun hat Don Manuel nicht genügend Bargeld zur Hand."

„Er kann Ihnen doch einen Scheck auf seine Bank geben", sagte der Boticario.

„Freilich kann er das und will es auch. Aber was ich brauche, ist dinero en effectivo, bares Geld. In sechs Tagen hat er es hier. Solange muß ich nun warten. Und, verdammt noch mal, das ist alles verlorene Zeit."

„Um uns allen die Laune aufzufrischen, werde ich erst einmal einen unverfälschten Apotheker-Cocktail zurechtschütteln, damit wir wieder auf die Füße kommen", sagte der Boticario und ging in die Abteilung für Rezepte, das Sanctum, wie er es nannte, wo er seine Giftpillen drehte und die verschriebenen Zaubertränke mischte.

„Worauf wartet der Chamula hier?" fragte Don Gabriel, eine Zigarette annehmend, die ihm der Doktor hinreichte.

„Seine Frau hat akute Blinddarmentzündung und muß operiert werden. Ich habe mich erboten, sie für lumpige zweihundert Duros von dem Stück Darm zu erlösen. Sie ist geliefert, wenn sie nicht operiert wird. Aber wo, zu allen höllischen Teufeln, kann denn der Muchacho zweihundert Pesos herkriegen?"

Don Gabriels Interesse an diesem Falle wuchs.

„Hast du hier niemand in der Ciudad, der dir die zweihundert Pesos borgt?" fragte er.

„No, Jefecito, nadie", erwiderte Candido und spuckte in einem weiten Bogen auf die Straße. Dann sog er tief an seiner rohen Zigarre und sah den Vorfall als erledigt an.

„Ich würde dir wohl die 200 Pesos borgen, Chamula, sogar noch 50 Pesos mehr; ja, als Zugabe kriegst du zwei Flaschen Aguardiente für deine Freunde, die sich so abgemüht haben, deine arme kranke Frau hierherzuschleppen. Die kannst du doch nicht einfach so gehen lassen, ohne deine Dankbarkeit zu bezeigen." Don Gabriel sagte das in einem Tone, als ob er einen Kontinent zu verschenken habe, den niemand haben wolle, und er nun sehr glücklich sei, einen armen Indianer getroffen zu haben, der wenigstens ein Stückchen dieses Kontinents annehmen würde.

Candido konnte weder lesen noch schreiben. Auch sonst machte er nicht den Eindruck, als besäße er irgendwelche besondere Intelligenz, die ihn unter seinen Stammesgenossen ausgezeichnet hätte. Aber er besaß eine Gabe, die für das gewöhnliche Leben wertvoller ist als alle erlernten Wissenschaften: die natürliche Gabe, wohl zu verstehen, was zwischen den Worten eines Sprechenden verborgen ist. Dazu kam Erfahrung, gesammelt im Umgang mit anderen Menschen, insbesondere mit Ladinos. Wenn ihm ein Ladino einen Peso anbot, so war er sicher, daß ihn der Peso leicht zehn Pesos kosten konnte, wenn er ihn annehmen würde.

Er versuchte nicht lange, um die Sache herumzureden, sondern ging geradezu auf den Punkt los: „Nach Soconusco zu den Alemanes gehe ich nicht, Patroncito, auch nicht für fünfhundert Duros."

In diesem Augenblick drehte sich der Boticario aus dem Allerheiligsten heraus, in einem großen Glase das mysteriöse Gebräu schüttelnd und schwenkend. Er zwinkerte mit den Augen wie eine verliebte Krähe und sagte: „Caballeros, das ist ein Cocktailchen, das Sie für eine Woche nicht vergessen sollen. Mein Wort darauf. Und nicht für fünfundzwanzig Pesos verkaufe ich Ihnen das Rezept. Es ist sogar Rosenwasser und ein winziges Tröpfchen Benzoe mit darin — nur um Sie wissen zu lassen, wie kompliziert diese Bebida beschaffen ist."

Don Gabriel war jetzt mitten in Geschäften, und auch der geheimnisvollste Cocktail hätte ihn nicht verführen können, einen fetten Profit, der ihm so ungerufen entgegenkam, zu verachten. Geheimnisvolle Getränke sind ein Vergnügen des Magens, aber ein fetter Profit ist ein Labsal des Gemüts.

„Zu den Alemanes nach Soconusco, Kaffee zu pflücken?" Don Gabriel machte ein erstauntes Gesicht. „Aber, Muchacho, manito mio, mein Brüderchen, ich habe gar nicht von Cafetales gesprochen. Dort wird ja nichts verdient, Muchacho, und die Alemanes sind grausame Leute, stets mit der Peitsche hinter den armen Muchachos her, die sich die Seele aus den Därmen schuften müssen, um ein paar traurige Reales zu verdienen."

„Richtig, Patroncito", sagte Candido. „Aber wie käme ich denn zu zweihundertfünfzig Pesos, wenn nicht in den Kaffeepflanzungen?"

„Ich werde dir einen Kontrakt für die Monterias geben, Muchacho." Don Gabriel drehte sich langsam eine Zigarette. „Du bringst mit einen Confiador, einen Bürgen. Einer deiner Freunde, die deine Frau hierhergetragen haben, wird sicher gut zu dir sein und den Bürgen für dich machen. Du sagst mir deinen Namen und den Ort, wo du wohnst, ich schreibe dir den Kontrakt aus, und dann gebe ich dir sofort die zweihundertfünfzig Pesos, hier gleich in die Hand."

„Besser, du beeilst dich", unterbrach ihn der Boticario, „der Doctorcito hat dir ja bereits gesagt, wenn deine Frau nicht innerhalb zweier Stunden den bösen Darm herausgeschnitten bekommt, dann kannst du sie beim ersten Grauen des Morgens in die Erde eingraben, und du bist ohne Frau."

„Und deine Kinder haben keine Mutter mehr", fügte der Doktor hinzu. Warum sollte er nicht gleichfalls auf sein Geschäft bedacht sein?

Obgleich Candido schwerfällig genug in seinem Kopfe arbeitete, um das Für und Gegen des Vorschlages abzuwägen, so vergaß er doch nicht, daß er nicht die einzige Person war, die er in Betracht ziehen mußte. Die Bemerkung des Doktors lenkte seine langsam sich bewegenden Gedanken auf die Kinder und auf sein Land. Für sein Stückchen Land fühlte er sich ebenso verantwortlich wie für seine Kinder.

„Was tut meine Frau und was tun meine Kinder, wenn ich in die Monteria ziehe und sie allein lassen muß?" fragte er. Seine Kinder nicht allein zu lassen, darin hoffte er eine Rechtfertigung zu finden, den Kontrakt abzulehnen, den Tod seiner Frau der Fügung Gottes und dem Wunsche der Heiligen aufzubürden und sich von jeglicher Verantwortung am Tode seiner Frau freizusprechen.

Aber Candido rechnete nicht mit der Geschäftstüchtigkeit Don Gabriels. Don Gabriel sah das Loch im Netz, durch das Candido zu entschlüpfen versuchte, ebensogut wie Candido.

„Wer hat denn hier etwas davon gesagt, daß du deine Frau und deine Kinder allein lassen sollst, Chamula?" Don Gabriel zog seine Augenbrauen in erstaunter Gebärde hoch. „Ich habe sicher nichts davon gesagt."

Candido öffnete den Mund und sah Don Gabriel fragend an. Wenngleich er nicht an Wunder solcher Art glaubte, so mochte es vielleicht doch sein, daß hier, im Hinblick auf seine bedrängte Lage, ein Ausweg gefunden würde, der ihm erlaubte, das Geld für die Operation zu erhalten und dennoch auf seinem Lande zu bleiben und seine Familie um sich zu haben. Wie das zu ermöglichen war, das in wenigen Sekunden auszudenken, war freilich zu schwierig für ihn. Und ehe er auch nur Zeit hatte zu fragen, kam schon die Antwort Gabriels: „Das ist sehr einfach, Chamulito. Du nimmst deine Frau und deine Kinder mit dir in die Monteria."

An eine solche Lösung hatte Candido nie gedacht. Sie kam ihm überraschend. Er sah sofort, daß er sie nicht ablehnen konnte. Sie überwältigte mit einem Schlage alle seine Einwendungen, die er vielleicht noch hätte aufbringen können. Das letzte Loch im Netz war zugezogen.

Don Gabriel gönnte ihm auch keine Sekunde Zeit mehr, das Geschäft zu verzögern. Er fragte ihn nach seinem Namen und Wohnort, fragte ihn nach Namen und Wohnort eines Stammesgenossen, der er als Bürgen nannte. Don Gabriel schrieb den Namen in sein Büchelchen. Als er das getan hatte, schnallte er einen Lederriemen unter dem Hemd auf und zerrte ihn heraus. Dieser Lederriemen war ein lederner Schlauch, in dem Don Gabriel, wie alle Handelsleute, Viehkäufer und Farmer, die weite Reisen zu Pferde machen mußten, ihr Geld verwahrten. Sie trugen diesen Schlauch auf den nackten Leib geschnallt, den sie selbst nachts nicht lösten, sondern so drehten, daß sie auf der Schnalle schliefen.

Don Gabriel schüttelte fünfzig Silber=Pesos aus dem Schlauch hervor, zählte sie in Häufchen auf der Ladentischplatte auf und sagte: „Hier hast du fünfzig Pesos Vorschuß. Für die zweihundert Pesos, die noch fehlen, stehe ich dem Doktor gut, dem ich die zweihundert Pesos morgen geben werde. Angenommen, Doktor?"

„Aceptado", erwiderte der Arzt, der sich nun an den Apotheker wandte. „Machen Sie mir hier das Rezept und gleich, Don Luis." Er kritzelte rasch einige Hieroglyphen auf ein Stück Papier und reichte es dem Apotheker hin.

„In zehn Minuten schicke ich Ihnen die Ladung rüber. Aber nun könnten wir erst doch endlich mal den Cocktail einatmen, von mir mit so vieler Mühe und Talent erzeugt, Caballeros."

„Nicht schlecht", sagte Don Gabriel schmatzend, das Glas auf einen Ruck hinuntergießend.

„Ehre, dem Ehre gebühret", lachte der Doktor, streckte dann seine Zunge heraus und leckte in dem leeren Glas herum.

„Einer ist noch drin für jeden von uns", sagte der Boticario und zog die leeren Gläser zu sich heran, um sie aufs neue zu füllen.

Während die Caballeros Loblieder zum Ruhm des Cocktails sangen und die Talente dessen priesen, der ihn gebraut und gestiftet hatte, war Candido emsig gewesen, das Geld in seinen rotwollenen Leibgurt zu drehen. Als er es sicher verwahrt hatte, machte er, ohne sich zu verabschieden, einen Satz zur Tür hinaus und verschwand in der Dunkelheit.

Im Hause des Doktors fand Candido seine Freunde, die im Portico des Patio hockten und seine Frau bewachten, so schweigsam, daß er glaubte, sie seien eingeschlafen. Denn es war nicht die Gewohnheit seiner Freunde, wie es nicht die Gewohnheit der Männer seines Volkes war, in einer Gruppe zusammenzuhocken und sich dumm anzusehen. Wo immer die südlichen Indianer in einer Gruppe beieinander sind, schwatzen sie unaufhörlich. Sie schwatzen bis spät in die Nacht hinein, und wenn sie endlich schlafen, so wachen sie alle halbe Stunden auf und reden auf ihre Nachbarn, die ihnen zur Seite ruhen, ein. Und am Morgen, sobald sie die Augen öffnen, beginnt auch gleich wieder das Schnattern.

Candido also näherte sich der schweigenden Gruppe. Er konnte sie nur undeutlich erkennen, denn der Patio war nur von einer kleinen Petroleumlampe erleuchtet, die hinter einem Fenster in einem Raum auf der gegenüberliegenden Seite des Patio zu sehen war.

Er trat dicht auf die Männer zu und fand, daß sie alle in einem Kreise um seine Frau herum hockten. Sofort wurde ihm bewußt, was geschehen war. Er hockte sich nieder, nahe dem nächsten, bei dem er stand, tippte ihn leicht an die Schulter und sagte müde: „Wann verließ sie mich?"

„Vor einer halben Stunde oder so. Sie wachte auf und stöhnte. Dann sagte sie: ‚Oh, Candido, mein Mann, wo bist du?' Darauf streckte sie sich lang und war tot."

Da kam der Doktor durch die schwere Holztür in den Hausgang. Er pfiff vor sich hin und rief hinüber zu dem Winkel des Porticos, wo er die Indianer wußte: „Bringt sie in mein Consultorio. Ich werde jetzt operieren."

Ohne auf seinem Wege anzuhalten, ging er mit langen Schritten auf die Tür seines Sprechzimmers zu. Er öffnete die Tür und rief dann über den Patio hinweg: „Oye, Rodolfa, du verdammte Kröte von einem verschlafenen Mädchen, bring mir sechs Kerzen in leeren Flaschen zum Aufstellen. Ich habe eine Operation. Und heißes Wasser. Einen Eimer voll. Y algo prontito, etwas mit Eile."

„Vuelo, Doctorcito, ich fliege", rief das Mädchen aus einer Ecke heraus.

Der Doktor ließ die Tür seines Consultorio weit offen. Er zündete eine Kerze an, die dort in einem häßlichen abgeknabberten Emaille-Leuchter auf dem Tisch stand. In einem kleinen Wandschränkchen mit Glasscheiben hatte er einige braune Fläschchen mit Etiketten, die einen Totenkopf zeigten. Diese Flaschen machten auf seine Kundschaft einen tiefen Eindruck, darum stellte er sie in dem Schränkchen stets in den Vordergrund. In dem unteren Fach des Schränkchens, gleichfalls für die Besucher sichtbar, hatte er seine Instrumente. Sie glichen mehr den Zangen, Zwickern und Pinzetten eines billigen Dentisten als den Instrumenten eines Chirurgen.

Betrachtete man die Instrumente näher, dann fand man, daß sich an allen die Vernickelung abzupellen begann, und mehrere der Instrumente zeigten reichlich Rost. Auf einem kleinen, weiß angestrichenen Tischchen, auf dem eine verstaubte und befleckte weiße Windel als Tischdecke gebreitet war, lagen noch einige Instrumente, die kräftiger aussahen und recht gut für Werkzeuge gehalten werden konnten, wie sie ein Hufschmied gebraucht. Daß sie die Werkzeuge eines Arztes waren, erkannte man nur daran, daß sie einmal recht schön vernickelt gewesen sein mußten. Jetzt freilich war von dem Nickel nicht mehr viel zu sehen. Da sie den irdischen Einflüssen der Regenperioden mehr ausgesetzt waren als die kleineren Instrumente, die im Schränkchen aufbewahrt wurden, trugen diese Werkzeuge den Rost so dick, von dem übrigen Staub, Fliegendreck und Spritzern der Scheuerlappen nicht zu reden, daß grobes Sandpapier nötig gewesen wäre, um den Rost abzuschmirgeln.

Der Doktor zündete sich eine Zigarette an. Dann ging er zu dem Schränkchen, nahm eine gewaltige Medizinflasche heraus, auf deren Etikett in großen Lettern „Hennessy" stand. Er hielt sie gegen das Licht der Kerze, um die Menge des Inhalts zu prüfen, griff dann nach einem Wasserglas und füllte es halb voll. Mit zwei guten Zügen goß er die Medizin über seine Zunge hinweg. Er schmatzte, krächzte einige Male in seiner Kehle und sagte halblaut: „Verflucht, ich muß doch morgen eine neue Flasche kaufen. Das Zeug geht weg wie warmes Olivenöl. Oder vielleicht nippt mir die Kröte von einer Muchacha zuweilen an der Flasche herum, wenn sie hier ausfegt. Ich werde ein Gift-Etikett aufkleben. Ist sicherer." Er räusperte sich nun heftig und ging zu dem Tisch, auf dem die Zangen, Hämmer, Bohrer, Messer und Feilen des Hufschmiedes lagen, nahm einige auf und begann, sie mit einem schmutzigen Tuche abzureiben.

Halb war er damit fertig, als er sich plötzlich umdrehte und an seine Patientin dachte. Er ging zur Tür und rief: „Ja, zur Hölle noch mal, bringt ihr sie nun oder bringt ihr sie nicht? Was ist denn da los?"

Keine Antwort kam. Er nahm die Kerze, ging den Portico entlang, bis er zu dem Platz kam, wo die Indianer schweigend um die Frau hockten.

Die Männer sahen ihn an, ohne etwas zu sagen. Er beugte sich nieder, leuchtete der Frau ins Gesicht, betastete ihre Wangen, hob ein Augenlid auf und sagte: „He, he! Was wäre mir denn das?"

Sein Gesicht zeigte Enttäuschung. Er fühlte sich von der Frau betrogen. In der Hoffnung, daß er vielleicht doch noch an ihr arbeiten könnte, steckte er eine Hand unter den Latz ihres Jorongo und fühlte ihre Brust. Aber rasch zog er seine Hand wieder zurück. Er rückte die Kerze näher heran und zwickte die Frau heftig in die Backe.

Es zeigte sich keine auch noch so leichte Färbung.

„Warum bist du denn nicht früher gekommen?" sagte er rauh zu Candido, während er sich aufrichtete und den Leuchter aufnahm.

„Ich war frühzeitig genug hier, Doktorchen", verteidigte sich Candido mit leiser Stimme.

„Verflucht, zum Teufel, halt's Maul. Schafft sie hier heraus aus meinem Hause."

„Con su permiso, Doctorcito! Mit Ihrer gütigen Erlaubnis werden wir sie nun heimtragen." Candido streichelte das Gesicht seiner Frau und deckte es mit dem Latz ihres wollenen Überwurfs zu, so daß die nackten Brüste sichtbar wurden.

Seine Freunde zogen eine der beiden Bastmatten, auf denen die Frau ruhte, hervor; deckten diese Matte über ihren Körper; und mit der anderen Matte rollten sie den Leichnam ein, als wäre er ein Stamm. Dann rollten sie die obere Matte gleichfalls herum, und verschnürten das Ganze gleich einem Bündel. Darauf nahmen sie den Leichnam auf und legten ihn auf das schlichte Traggestell, auf dem sie die Frau hergebracht hatten.

Candido ging voran und öffnete die Haustür.

Als die Männer auf halbem Wege waren, rief der Doktor: „Oye, Muchacho, du willst doch hier nicht etwa gehen, ohne deine Schulden zu bezahlen?"

Candido kam zurück. „Ich vergaß das, Doctorcito. Vergeben Sie mir. Cuanto debo? Wieviel ist es, daß ich schulde?"

„Fünf Peso für die Voruntersuchung, und fünf Peso für die Untersuchung post mortem, ich meine, für die Untersuchung, ob sie tot ist."

„Vergeben Sie mir, Doktorchen, aber Sie haben sie doch nicht kuriert? Sie haben doch nichts getan, ihr zu helfen."

„Habe ich sie denn nicht gut untersucht und dir gesagt, daß sie operiert werden muß?"

„Si, Jefecito, das haben Sie wohl getan."

„Ist das Arbeit oder ist es nicht?"

„Freilich ist das Arbeit, Doctorcito. Aber die Arbeit hat doch keinen Wert gehabt. Meine Frau ist tot. Das können Sie doch sehen. Das kann doch ein jeder Mensch sehen."

„Ich habe keine Zeit, mit dir zu verhandeln. Ich habe anderes zu tun. Entweder du bezahlst die zehn Pesos, die du mir schuldest, oder ich lasse dich einsperren."

Der Doktor streckte Candido die offene Hand hin, um anzudeuten, daß die letzten Worte in dieser Angelegenheit gesprochen seien, und daß die Hand nun gefüllt werden müsse.

Candido hatte bereits begonnen, seinen wollenen Leibgürtel aufzuwickeln. Er schälte die zehn Pesos hervor und zählte sie dem Doktor in die Hand.

Während er zahlte, Peso für Peso, jeden Peso einzeln in seiner Hand erst wiegend und sich dabei erinnernd, wieviel harte Arbeit es für ihn kostete, einen Peso bares Geld auf dem Markt, wo er die Produkte seines armseligen Feldes verkaufte, einzunehmen, trugen seine Freunde das Bündel zur Tür hinaus.

Auf der Straße warteten sie auf Candido.

Die Beerdigungsgeschäfte sind Tag und Nacht ununterbrochen geöffnet, weil, des Klimas wegen, die Beerdigung innerhalb zwölf Stunden nach dem Tode erfolgt. Häufig in noch kürzerer Zeit. Darum war es nur natürlich, daß Candido ein Geschäft offen fand, wo er einen Sarg kaufen konnte. Der billigste Sarg war eine viereckige ungehobelte Kiste. Diese Kiste war schwarz angestrichen. Aber weil das Inhumacion-Geschäft dem Sargmacher, der ein unabhängiger Handwerker war, so wenig zahlte, daß dem Handwerker kaum sechzig Centavos für seine Arbeit an jeder Kiste blieben, hatte er an der Farbe sparen müssen, und der Anstrich war so dünn, daß überall das nackte Holz hindurchschimmerte. Der Boden der Kiste trug überhaupt keine Farbe.

„Dieser Sarg kostet vier Pesos", sagte der Händler zu Candido.

„Gut, den nehme ich."

„Aber ich glaube, er wird zu kurz sein für deine Frau", meinte darauf der Händler, der, als er bemerkte, daß Candido Geld habe, ihm einen teureren Sarg zu verkaufen gedachte.

Einer der Freunde maß mit seinen Armen die Länge des eingewickelten Leichnams und dann die Länge des Sarges. „Die Kiste ist reichlich lang genug", sagte er zu Candido.

Als der Händler merkte, daß ihm eine bessere Einnahme verlorengehen könnte, klopfte er Candido freundschaftlich auf die Schulter und sagte mit trauriger Stimme: „Nun höre einmal, Chamulito, du wirst doch deine Frau, die dir deine Kinder gegeben hat, nicht in einer so armseligen Kiste begraben wollen. Was wird denn die Heilige Jungfrau von dir denken, wenn sie deine Frau in einer so schäbigen Kiste findet. Sie geht vielleicht gar an deiner Frau vorüber und nimmt sie nicht auf in den Himmel. Du willst ganz gewiß nicht, daß deine gute Frau draußen vor dem Tor des Himmels stehen bleiben muß wie die bösen Sünder, Spitzbuben und Mörder. Diese Kiste, die du kaufen willst, ist nur eine Kiste für die Verlorenen, die tot auf der Straße oder auf den Wegen aufgelesen werden, und die niemand kennt und die keine Angehörigen haben. Sieh dir einmal diesen schönen Sarg hier an. Brauchst ihn nicht zu kaufen. Sieh ihn dir nur an. Wie schön und sanft deine gute Frau in diesem prachtvollen Sarge ruhen würde! Wenn diesen Sarg die Heilige Jungfrau sieht, dann kommt sie gleich mit Singen und Läuten darauf zu, gibt deiner Frau die Hand und nimmt sie mit sich hinauf in den Himmel; denn sie sieht, daß deine Frau keine verlorene Sünderin ist, sondern eine Gesegnete, die getauft wurde. Deine Frau ist doch getauft?"

„Si, Patroncito. Sie wurde getauft, als sie noch klein war."

„Dann kannst du sie nicht in einer so billigen Kiste begraben lassen. Dieser Sarg hier ist fein gehobelt und gut gestrichen, außen schwarz und innen weiß und mit einem Goldstreifen, wie du sehen kannst."

„Wieviel kostet er?" fragte Candido.

„Zwanzig Pesos, Chamulito."

Der Händler sah das erschreckte Gesicht des Candido, änderte sofort den geschäftsmäßigen Ton und sagte nun teilnehmend: „Es ist bitter, die Frau zu verlieren, mein Bruder, ich weiß das; ich habe zwei verloren. Es ist das letzte, das du für deine gute Frau tun kannst. Und angesichts der traurigen Lage und des Schmerzes, in dem du jetzt bist, will ich dir den Sarg für siebzehn Pesos lassen. Dabei verdiene ich nichts; ich schwöre dir, bei der Heiligen Jungfrau, daß mich der Sarg selbst sechzehn Pesos und fünfzig kostet."

Nun begann das eigentliche Handeln.

Als Candido seine Frau endlich in den Sarg einbetten konnte, hatte er dafür dreizehn Pesos bezahlt. Er kaufte geweihte Kerzen; dann Aguardiente, um die Leidtragenden nicht trocken gehen zu lassen.

2

Von dem Tage, an dem seine Frau erkrankte, bis eine Woche nach ihrer Beerdigung lebte Candido in einer Art von Dämmerung. Er vermochte nicht zu denken. Sein Empfinden war stumpf geworden. Er hätte nicht mit Bestimmtheit sagen können, ob er wache oder träume.

Als er den Sarg kaufte, die Kerzen und die Kruke mit fünf Litern Aguardiente zur Bewirtung seiner Freunde, gab er das Geld, das er im Gürtel trug, aus, ohne auch nur ein einziges Mal darüber nachzudenken, wie er zu dem Gelde gekommen sei, und was der Besitz und das Aufbrauchen des Geldes für ihn und sein Schicksal bedeuteten. Gesetzt den Fall, er hätte kein Geld gehabt, so würde sich ein Ausweg gefunden haben, die Beerdigung dennoch in genügend würdiger Weise zu vollziehen. Seine Frau wäre begraben worden, eingewickelt in die beiden Petates, oder seine Freunde und Sippengenossen würden ihm geholfen haben, eine Kiste schlecht und recht anzufertigen. Jedoch das Ausgeben des Geldes begann, förmlich ohne seinen Willen, in jenem Augenblick, als der Doktor zehn Pesos verlangte.

Die folgenden Ausgaben tat er wie in einer Betäubtheit. Er würde, obgleich ehrlich in seinem Charakter, selbst Geld ausgegeben haben, das ihm zur Beförderung an eine andere Person übergeben worden wäre, ohne in jenen Stunden dumpfen Schmerzes auch nur eine Sekunde unterscheiden zu können, was recht und unrecht sei.

Und so war in den drei Wochen, die seit dem Tode seiner Frau vergangen waren, nicht ein einziges Mal in ihm die Erkenntnis wach geworden, daß er mit den Verausgabungen jenes Geldes sein ferneres Schicksal entschieden hatte.

In seiner Siedlung war keine Gelegenheit, Geld auszugeben. Das Feld spendete jedem, was er brauchte, um seinen Magen zu füllen. Aber er mußte drei kleine Saugschweinchen kaufen, denn Schweine sind, schon des Fettes wegen, in dem Haushalt der indianischen

Bauern kaum zu entbehren. Es zerbrach ihm aber auch noch beim Ausgraben eines Steines sein einziger Machete, den er besaß, und er zerbrach so dicht an dem Heft, daß selbst der Stumpf nicht mehr zu gebrauchen war. Der Machete würde ihn drei Pesos kosten, so rechnete er. Und die Schweinchen könnte er wohl für vier Reales das Stück kaufen, wenn sie sehr klein waren und er sich Mühe machte, auf dem Markte in Jovel nach billigen Schweinchen zu suchen. Das waren vier Pesos fünfzig Centavos, die er brauchte.

Als er nun beschloß, am nächsten Tage, an dem der Markt war, nach Jovel zu wandern, suchte er das Geld zusammen, das er für den Handel benötigte. Wie die aller übrigen Indianer seiner Nation, die in Dörfern und Siedlungen wohnen, so war es auch seine Gewohnheit, Geld in einen alten Fetzen einzuwickeln und im Boden seiner Hütte einzuscharren. Wenn das Geld oder ein Teil herausgenommen worden war, so wurde es beim Wiedereingraben an einer anderen Stelle der Hütte vergraben, häufig unter dem Feuerplatz, der sich ja auch auf dem nackten Boden befand.

Candido suchte sein Geld hervor, und als er es in die Hand nahm, tat er einen Ausruf des Erstaunens. Es waren mehr als sechsundzwanzig Pesos, die ihm, seine ursprünglichen Pesos eingerechnet, verblieben waren.

Freilich dauerte dies Erstaunen, so viel Geld vor sich zu sehen, nur eine halbe Minute. In der nächsten halben Minute kamen ihm die Herkunft des Geldes und dessen teilweiser Verbrauch zu vollem Bewußtsein. Und zum Bewußtsein kam ihm gleichfalls, daß er nicht nur seine Frau verloren hatte, sondern auch die Freiheit, über sich selbst bestimmen zu können. Er war nun Sklave des Don Gabriel, der ihn zu den Monterias schickte und ihn von seiner Erde und dem Grabe seiner Frau trennte.

Eine schwache Hoffnung nur verblieb ihm: daß Don Gabriel ihn vergessen habe. Das erschien Candido besonders deshalb möglich, weil Don Gabriel ihm ja nicht die 200 Pesos ausgehändigt hatte, nachdem die Zahlung an den Arzt überflüssig geworden war. Der Vertrag war von dem Agenten also nicht vollständig erfüllt worden.

Am nächsten Morgen, lange vor Sonnenaufgang, nahm Candido seine beiden Söhne und machte sich auf den Weg nach Jovel. Er trug eine schwere Last von Mais auf dem Rücken. Dem größeren Jungen war eine Last von trockenem Futtergras aufgeladen, dem kleineren ein Sack mit Schafwolle. Es waren die Produkte, die Candido in Jovel zu verkaufen gedachte, um für den Erlös Salz, Rohzucker und ein Stück weißen Baumwollstoffes einzukaufen. Sechs Pesos trug er als bares Geld mit sich.

Noch vor Mittag hatte er alle seine Geschäfte beendet. Seine Produkte waren verkauft, wie gewöhnlich zu einem lächerlich geringen

Preis. Die Schweinchen, die er erworben hatte, trug er in einem Sack auf dem Rücken. Sie quiekten und krabbelten an seinem Rücken herum. Aber das machte ihm mehr Freude denn Ärger, weil es bewies, daß er gesunde Tierchen erhandelt hatte, von denen er wußte, er würde sie hochbringen.

Er war nun auf dem Wege zur Eisenhandlung „El Globo", wo er einen neuen Machete zu kaufen gedachte. Den Sack legte er vor der offenen Tür ab und gab ihn seinen Jungen zur Bewachung. Dann trat er verlegen und schüchtern in den Laden, nicht als ob er Käufer wäre, der mit barem Gelde kam, um dem Händler Verdienst zu bringen, sondern als wäre er ein Bettler, der jeden Augenblick erwartete, mit einem Fußtritt in den Hintern hinausgeworfen zu werden.

Kaum war er eingetreten, als jemand zu ihm sagte: „Aha, da bist du ja, Chamulito. Auf dich warte ich gerade."

Candido blickte auf und sah Don Gabriel vor sich stehen, den Enganchador, den Werbeagenten.

Es war die Gewohnheit Don Gabriels, wie die der meisten Ladinos, sich den ganzen Tag über damit zu beschäftigen, von einem Laden zu einem andern zu gehen, dort mit den Inhabern zu schnattern und zu sehen, ob nicht ein Bekannter anzutreffen war. Zwischendurch wurde mehrere Male eine Cantina aufgesucht, um durch einige heftige Comitecos die Kehle zu waschen und mit anderen alten oder neugewonnenen Bekannten Unsinn zu reden. Freilich meinte jeder, daß alles, was er redete, wichtig sei und insbesondere auf die Politik des Landes Einfluß habe. War die Kehle ausgeschwenkt, wurde der Rundgang in die Läden der Stadt fortgesetzt. So ging der Tag vorüber. Der Abend gab erneut Gelegenheit, in die Cantina zu gehen und nunmehr statt nur eine copita gleich ein halbes Dutzend die Gurgel hinunter zu schütten. Darauf wurde ein Rundgang um die Plaza getan, und dann war es Zeit zum Abendessen. Das Abendessen mußte gut mit Flüssigkeit abgedeckt werden, was als genügender Vorwand galt, abermals zu sehen, wen man in einer der Cantinas treffen mochte. Die eigentliche Arbeit der Caballeros, die unbedingt notwendig war, um die Zivilisation in Gang zu halten, wurde so zwischendurch hier und da angetastet; einige Minuten wurden auf rein geschäftliche Dinge verwendet. Man muß es sich leicht machen im Leben und die arbeiten lassen, die keine Caballeros sind und nicht genügend Fett im Obergehäuse haben, um ernten zu können, ohne zu pflügen.

Es waren Minuten-Gelegenheiten, die Don Gabriel auszunützen verstand. In einer solchen Minuten-Gelegenheit hatte er Candido den Kontrakt aufhängen können, und jetzt war wieder eine solche Minuten-Gelegenheit, wo er den Kontrakt einzukassieren gedachte.

In den Läden herumzulaufen und dort für halbe Stunden zu stehen und zu schwatzen, war denn doch nicht so geschäftlich wertlos wie es leicht erscheinen mochte. Wäre er nicht hier, scheinbar nutzlos, im Laden gewesen, hätte er Candido nicht getroffen, um ihm etwas Wichtiges sagen zu können.

„Das weißt du doch, Chamula, daß Montag der Trupp abmarschiert, zu dem du gehörst und der in die Monterias zieht."

„Patroncito, mein liebes Herrchen, ich habe doch aber das Geld nicht genommen, weil meine Frau tot war, ehe der Doktor kam."

„Die zweihundert Pesos liegen für dich bereit in der Botica, kannst sie dort haben, wann du willst." Die zweihundert Pesos waren natürlich nicht in der Botica oder sonst irgendwo hinterlegt. Sollte Candido die zweihundert Pesos wirklich verlangen, für die er jetzt gar keine Verwendung mehr hatte, so war reichlich Zeit, sie zu hinterlegen oder sie ihm völlig aus seinen Gedanken herauszureden.

Candido wurde hartnäckig, ohne aufsässig zu werden. „Ich habe die zweihundert Pesos nicht angenommen, Jefecito, und darum habe ich auch keinen Kontrakt für die Monteria."

„Du hast aber fünfzig Pesos angenommen, oder vielleicht nicht?"

„Ja, aber die fünfzig kann ich zurückgeben."

Don Gabriel wurde stutzig und etwas verwirrt. Es bestand Gefahr, daß er den Mann verlor.

„Komme mir hier nicht mit Geschichten, die du mir erzählen willst", sagte er. „Ob du die fünfzig Pesos bringst oder nicht, befreit dich nicht aus dem Kontrakt, dem du vor Zeugen zugestimmt hast. Auch das Vorschußgeld hast du vor Zeugen angenommen. Wenn du auch nur drei Pesos Vorschuß annimmst, bist du im Kontrakt. Oder soll ich dich vielleicht zur Polizei bringen, wo man dir sagen wird, wer hier im Recht ist, du oder ich?"

Don Gabriel wartete auf eine Antwort. Dabei kam ihm ein neuer Gedanke: „Du willst gewiß nicht fortlaufen, Chamula? Das werde ich gleich verhindern."

Candido wußte, was nun geschehen würde. Mit einem Satz war er zur Tür hinaus. Es wäre ihm vielleicht geglückt zu entkommen, hätten nicht vor der Tür seine beiden Jungen gehockt, die er nicht allein in der Stadt zurücklassen konnte. Er rief sie an, ihm zu folgen. Aber ehe sie aufspringen konnten, hatte Don Gabriel beide fest an den Armen gepackt.

Er rief nun mit gellender Stimme: „Policia! Policia! Acá, acá!"

Das Municipalidad-Gebäude war gleich gegenüber der Straße, wo es die eine volle Längsseite der Plaza einnahm. In der vierten Tür war die Comandancia de Policia, und vor der offenen Tür standen und hockten stets einige Polizisten herum, die auf Befehle ihres Kommandanten warteten. Don Gabriels Ruf war noch nicht ganz verhallt, als auch schon drei Polizisten, ihre Holzknüppel schwingend, mit einem kurzen Keuchen vor der Eisenhandlung angehetzt kamen.

„Was gibt es, Don Gabriel? Haben die beiden Jungen etwas gestohlen?" fragte der eine.

„Nimm die beiden Bastarde rüber zur Comandancia und halte sie gut fest. Ich komme sofort selbst, um mit dem Jefe zu reden."

„Muy bien, Don Gabriel, zu Ihren geschätzten Diensten!" sagten die Polizisten pflichteifrig und zerrten die Jungen hinter sich her.

Die Jungen, ihren Packen auf dem Rücken, begannen nun entsetzlich zu schreien, als ob sie erschlagen werden sollten, und riefen mit voller Kraft ihrer jungen Stimmen: „Tate! Tate! Vater! Vater!"

Candido war, trotz der Schwere seines Packens, ein gutes Stück gerannt und hatte bereits die Hälfte der Plaza überquert. Er war sicher, daß seine Jungen ihm dicht auf den Füßen folgten. Er wußte, wie gut sie zu rennen vermochten, wenn sie hinter einem Hasen oder einem jungen Affen her waren.

Als er jedoch seine Jungen schreien hörte und sich umblickte, sah er sie zum Cabildo gezerrt. So blieb ihm nichts anderes zu tun, als umzukehren und ebenfalls zur Comandancia zu gehen.

Sobald er in die Wache trat, ließen die Polizisten seine Jungen los. Die stürmten auf ihren Vater zu und klammerten sich, Schutz suchend, an seinen Beinen fest.

„Warte hier, Chamula, bis Don Gabriel kommt, er hat eine Anklage gegen dich."

Im Portico des Cabildo waren Bänke aufgestellt, die gegen die Wände des Gebäudes lehnten. Hier saßen die Leute, die zu warten hatten, bis sie aufgerufen wurden. Im Gebäude befanden sich außer der Municipalidad, der Gemeindeverwaltung und der Polizeikommandantur auch der Calabos, das Polizeigefängnis.

Auf einer der Bänke, dicht beim Eingang zur Comandancia, saßen Polizisten, die hier auf Befehle warteten. Nachdem Candido eine Weile in dem Vorzimmer herumgestanden war, ohne daß sich jemand um ihn kümmerte, ging er endlich hinaus und hockte sich im Portico nieder. Entlaufen konnte er nicht leicht, weil die Polizisten nahebei auf der Bank saßen.

Es währte eine Viertelstunde, ehe Don Gabriel gemächlich herangeschlendert kam. Er trat in die vordere Amtsstube und fragte den schläfrigen Schreiber: „Don Alejo hier?" Don Alejo war der Polizeikommandant.

„Im Augenblick nicht, Don Gabriel. Er ist mit einem Diputado einen Aperitivo, einen Appetitanreizer, trinken gegangen. Aber er wird in kurzer Zeit zurück sein."

„Bueno. Ich werde wiederkommen. Hasta luego."

„Zu Ihren geschätzten Diensten, Don Gabriel", sagte der Schreiber höflich.

Draußen im Portico stand Don Gabriel eine Weile, zündete sich mit Andacht eine Zigarette an, blickte über die Plaza hinweg, sah dann auf den hingekauerten Candido und sagte zu ihm: „Vergiß das nicht, Chamula, mir läuft keiner fort. Auch du nicht. Wen ich geangelt habe, den halte ich fest."

Er reichte den Polizisten sein Päckchen mit Zigaretten hin. Jeder zupfte sich vorsichtig, und mit langen Fingern, eine Zigarette heraus und sagte: „Muchas gracias, Don Gabriel!"

Während er sich drehte, um fortzugehen, warf er beiläufig hin: „Und daß ihr gut auf den Chamula aufpaßt, Hombres."

„Keine Sorge, Don Gabriel, er läuft uns nicht fort."

Candido zog den Sack, in dem er die Schweinchen trug, zu sich heran. Er öffnete den Sack ein wenig, langte mit der Hand hinein und streichelte und tätschelte die jungen Tiere. Die Schweinchen quiekten und versuchten, sich zur Öffnung des Sackes hinauszukratzen.

„Nicht so ungeduldig, ihr kleinen Racker", sagte Candido. Dann, sich zu seinen beiden Jungen wendend: „Die sind aber einmal lebhaft und gesund, die werden gute fette Puercos machen."

„Ja, Tate", erwiderten die Jungen gleichzeitig, „das sind sehr hübsche Tierchen."

Candido wickelte ein Fünf-Centavo-Stück aus seinem Wollgürtel hervor und sagte zu seinem Ältesten: „Angelino, hier nimm den Quinto und laufe da um diese Ecke herum, da ist der Markt, kaufe für den Quinto Mais; ich werde den kleinen hungrigen Dingern etwas zu fressen geben."

Der Junge sprang fort. In einigen Minuten kam er zurück, den gekauften Mais in seinem kurzen, wollenen Überwurf tragend. Dem Indianer, obgleich sein Geld ebenso gut ist, wie das der Ladinos, wird nichts in Papier eingewickelt, auch werden ihm keine Tüten gegeben. Wozu auch? Er kann das Gekaufte, sei es Zucker, Salz, Kaffee, in seinen Hut schütten, oder in seinen Überwurf, oder er kann seine Hosen unten zubinden und die Ware in die Hosenbeine füllen. Er erwartet keine andere Bedienung beim Händler, obgleich ohne die indianischen Kleinbauern als Käufer der gesamte Handel der Stadt vernichtet würde und alle Händler so gut wie verhungern müßten. Denn die Indianer, die wöchentlich oder zweimal im Monat zur Stadt kommen, um zu handeln, belaufen sich auf nicht weniger als zwanzigtausend, wenn nicht fünfundzwanzigtausend; sie sind an Gesamtzahl doppelt so stark wie die ganze Bevölkerung der Stadt, die von ihnen lebt.

Als die Schweinchen mit Wohlbehagen ihren Mais kauten und Candido und seine Jungen ihnen dabei vergnügt zusahen, kam der Commandante zurück. Er beachtete den auf den Steinboden gekauerten Indianer nicht, weil im Portico zu jeder Stunde des Tages oder der Nacht Indianer herumhockten.

Einige Minuten später erschien auch Don Gabriel.

„Wie geht es Ihnen, Don Alejo?" fragte er.

„Regular, Don Gabriel, nichts Besonderes."

„Don Alejo, ich habe da einen Chamula draußen. Sperren Sie ihn ein bis Montag. Ich zahle die Verpflegung."

„Und welche Anklage bringen Sie, Don Gabriel? Ohne Anklage kann ich niemand hier einsperren. Ich muß etwas ins Buch schreiben."

„Kontraktbruch. Oder genauer: Versuchter Kontraktbruch."

„Das genügt." Der Kommandant rief: „Un hombre!" Einer der Polizisten sprang auf, rannte zur Tür, grüßte militärisch und sagte: „A sus ordenes, mi Jefe!"

„Bringe den Chamula 'rein, den Chamula des Don Gabriel!"

„A sus ordenes, mi Jefe!" Der Polizist ging zur Tür und rief im selben Ton, wie ihn soeben der Kommandant ihm gegenüber gebraucht hatte: „He, Chamula, komm hierher und springe, oder ich bringe dich auf deine faulen Beine."

Candido band den Sack zu, in dem die Schweinchen quiekten, nahm den Sack und seinen Packen auf und folgte dem Polizisten.

„Was hast du denn da im Sack, Chamula?" fragte der Kommandant.

„Junge Schweinchen, Patroncito, um sie groß zu machen."

„Gut, kannst sie mit in den Patio nehmen." Der Kommandant sah nun die beiden indianischen Jungen mit ihren Packen auf dem Rücken. Sie waren hinter ihrem Vater hergekommen und hielten sich dicht an seinen Beinen.

„Was wollt ihr denn hier, Niños?" fragte er.

„Das sind meine beiden Jungen, Ihre gehorsamen Diener, Patroncito", sagte Candido höflich. Don Alejo sah Don Gabriel an.

Don Gabriel war nicht verlegen. „Am besten ist, Don Alejo, Sie sperren die Jungen mit hier ein. Die können allein nicht zurückgehen in ihr Dorf."

„Richtig, Don Gabriel. Aber was machen Sie mit den Jungen am Montag, wenn der Vater in die Monteria marschiert?"

Don Gabriel lachte glucksend. „Ja, was können wir mit den beiden Jungen machen. Die Mutter ist tot. Ich glaube, wir können nichts Besseres tun, als sie mit ihrem Vater zur Monteria zu schikken."

Der Kommandant nickte zustimmend, sah auf die Jungen in einer Weise, als ob er an zwanzig andere Dinge zu gleicher Zeit dächte und sagte: „Das scheint mir das Menschlichste zu sein, Don Gabriel, die Kinder nicht von ihrem Vater zu trennen. Und dabei fällt mir ein, Don Gabriel, ich habe mit Ihnen zu sprechen. Wir könnten in der Cantina eine Copita trinken."

„Immer dabei, Don Alejo.“ Sie verließen das Gebäude und schlenderten hinüber zur Cantina.

Auf dem Wege sagte Don Gabriel: „Sie wissen, Don Alejo, ich verdiene, aber ich lasse auch andere verdienen.“

„Weiß ich, Don Gabriel. Und das gerade ist es, worüber ich mit Ihnen sprechen wollte.“

„Mit Vergnügen, Don Alejo, immer zu Ihren geschätzten Diensten.“

Als sie die Klapptüre der Cantina aufstießen, sagte der Kommandant: „Die Jungen sind gesund und kräftig. Warum sollen sie nicht recht gut als Ochsenfütterer und als Ochsentreiber arbeiten, um ihrem Vater zu helfen. Das ist nur ihre göttliche Pflicht gegenüber ihren Eltern.“

„Habe auch ich gedacht, Don Alejo. Und außerdem wäre es eine Grausamkeit ohnegleichen, Kinder von ihrem Vater zu trennen.“

„Eine Grausamkeit, für die es kein anderes Wort gibt als: Sünde, die nie vergeben werden kann. Salud, Don Gabriel!“

„Salud, Don Alejo!“

Der Comiteco schoß die Kehlen hinunter. Während Don Gabriel noch an der halben Zitrone saugte, um dem Branntwein einen verfeinerten Geschmack nachzusenden, rief er: „Dos más, zwei weitere Copitas, Don Ranulfo. Hier sind zwei durstige Caballeros, trocken und mit Staub bedeckt vom Ritt durch die Wüste.“

Während Don Ranulfo ihnen den Rücken zukehrte, um die Flasche herzulangen, sagte Don Gabriel dicht am Ohr des Kommandanten: „Fünfundzwanzig Pesos, Don Alejo. Ich denke, das gleicht unsere Rechnung aus.“

„Aceptado, Don Gabriel. Immer bereit, wenn ich etwas für Sie tun kann.“ Er schob das Geld ein, schwenkte das Glas hinunter, nahm eine Prise Salz auf, schüttete sie auf den Handrücken, leckte sie mit breiter Zunge ab, und sagte dann: „Verflucht, jetzt muß ich aber rennen. Entschuldigen Sie mich, Don Gabriel. Hasta luego, Don Ranulfo.“ Er bewegte eine Hand gegen den Cantinero und fegte hinaus.

3

Am Montag zog der Trupp ab zur Monteria.

Es waren fünfunddreißig Mann, darunter die beiden Jungen. Außerdem gingen im Trupp vier Frauen, die ihre Männer nicht verlassen wollten und darum mit ihnen in die Monterias marschierten, mutig genug, alle Leiden mit ihren Männern gemeinsam zu ertragen und sich als wahre Gehilfinnen und Gefährtinnen zu offenbaren.

Auf dem Marsch, ehe der Trupp den großen Dschungel erreichte, schlossen sich kleinere Gruppen an, bestehend aus Leuten, die Don Gabriel in den indianischen Dörfern und in den Domänen angeworben hatte, und die sich bereit hielten für den Tag, an dem der Haupttrupp durch die Gegend kam.

Der Trupp der Caobaleute wuchs mit jeder Meile, die er weitermarschierte. Als er endlich an der letzten Siedlung am Eingang zum Dschungel angelangt war, betrug die Zahl der Angeworbenen hundertzwanzig. Hinzu kamen vierzehn Frauen und neun Kinder unter zwölf Jahren. Kinder, die älter waren oder älter zu sein schienen, zählten nicht als Kinder, sondern bereits als Arbeiter für halben Lohn.

Drei merkwürdige Burschen waren mit aufgenommen worden, die sich anschlossen, als der Trupp eines der kleinen Dörfer, durch die er kam, verließ.

Als die Leute Don Gabriel fragten, ob er sie nicht mit zu den Monterias nehmen wolle, sah sie Don Gabriel eine Weile an und sagte: „Wenn ihr tüchtig arbeiten wollt, kann ich euch dort in den Monterias wohl recht gut unterbringen." In Wahrheit hätte er sie küssen mögen, daß sie seinen Trupp um drei so kräftige Männer vergrößerten. Sie kosteten ihn keinen Vorschuß, keine Auslagen irgendwelcher Art, ausgenommen die paar Kilo schwarze Bohnen, die sie auf dem Marsch essen würden. Aber sie brachten ihm je 50 Pesos Kommission ein. Das war Geld, vom Himmel gefallen. Er hütete sich freilich, sie zu fragen, wer sie seien und wo sie herkämen. Die Namen, die sie nannten, schrieb er in seine Listen, ohne mit einer Miene anzudeuten, daß er die Richtigkeit der Namen bezweifelte.

„Schenkt man dir 'nen fetten Hahn, frag nicht, ob er krähen kann!"

Merkwürdig erschienen die drei Burschen darum, weil sie, nach ihrem Aussehen zu urteilen, sich schon seit einigen Wochen hier herumgetrieben haben mußten und auch nicht das kleinste Bündelchen bei sich hatten.

„Ihr seht verflucht verlumpt aus und verludert", äußerte Don Gabriel, lediglich um in Gegenwart der Capataces etwas zu sagen und sich vor der Mannschaft zu rechtfertigen, daß er keine entsprungenen Sträflinge von der Straße auflese oder gar Gehenkte vom Galgen schneide, um Leute zu bekommen. Er wußte die Antwort, die er erhalten würde, im voraus. Und zu seiner großen Genugtuung kam diese Antwort wirklich: „Wir haben auf Sie, Patron, hier seit mehreren Wochen gewartet, um Arbeit in den Monterias zu erhalten. Wir hörten, daß Sie in diesem Monat hier durchmarschieren würden, aber wir wußten nicht den Tag, und da haben wir alle unsere schönen Sachen Stück für Stück hergeben müssen, um etwas zu essen zu haben."

„Freilich", sagte darauf Don Gabriel, „das ist wohl zu verstehen. Ich kann den Tag nicht vorausbestimmen, wie ihr euch das wohl auch recht gut selbst denken könnt. Ich werde hier aufgehalten und dort, und so verspätet sich der Marsch. Gut, ich werde euch mitnehmen, aber nur aus reinem Mitleid, als guter Christ, weil ich es nicht verantworten könnte, hier jemand in der Wildnis sterben zu lassen, der willens ist, durch ehrliche Arbeit sein Leben zu fristen."

Die Namen, die sie sagten, und die Don Gabriel in die Listen schrieb, lauteten: Martin Trinidad Castelazo, Juan Mendez, Lucio Ortiz.

Er schrieb ihnen keine Kontrakte aus und hielt es für weiser, ihnen zu empfehlen, auf dem Lagerfelde des Trupps außerhalb des Städtchens zu bleiben und sich nicht unnötig vorzudrängen. Er kannte seine Leute und wußte, daß ihm diese drei Burschen nicht weglaufen würden, ob sie Kontrakte hatten oder nicht. Was sie taten, wenn sie erst einmal in der Monteria abgeliefert waren, kümmerte ihn nicht mehr, sobald er die Kommission für ihre Ablieferung in der Tasche hatte.

Als der Trupp gegen Hucutsin wanderte, saß am Wege, einige hundert Schritte vor den ersten Häusern des Städtchens, ein junges Indianermädchen. Sie war barfuß und hatte neben sich einen schweren Packen liegen.

Im Augenblick, als die ersten Leute des Trupps aus dem Gebüsch hervorkamen, sprang das Mädchen auf und lief auf eine Erhebung zu, von wo aus sie den Zug, der an ihr in seiner ganzen Länge vorbeimarschieren mußte, gut übersehen konnte.

Mit raschen Augen überflog sie jedes Gesicht, das an ihr vorüberzog. Die Männer, von ihren Packen niedergedrückt, gingen müde und gebeugt. Mit ihren Armen verdeckten sie zum Teil ihre Gesichter, weil sie ihre Hände gebrauchten, um die harten Tragriemen, die über ihre Stirnen liefen, genügend lose zu halten, damit ihre Schläfen nicht zu hart gepreßt werden sollten, was ihnen heftige Schmerzen bereitete.

Es erforderte darum die volle Aufmerksamkeit des Mädchens, die Gesichter der Leute zu erkennen.

Mehr als der halbe Trupp war bereits an ihr vorüber, und sie sah am Zuge entlang, halb mit Enttäuschung, halb mit Hoffnung. Aber sowohl Hoffnung als Enttäuschung erloschen in ihren Augen, als sie sich plötzlich hochreckte, beide Arme in die Luft warf und rief: „Candido, mi querido hermano, mein geliebter Bruder!"

Candido, tief gebückt dahintrottend, seine Blicke auf den Weg gerichtet, zuckte zusammen. Eine kurze Sekunde lang machte er den Eindruck, als wollte er stehenbleiben. Dann jedoch fiel er in den gewohnten Trott. Neben ihm marschierten seine beiden Jungen, wie ihr Vater Packen tragend, und wie er gebückt dahinmarschierend, seine Schritte und Gesten getreulich nachahmend in der Erwartung, von den Männern des Zuges als vollwertige Mitglieder angesehen zu werden.

Als das Mädchen sah, daß ihr Ruf von dem, dem er galt, nicht beachtet worden war, lief sie einige Schritt mit dem Zuge, um abermals das Gesicht dessen zu erforschen, den sie angerufen hatte. Als sie einige Schritt voraus war, kam sie von der Anhöhe herunter, sprang dicht zu Candido heran und rief: „Candido, lieber Bruder, kennst du mich nicht?"

Jetzt richtete sich Candido auf, blieb stehen und starrte das Mädchen an, als sähe er nicht klar. Gleichzeitig aber ließen seine beiden Jungen ihre Packen heruntergleiten, liefen auf das Mädchen zu und riefen erfreut: „Tante Modesta!" Sie ergriffen jeder eine der Hände des Mädchens und küßten sie.

Candido verharrte noch für mehrere Sekunden in seinem Erstaunen, während der Zug unbekümmert weitermarschierte, und nur einige der Männer, die am nächsten waren, für eine Sekunde aufgeblickt hatten. Sie alle waren zu müde, um sich um irgend etwas zu kümmern, das sie nicht selbst anging.

Nun trat Candido zur Seite und aus dem Zug heraus. Er ließ sich auf die Knie nieder, um den Packen heruntergleiten zu lassen. Sobald der Packen den Boden berührte, quiekten die jungen Schweinchen, die er noch immer mit sich schleppte, da er nicht wußte, wo er sie hätte lassen können, denn es war ihm keine Erlaubnis gegeben worden, heim zu seinem mageren Höfchen zu gehen, mit seinen Nachbarn und Freunden zu sprechen und ihnen sein Gut anzuvertrauen.

Er streckte seinen Rücken gerade und sah auf seine Schwester.

Modesta war das jüngste Kind seiner Eltern. Er, als der älteste Sohn, hatte für diese Schwester von ihrer Geburt an eine besondere Vorliebe, der er praktischen Ausdruck geben konnte, als sein Vater infolge einer Verwundung, verursacht durch einen Absturz in eine Schlucht, gestorben war und er das Oberhaupt der Familie wurde. Seine Mutter starb ein Jahr darauf an den Pocken und ließ ihn nun als einzigen Versorger seiner Schwester zurück. Die beiden älteren Schwestern hatten indianische Kleinbauern, campesinos, geheiratet und lebten in deren Dörfern.

Es war Modesta, die ihren Bruder gedrängt hatte, zu heiraten; ihretwegen jedoch zögerte er eine lange Zeit.

Als aber dann endlich Candido selbst daran dachte, eine Frau zu nehmen, suchte er für Modesta eine Stelle als Dienstmädchen bei einem Kaufmann in Jolatepec, wo sie nur zwei Pesos im Monat Lohn erhielt, aber dafür die Erlaubnis bekam, ihren Bruder zwei Sonntage in jedem Monat besuchen zu dürfen. Meist wurde es freilich nur ein Sonntag im Monat, weil die Frau des Kaufmanns, wie das überall so geht, stets einen Grund fand, die freien Sonntage des Mädchens für sich zu beanspruchen.

Immerhin, diese wenigen Sonntage genügten, daß sich Modesta ihrem Bruder und dessen Frau mehr und mehr zugetan fühlte, und es war vorauszusehen, daß Modesta wahrscheinlich nie heiraten würde, nur um sich nicht von ihrem Bruder und dessen Familie trennen zu müssen.

Die letzten Leute des Zuges marschierten jetzt an der hier hockenden Gruppe vorüber. Hinter ihnen ritt Epitacio, einer der Capataces, der den Zug abschloß und die Nachhinkenden auftrieb.

„Olla, Chamula, los, los! Corre, corre!" rief er Candido an. „Bald sind wir im Lager, da kannst du lange genug hocken und deine faulen Hinterbacken anwärmen. Vorwärts, adelante, adelante!" Er zwitschte die Peitsche durch die Luft und rief dann einen anderen Mann an, der sich gleichfalls hingehockt hatte, um seinen Packen zu ordnen.

Candido spannte den Tragriemen über seine Stirn und richtete sich hoch. Seine Jungen nahmen ihre Packen auf. Modesta rannte zurück zu dem Platz am Wege, wo sie ihren Packen abgelegt hatte, steckte ihren Kopf in die Tragschleife, wippte ihre Knie mit dem federnden Ruck eines erfahrenen Trägers hoch und kam auf Candido wieder zu.

„Gehst du nach Hucutsin, Schwesterchen?" fragte Candido, gebückt und schwerfällig unter seinem Packen vorantrabend.

„Ja, Bruder, ich gehe nach Hucutsin."

„Hast du dort eine neue gute Stelle gefunden? Hucutsin ist viel, viel größer als Chamo und ebenso groß wie Vitztan. Bekommst gewiß mehr Lohn, als dir Doña Paulina zahlte."

Modesta sagte nichts, denn sie liefen nun in raschem Schritt, um den Zug einzuholen.

Der Trupp marschierte durch die Stadt, wo die Einwohner in den Türen und vor den Häusern standen und die müde vorbeiziehenden Indianer mit ähnlicher Erregung betrachteten, wie anderswo durchmarschierende Soldaten angeglotzt zu werden pflegen.

Dieser Trupp angeworbener Arbeiter bedeutete gute Geschäfte für die gesamte Einwohnerschaft; denn es war das letzte Städtchen vor dem Dschungel und damit die letzte Gelegenheit für die Caobaleute, Einkäufe zu machen. Hier erhielten die Angeworbenen auch ihr letztes bares Geld als Vorschuß auf ihre Kontrakte. Von nun an sahen sie kein Geld mehr bis zu dem Tage, wo sie wieder hierher zurückkommen würden. Im Dschungel ist Geld wertlos. Dies war der Grund, daß die Leute alles Geld, das sie hier bekamen oder noch bei sich trugen, jetzt ausgaben. So war es nicht zu verwundern, daß die Kaufleute des Städtchens die Ankunft durchmarschierender Kontraktarbeiter mit einem warmen Wohlgefühl im Magen begrüßten.

Als Candido, wieder im Zug marschierend, Modesta an der Seite, seine Jungen ihm folgend, zu den letzten Häusern der Stadt kam und er bereits die Friedhofsteine und das weite Lagerfeld, das hinter dem Friedhof war, sehen konnte, fragte er: „Wo ist das Haus, in dem du zur Arbeit gehen wirst? Ich glaubte, du würdest bei der Familie eines Kaufmanns an der Plaza arbeiten."

Sie äußerte einen Laut, der wie ein leichtes Stöhnen klang und sagte: „Caray, por Jesu Christo, der Packen fängt an zu drücken. Gut, daß wir im Campo sind." —

Schweigend zündete Candido ein Feuer an.

„Ich werde dir helfen, Bruder", sagte Modesta. „Ich habe lange am Wege geruht und bin nicht so müde wie du." Sie zog die Kaffeekännchen und die Tonschüsselchen aus den Packen und begann Kaffee zu kochen und Bohnen und Tortillas anzuwärmen. „Ihr beiden", rief sie den Jungen zu, „ihr sucht Holz und bringt Wasser herbei!"

Candido, am Boden hockend und eine Zigarre drehend, sah seiner Schwester eine Weile zu. Dann stand er auf. „Ich werde zum Pueblo gehen und Mais für die Schweinchen kaufen."

Er suchte nach einem Holzpflock, trieb ihn in den Boden, band jedes der Schweinchen mit einem kräftigen Bindfaden am Hinterbein fest und knüpfte die Enden in einem Knoten an dem Pflock zusammen. Die Schweinchen, die den langen Tag über in einem Klumpen zusammengeschüttelt im Sack auf dem Packen Candidos gehangen hatten, reckten ihre Beinchen, grunzten und quiekten vor Lebenslust und begannen sofort Gras auszurupfen, den Boden aufzuwühlen und sich gegenseitig um jedes vermoderte Würzelchen zu beißen, das von dem einen oder anderen aufgescharrt wurde.

Als Candido mit dem Mais zurückkam und ihn den Tieren vorgeworfen hatte, sah er ihnen eine Weile zu, rauchte an seiner Zigarre und sagte: „Es sind verflucht gute Fresser, die werden schnell groß und fett werden."

Den Hantierungen seiner Schwester am Feuer sah er zu, als ob er Mühe habe, sich darauf zu besinnen, wo er sei und wie er hergekommen sein möge.

„Fertig", sagte sie, „listo". Gleich darauf: „Muchachos, hijos!" die beiden Jungen rufend, die zu einem anderen Feuer gegangen waren, wo sie zusahen, wie ein Indianer einen Hasen, den er auf dem Marsche erjagt hatte, für das Abendessen zubereitete.

Die vier saßen um das Feuer herum und aßen ihr schlichtes Mahl. Candido trank die letzten Schlückchen seines Kaffees, zog eine Zigarre hervor, die er sich vor dem Essen gedreht hatte, steckte sie mit einem glimmenden Ästchen an und stieß ein paar dicke Wolken hervor.

Die Jungen waren müde geworden und hatten sich beim Feuer ausgestreckt. Modesta deckte sie beide mit einer der zerlumpten

Wolldecken zu, die sie aus dem Packen des älteren der beiden Jungen herausgezogen hatte.

„Es wird spät, Schwesterchen“, sagte Candido, aus einem langen und tiefen Schweigen heraus. „Es möchte wohl besser sein, daß du nun zu deiner neuen Herrschaft gehst.“

„Ich kann auch morgen gehen, Bruder“, antwortete das Mädchen. „Ich kann auch gehen an dem Morgen, nachdem ihr hier abmarschiert seid. Gewiß werdet ihr wohl in zwei Tagen abmarschieren.“

„Ja, in zwei Tagen, hat Don Gabriel gesagt.“

„Ich kann zur neuen Herrschaft gehen, wann ich will, Bruder. Die wissen nicht, wann ich komme, ob heute oder nächste Woche.“

Candido nickte: „Wie du willst, Schwester.“

Wieder schwiegen sie lange Zeit. Die Nacht kam. Schwer, wuchtig und plötzlich gleich einem Hammerschlag, fiel sie herab. Und noch immer saßen die beiden am Feuer, rauchend, in die dünne Glut blikkend und denkend.

Rund um sie, nach jeder Richtung hin, brannten und glimmten Lagerfeuer. An ihnen hockten die Männer, schwatzend, lachend, streitend, die meisten schweigend. Mehr und mehr von ihnen kauerten sich zusammen oder rollten sich zum Schlafe ineinander, wie es Hunde tun, um sich unter ihren dünnen und zerlöcherten Decken warmzuhalten. Die Nacht begann kühl zu werden; um die Gebüsche an den Grenzen des Feldes wehten die ersten dünnen Schleier wallender Nebel.

„Ich kam am Sonntag, dich und die Kinder besuchen“, sagte da plötzlich Modesta. Ihr Gesicht war kaum zu erkennen, obgleich sie von ihrem Bruder nur um die Breite des Feuers getrennt war.

Candido zog an seiner Zigarre, ohne etwas zu sagen.

„Lauro, dein Nachbar, den ich fragte, sagte mir, daß du und die Kinder in Jovel im Arrest seien. Mehr wußte er nicht. Ich ging dann auf den Weg, wo ich Manuel traf, der am Tage vorher von Jovel zurückgekommen war.“

„Manuel sah, was mir geschah. Er war vor dem El Globo, als Don Gabriel kam und mir gebot, mich für Montag zum Abmarsch bereit zu halten.“ Candido sprach das, als ob das alles Jahre her sei.

„Ja, das erzählte mir Manuel, und ich wußte, daß du nicht zurückkommen würdest. Darauf bin ich rasch zu Onkel Diego gelaufen und habe ihm berichtet. Und Onkel Diego kam herüber. Er wird nach deinem Haus und deinem Acker sehen und dort mit der Tante wohnen. Bis du zurückkommen wirst. Damit dir dein Haus und deine Milpa und deine Ziegen und deine Schafe nicht abhanden kommen. Vetter Emiliano ist mit seiner Frau in das Haus des Onkels gezogen; und er kann leicht sein eigenes Feld und das des Onkels besorgen. Sein kleines Haus hat er zugemacht.“

„So habe ich alles erwartet, als ich im Hof des Gefängnisses in der

Nacht lag, nicht schlafen konnte und darüber nachdachte, was nun daheim geschehen würde, wenn ich nicht zurückkomme."

„Es war das Einzige und rein Natürliche, was wir taten", sagte Modesta in einem Ton, als spräche sie von den Umordnungen, die in einem Haus vor sich gehen, wenn die Familie von dem Begräbnis des Vaters oder der Mutter heimkehrt.

Es war wohl der Tonfall in der Stimme seiner Schwester, der Candido veranlaßte zu äußern: „Ich bin froh, daß Marcela tot ist; jetzt bin ich sehr froh darüber. Sie weiß nicht, was hier geschieht und sieht es nicht. Wie traurig würde sie gewesen sein, hätte sie das alles erleben und immer daran denken müssen, daß ich mich in die Monterias verkaufen mußte, um ihr Leben zu retten. Ich würde nicht gewußt haben, was tun, um sie fröhlich zu machen. Sie wäre dennoch gestorben, vor Kummer und Herzeleid."

„Sie hätte mit dir in die Monterias gehen können."

„Das hätte ich ihr nicht erlaubt. Ich würde einen Freund gesucht haben, einen guten Mann, und würde ihm gesagt haben, sie zu seiner Frau zu machen, damit sie Schutz habe und nicht allein sei. Denn was hätte sie wohl tun sollen, ganz allein, für so viele Jahre?"

„Sie würde nie einen anderen Mann genommen haben, Bruder, das weiß ich. Ich würde zu ihr gegangen sein, und wir hätten die Äcker bestellt und die Ziegen und die Schafe gepflegt, damit du ein wohlhabendes Haus gefunden hättest, mit großen und schönen Söhnen, wenn du eines Tages zurückgekommen wärest. Wir würden auf dich gewartet haben und an dich gedacht haben bei Tag und bei Nacht. Wir würden einen Altar in der Ecke erbaut haben mit einem Lämpchen und einer Heiligen Jungfrau, vor der wir jeden Abend und jeden Morgen für deine gesunde Wiederkehr gebetet haben würden."

Candido schob einige frische Ästchen in das Feuer. Das Feuer war zu klein, um zu wärmen; und es gab auch kaum irgendwelches Licht. Die Jungen regten sich im Schlaf und zerrten die Decken enger um sich herum. Einer seufzte ein wenig auf, der andere plapperte ein paar unverständliche Worte in seinen Träumen; und dann waren beide wieder ruhig.

Modesta zog ihnen die Decken noch dichter. Sie tat es in einer mütterlichen Geste, nicht darum, weil die Decke vielleicht einen kühlen Windzug an die kleinen halbnackten Körper heranzulassen erlaubte, sondern um die Kinder in ihrem Schlafe fühlen zu lassen, daß sich eine liebende Hand um ihr Wohlbefinden bemühe.

„Morgen wirst du dann deinen Dienst hier aufnehmen, hermanita", sagte da Candido, aus einem langen Schweigen heraus.

Modesta zerrte ein Maisblatt hervor, glättete es, bog es um und riß es zu verlangter Größe. Dann schüttete sie Tabak in das Blatt und drehte sich eine Zigarette. Sie tat es sehr langsam, als wolle sie eine besonders saubere gedrehte Zigarette erzeugen.

Als die Zigarette dann endlich glimmte und sie einige Züge geraucht hatte, brachte sie die Hand, in der sie die Zigarette hielt, herunter und ließ sie auf ihrem Knie ruhen. Sie sah an ihrem Bruder vorbei und richtete ihren Blick gegen den Busch, dessen tiefer Schatten sich in unruhiger Linie abhob gegen die Flächen des dunklen Himmels, die frei von Wolken waren und Sterne sehen ließen.

Sie holte tief Atem und sagte: „Ich gehe in keinen Dienst, Bruder. Ich habe meinen Dienst für Ladinos aufgegeben. Ich gehe mit dir in die Monterias. Ich habe jetzt nur einen Dienst, der wichtiger ist als alles sonst, das mich angeht, den Dienst für dich und die Kinder."

Candido senkte seinen Kopf tief gegen das Feuer und sagte leise: „Du hättest das nicht tun sollen, Schwesterchen. Die Monterias sind nicht für Frauen und am wenigsten für junge Mädchen."

„Dasselbe hat mir der Onkel gesagt und auch die Tante und alle Nachbarn. Aber als die mir alle das gleiche rieten, kam ich doch immer mehr zu dem Gefühl, ich könnte es nicht ertragen, dort ruhig und in Frieden zu wohnen. Ich muß mit dir und den Kindern gehen, da ihr in Not seid. Wir werden eines Tages zurückkommen; und wenn ich dich wieder in deinem Hause weiß, dann habe ich diesen Dienst vollendet, und du magst mir helfen, einen Mann für mich zu suchen, der gut ist wie du."

Ohne ein weiteres Wort zu sagen, zogen sie ihre dünnen Wolldecken enger um sich, rauchten, sahen in das müde, verglimmende Feuer und erwarteten den Morgen.

4

„Ihr himmelgottverfluchten Hurensöhne von faulen und verlausten, dreckigen und stinkigen Spitzbuben, stehlt mir mein bares, unter Schweiß, Blut und Blasen aufgekratztes, schönes, süßes Geld aus der Tasche heraus und sitzt hier herum, sauft und freßt, und alles von meinem Geld. Gott im Himmel und die Heilige Jungfrau fürwahr wissen es, ich bezahle euch euren Lohn, bleibe keinem von euch verluderten Hurenböcken auch nur einen schimmeligen Centavita schuldig. Und hier komme ich her, nach vierzehn Wochen, oder sind es fünfzehn, und nicht ein krummer Stecken von Caoba, der wert ist, ihn auch nur mit einer abgehackten Silbe zu erwähnen, ist an den Tumbos zu sehen. Und ich ehrlicher Mensch, der ich bin, ich habe gedacht, daß hier an den Tumbos die Trozas aufgeschichtet sein werden, bergehoch oder wenigstens so hoch wie eine Kathedrale. Und was finde ich? Ein Häuflein Trozas, so schäbig, daß es mir hungrige Ameisen auch herangeschafft hätten, und besser und mehr, für eine Flasche verdünnten Honigwassers. Ja, um aller Heiligen in allen Himmeln und Höllen wegen, was habt ihr gottvergessenen Straßen=

räuber von Capataces denn eigentlich hier getan? Gehurt? Gerotzt? Gefressen? Gesoffen? Oder ewig geschitt? Raus mit der Sprache. Und schwindelt mir hier nichts vor, oder, bei der Madre Santisima, ich schlage euch die Zähne in den Rachen hinunter, daß sie euch unter den Zehennägeln rausrutschen sollen, ihr gottverfluchten und verpesteten Golfos und Leichenschänder. Hei, wird's bald mit der Antwort!"

Das alles pfefferte Don Severo auf seine beiden Aufseher, El Picaro und El Gusano, los, ohne sich auch nur ein einziges Mal dabei die Zunge zu verknoten. Er schrie es so brüllend hinaus, daß in einer Entfernung von zwei Kilometern es jeder deutlich verstehen konnte. Und mit jedem Worte, das er hinauskanonierte, wurde sein Gesicht röter und schwellender.

Don Severo war der älteste der drei Brüder Montellano, die Eigentümer dieser großen Monteria hier und noch zwei kleinerer auf der anderen Seite des Stromes waren. Diese große und wichtigste der Monterias trug den Namen La Armonia; die beiden kleineren La Estancia und La Piedra Alta.

La Armonia umfaßte ein so weites Gebiet im Dschungel, daß es nötig gewesen war, sie in vier Distrikte einzuteilen, in Campos Norte, Este, Sur und Oeste, nach den Himmelsrichtungen, in denen sie, von einem Zentralpunkte aus gerechnet, lagen.

Don Severo verwaltete Campo Norte. In jedem der übrigen drei Campos befand sich ein Capataz, mit dem er seit Jahren zusammen gearbeitet hatte, als Mayordomo, dem ein zweiter Capataz als Ayudante oder Gehilfe beigegeben war.

Der zweite Bruder, Don Felix Montellano, saß als Rechnungsführer in den Haupt-Oficinas der Stadt, der Administracion, zuweilen auch Ciudad genannt. Die Administracion lag nicht im Mittelpunkt der Monteria, sondern an jener Grenze, wo der Strom, der die Caoba zur Meeresküste schwemmte, entlangfloß. Die Administracion konnte von hier alle vorüberkommenden Schwemmungen beobachten und kontrollieren und, soweit es möglich war, schätzen, buchen und verrechnen. Infolge der zahlreichen Nebenflüsse und Schwemmgräben, die mit dem Hauptstrom in Verbindung standen, war es auch leichter, von der Administracion aus mit Hilfe von Canoes zu den einzelnen Distrikten zu gelangen, während alle übrigen Verbindungen häufig nur mit Mühe aufrechterhalten werden konnten. Freilich war selbst die Verbindung mit Canoes oder Cayucos, wie sie genannt wurden, keineswegs immer zuverlässig. Aber aus zahlreichen Ursachen hatten die Gründer der La Armonia den Platz, auf dem sich die Administracion oder Stadt befand, als den geeignetsten und strategisch günstigsten betrachtet, als die Monteria von einer Compañia eröffnet wurde. Die Montellanos hatten La Armonia von der Compañia gekauft, als die Direktion dieser Compañia andere Geschäfte übernahm und alle Monterias, deren Konzession sie besaß, aufgab.

Der dritte Bruder, der jüngste, Don Acacio Montellano, übernahm die Verwaltung der beiden kleineren Monterias auf der gegenüberliegenden Seite des Stromes, dabei einem Beschluß folgend, auf den sich die drei Brüder in einer Beratung geeinigt hatten.

Don Severo hatte erstens einmal in seinem eigenen Campo Norte genug zu tun, so daß er nicht alle zwei oder drei Wochen die übrigen drei Campos aufsuchen konnte; dann war auch der Weg zu den einzelnen Campos so weit und so schwierig, daß eine Runde durch alle drei Campos, wenn er das seine nicht mitzählte, etwa zwei Wochen Zeit gebrauchte. Aus diesen Gründen mußte er sich damit begnügen, alle drei Monate einmal auf die Inspektionsreise zu gehen.

Seiner Arbeitsenergie und seiner langen Erfahrung im Heranschaffen der Caoba wegen eignete sich Don Severo nach jeder Richtung hin besser für die Verwaltung der Arbeit und die Herbeischaffung der Caoba als Don Felix. Darum hatte er die rauhere Arbeit übernommen und Don Felix die angenehmere Stellung in der Administracion überlassen.

Don Acacio, auf seinem fernen Posten ebenso unermüdlich, aber noch gieriger und grausamer wirtschaftend als seine beiden älteren Brüder, war, seit die Montellanos die Monteria gekauft hatten, überhaupt nicht zur Administracion gekommen. Nicht einmal einen Brief hatte er der versumpften Pfade wegen schicken können. Ob er lebte oder schon längst vermodert war, wußte niemand in der Administracion. Daß Don Severo und Don Felix überhaupt sehr betrübt gewesen wären, wenn sie plötzlich vernommen hätten, ihr Bruder Don Acacio sei ermordet oder von einem Sumpf verschluckt worden — das ist nicht gewiß. Solange er nur genügend Caoba an den Tumbos zurückgelassen hatte, die einzige Freude und der einzige Genuß der Gebrüder Montellano, hätten sie seinen unzeitgemäßen Tod wahrscheinlich nicht einmal sehr bedauert, um so weniger, als der Gewinn dann anstatt in drei nur in zwei Teile gegangen wäre.

Es war im Campo Sur, wo Don Severo jetzt inspizierte und wo er dem Capataz El Picaro und dessen Ayudante, El Gusano, seine Liebe und Zuneigung erklärte. Am frühen Morgen, El Picaro zur Seite, hatte er seinen Inspektionsritt durch den Campo unternommen, mit dem Zweck, die Tonnen geschlagener Caoba zu notieren, die zum Abschwemmen bereit an den verschiedenen Tumbos aufgeschichtet lagen. Bei jedem Tumbo, den er besuchte, und sobald er mit einem raschen Blick die Zahl der aufgehäuften Trozas so ziemlich richtig geschätzt hatte, rief er wütend aus: „Und das ist alles, was du hier hast, in drei langen schönen Monaten? Dios mio! Allmächtiger Gott, wie ist das nur möglich, in drei Monaten ein halbes Dutzend schwindsüchtiger Knüppelchen glücklich auf einen Haufen gebracht. Das ist ja eine Sünde gegen Gott und alle Heiligen, die er um sich hat."

Bei jeder weiteren Besichtigung der nächsten Abfahrtlager vergrößerte sich Don Severos Wut. Diese Wut verwandelte sich in Wildheit, als die beiden nach dem anstrengenden langen Tagesritt völlig ermüdet in der Oficina im Campo anlangten und hier El Gusano auf dem Boden liegend vorfanden, so besoffen, daß er nicht einmal mehr grunzen konnte.

Don Severo fegte ihm gleich ein halbes Dutzend mit der Sattelpeitsche über. El Gusano nahm es ihm aber nicht übel, weil er sich gegenwärtig in einer anderen Welt befand, wo Leiden und Trübsal wie Sirup sind.

Dann hieb Don Severo mit der Peitsche auf den rohen Tisch, und jede Stelle seiner Rede, die er mit Kraft, Nachdruck und gotteslästerlichem Fluchen unterstreichen wollte, um ihr Ewigkeitswert zu geben, begleitete er mit harten Peitschenhieben auf den Tisch oder einen der Stühle, die ihm am nächsten standen.

„Die Eingeweide sollte ich euch beiden Dieben an einem Strick aus dem Leibe zerren, denn eine solche Faulheit kann nicht einmal in der Hölle vergeben werden." Er schrie sich immer mehr in Wut. „Zum Teufel und zu allen eiterfressenden Hunden, was habt ihr denn eigentlich hier in den letzten drei Monaten getan? Gehurt? Gesoffen? Oder euch die Nasenlöcher voll Asche gestopft und in den Ursch gemahlenen Zimt geblasen? Oder was denn sonst? Rede schon, du!"

El Picaro stand an der anderen Seite des Tisches. Er war vorsichtig genug, den Tisch als Barrikade zwischen sich und den tobenden Severo zu halten. Und er drehte sich so, daß er in jedem Moment, sollte es gar zu heiß werden, zur offenen Tür hinausflitschen konnte.

„Rede, du Schurke!"

„Die Stämme waren alle hochgewurzelt", sagte El Picaro endlich.

„Hochgewurzelt! Hochgewurzelt! Wenn ich so etwas schon höre; da wird mir doch gleich ganz grün und gelb im Gesicht. Hochgewurzelt. Als ob das ein Grund wäre, hier zu faulenzen."

„Wir mußten Gerüste bauen, zwei und einen halben Meter hoch, um an den Stamm zu kommen", verteidigte sich El Picaro.

„Ist das vielleicht etwas Neues? Das habe ich jahrelang bei der Hälfte aller Bäume tun müssen, Gerüste gebaut, weil die Wurzeln und Rippen zwei und drei Meter hoch wuchsen. Ich habe aber doch aus jedem Mann meine drei und vier Tonnen herausgeholt. Zwei elende Spitzbuben lasse ich hier und gebe ihnen Extrabelohnungen, so hoch beinahe wie einem Contratista, damit sie mir ein paar Tonnen Holz heranschaffen sollen. Zwei Verbrecher seid ihr, Spitzbuben, die mir mein teures Geld aus dem Sack stehlen und damit huren und saufen gehen. Kaum eine Tonne auf jeden Mann und jeden Tag."

El Picaro wandte sich einen halben Schritt näher zur Tür und sagte:

„Es sind mehr als zwei und eine halbe Tonne für Mann und Tag." Er sagte es sehr schüchtern und noch mehr entschuldigend.

„Halt dein dreckiges Maul, wenn ich mit dir rede. Zwei Tonnen. Zwei Tonnen. Und das, wenn ich euch den Auftrag gegeben habe, wenigstens vier Tonnen aus jedem Mann herauszuholen. Der Regen hat schon begonnen. In acht Wochen geht das Schwemmen los, und was habe ich zum Abfahren? Eine und eine halbe Tonne. Und sechzigtausend Pesos bar zu zahlen am ersten Januar." Er sah im Raum herum mit wirren, sich rötenden Augen. Sein Blick traf auf El Gusano. Er sprang hin und trat ihm mit einem erbarmungslosen Tritt in die Seite. „Besoffen, besoffen wie ein Schwein."

El Picaro fühlte wohl die Zeit gekommen, seinen Kampfgenossen zu entschuldigen. „In den ganzen sechs Wochen war er nicht einmal betrunken, wir hatten nicht eine einzige Flasche hier. Nur gestern kam der Türke und brachte ein paar Flaschen mit. Und da war es ganz natürlich, daß wir einen Zug nahmen."

„Einen Zug. Ein guter Zug, das muß ich schon sagen. Wo ist denn die Flasche?"

El Picaro ging in die Ecke und brachte unter dem Bettgerüst eine Flasche, halb gefüllt, hervor. Er glaubte, daß Don Severo die Flasche nehmen und an die Wand pfeffern würde. Aber das geschah nicht. Er ergriff die Flasche, hielt sie gegen das Licht der offenen Tür und goß sich einen mächtigen Hieb in den Rachen.

Er schüttelte sich grunzend, schüttelte die Flasche und zog einen zweiten Gurgler durch die Röhre.

Es schien, als hätte der harte, halbvergiftete Branntwein seine Wut etwas gemildert. „Schenk dir einen ein, Picaro", sagte er, halb kratzig, halb gelinde. Jedoch diese kurz aufgelichtete Freundlichkeit war auch sofort wieder verschwunden, als er sich plötzlich daran erinnerte, warum er sonst noch hierhergekommen sei.

Don Acacio hatte ihm vor drei Tagen einen Brief zugeschickt, den ersten und einzigen, den er bis jetzt zu schicken sich die Zeit genommen hatte. Der Brief war mit einem Capataz zu Pferde gebracht worden. Don Acacio schrieb, daß die beiden kleinen Monterias, die er gegenwärtig ausbeute, zur Zeit nicht weiter bearbeitet werden könnten. Infolge schwerer Regengüsse und wegen ihrer besonderen Lage, eingebettet zwischen Hügeln und Bergen, seien sie so eingesumpft, daß Trozas nicht abgeschleppt werden könnten, weil die Ochsen bis an die Joche im Sumpf versänken. Das allein wäre nicht so böse, denn man könnte ja später, wenn die Trockenzeit komme, die Trozas zu den Tumbos abschleppen. Was das Unangenehmste sei, so berichtete Don Acacio, wäre, daß auch nicht einmal mehr geschlagen werden könne, denn die Leute verschwänden in den Sümpfen. Mit einer Art von Flößen und Plattformen, die nahe an die Stämme gebracht wurden, hätte er versucht, Bäume zu schlagen. Das aber verursache so viele besondere Arbeit, daß kaum eine Tonne für den Mann und Tag geliefert werden könne.

Durch diesen Brief kam Don Severo zur traurigen Erkenntnis, daß eine Lieferung der beiden Monterias, die Don Acacio bewirtschaftete und deren Ertrag er auf etwa die Hälfte der Gesamtproduktion des ganzen Unternehmens geschätzt hatte, in diesem Jahr ausfiel. Dieser Ausfall nun mochte recht gut die Ursache sein, daß er nicht die Möglichkeit finden würde, alle die Zahlungsverpflichtungen zu erfüllen, die er eingegangen war, als er die Monterias kaufte.

Sofort war Don Severo zur Administracion geritten, um sich mit seinem Bruder, Don Felix, zu beraten, was zu tun sei. Sie kamen beide zu dem Ergebnis, daß ihnen nur ein Ausweg bleibe, um dieses Produktionsjahr für sich zu retten. Beide stimmten darin überein, daß Don Acacio, der jüngste der drei Brüder, der energischste sei, wenn es hieß, aus Arbeitern das letzte Spritzerchen ihrer Kraft herauszuholen. Und konnten die beiden kleinen Monterias nicht genügend liefern, dann mußte die Hauptmonteria, La Armonia, das Doppelte, wenn irgend möglich das Vierfache schaffen.

Derselbe Mann, der den Brief des Don Acacio gebracht hatte, nahm das Antwortschreiben mit sich zurück. In diesem Schreiben wurde Don Acacio aufgefordert, mit allen seinen Leuten zur La Armonia zu kommen, um hier zu arbeiten. Don Acacio war aber ebenso klug wie seine beiden älteren Brüder. Er war bereits auf dem Hermarsch, als er dem Boten mit dem Briefe begegnete. Der Bote steckte mit seinem Pferde in einem Sumpf und wäre vielleicht darin umgekommen, hätte Don Acacio mit seiner Kolonne nicht denselben Weg genommen, den der Bote kam.

Don Acacio befand sich gerade jetzt mit seinen Leuten im Hauptcamp, um den Proviant zu empfangen. Don Severo war einen Tag vorausgeritten, um in dem Camp Sur des El Picaro die Produktion zu notieren.

Nachdem der Aguardiente für einige Minuten eine besänftigende Wirkung auf Don Severo ausgeübt hatte, schien er nun das Gegenteil zu bewirken. Don Severo dachte daran, daß für dieses Jahr alles verloren war, was er von den beiden anderen Monterias erhofft hatte. Von El Picaro hatte er mehr denn die doppelte Förderung erwartet als die, die er heute bei der Inspizierung der Tumbos vorfand.

„Wenn ich nicht mehr Tonnen verlangt haben würde als die, die du mir hier vorsetzest, dann hätte ich keine zwei Capataces nötig gehabt; das hätten die Muchachos allein besorgen können. Ihr müßt ja hier mehr geschlafen als gearbeitet haben."

„Was konnte ich denn mehr tun, Jefe? Ich habe sie gepeitscht, daß sie kaum noch ein Stück Fell auf dem Rücken hatten. Aber da wurden sie bald daran gewöhnt. Je mehr ich sie peitschte, um so weniger schafften sie."

„Ich habe dir doch vorher gesagt, daß so vieles Auspeitschen nicht hilft. Die werden störrisch und legen sich hin und tun überhaupt nichts mehr. Warum hast du sie denn nicht mehr gehenkt? So wie wir das in unseren Camps taten. Das zieht besser, schreckt sie mehr und macht sie nicht aufsässig."

„Wir sind doch hier nur zwei, El Gusano und ich. Wenn wir ein halbes Dutzend henken wollen, ist das nicht so leicht. Die wider=setzen sich, die älteren Muchachos. Wir brauchen für jeden Mann wenigstens drei, um sie unterzukriegen."

„Wozu hast du denn deine Kanone auf der Hinterbacke, wenn sie sich widersetzen wollen. Oder hast du die nur zum Vergnügen und um wilde Truthähne zu jagen?"

„Was nützt mir denn die Kanone dabei?"

„Halt sie ihm in die Fresse, wenn er bockt. Sollst mal sehen, wie schnell du ihn mürbe hast."

„Das war früher, Jefe. Die lachen mir frech in meine Fratze, wenn ich ihnen die Pistola in die Rippen poke. Die grinsen und schreien: Schieß doch, du Lausekröte, wenn du ein Mann bist. Warum schießt du denn nicht? Wir kriegen dich schon noch, warte nur. Dich und El Gusano. Die singen jetzt auch noch ganz gemeine Lieder hinter mir her, und in der Nacht sitzen sie herum und singen."

„Dann erschieß ein paar, damit sie sehen, es ist ernst."

„Gut, Jefe, wenn Sie es sagen, werde ich das machen. Es ist ja nicht mein Geld. Und sie sagen mir frech, wenn ich ihnen mit dem Eisen auf den Leib rücke: Schieß los, dann fehlt dir ein Schläger, Picaro, Picarote; und du kannst dir deine Extraprämie in den Ursch stecken, hinten 'rein. Das ist eben das Böse hier, die wollen ja, daß ich sie erschieße, damit sie nicht mehr zu arbeiten brauchen."

Don Severo sagte nichts darauf. Er steckte den Hals der Flasche in seinen Rachen und gluckste, als wäre es Wasser, das er tränke. Als er die Flasche absetzte, fiel sein Blick auf El Gusano.

„Bring mir den Eimer her!" sagte er zu El Picaro.

El Picaro brachte einen Eimer, gefüllt mit Wasser. Don Severo stand auf, nahm den Eimer und schüttete ihn mit einem Schwung über El Gusano.

„Hole mir mehr!" rief er, El Picaro den leeren Eimer hinreichend. „Einer genügt nicht, ein halbes Dutzend wird ihn wohl auf seine syphilitischen Stelzen bringen. Und wenn er hoch ist, dann bürste ihm mal sein Rückenleder ab. Hier, nimm diese Mulipeitsche. Dann wird er vielleicht wieder zu gebrauchen sein. Aber nicht hier vor meinen Augen. Habe kein Vergnügen daran. Nimm ihn dir runter zum Graben, damit ich ihn nicht winseln höre."

„Gut, Jefe." El Picaro sparte sich das Heranschleppen weiterer Eimer Wasser. Er zerrte El Gusano hoch, nahm ihn auf seinen Rük=

ken, trug ihn zum Graben und tauchte ihn so tief ein und so lange, bis El Gusano zum irdischen Dasein zurückkehrte.

„Aber, compañero", sagte El Gusano weinerlich, „du wirst mir doch hier nicht mein Fell bearbeiten wollen, wir sind doch Bundesgenossen."

„Freilich, du Puerco, sind wir Bundesgenossen. Aber warum mußt du dich denn gerade besaufen, wenn der Alte kommt. Was kann ich denn machen? Ich muß dir deinen Zimmet geben, ob es dir gefällt oder nicht. Es ist besser, ich walke dich hier durch in aller Freundschaft, als wenn er einen der Indios ruft, vielleicht gar den Gregorio oder den Santiago. Mein Bundesgenosse, dann hast du nichts zu lachen, das kann ich dir sagen."

„Hast recht, Manito. Also, los mit der Suppe. Ich bin sowieso noch immer dick im Dusel und werde das auf die leichte Schulter nehmen. Kannst du denn nicht vorher die Flasche kriegen und mich einen guten Schluckser einatmen lassen, ehe du loslegst?"

„Keine so schlechte Idee, ich kann auch einen brauchen." El Picaro rannte hinauf zu seiner Oficina, klemmte sich durch die Hintertür und machte eine Flasche locker, die er mit sich nahm und an der er El Gusano einige Male heftig saugen ließ, ehe er damit begann, ihm den Rücken abzubürsten.

Am folgenden Tage, kurz vor Sonnenuntergang, kam Don Acacio mit seiner Kolonne im Camp Sur an. Don Severo empfing ihn mit dem Gruße: „Es sieht hier verflucht faul aus. Das muß ich dir schon sagen, Cacho. Kaum zwei Tonnen auf den Schläger."

„Dann sind wir ja wohl so weit, endlich so weit, daß wir auf dem Bauche kriechen und Dreck fressen können", war die Antwort.

Er hielt sich nicht weiter bei solchen nutzlosen Betrachtungen auf. Obwohl er einen langen und schwierigen Weg gehabt hatte, schien er kein großes Bedürfnis zu haben, sich hinzusetzen und sich Geschichten anzuhören.

Er rief hinaus zu seinen Capataces: „Los, faules Pack, Jacales gebaut! Nicht viel Zeit zu verlieren. Wenn ihr nicht alle Nächte im Freien liegen wollt, dann macht euch jetzt an die Arbeit; morgen haben wir nicht viel Gelegenheit, uns schöne Villen zu bauen."

Die Capataces fegten mit den ermüdeten Leuten in den Dschungel, um Stämme zu schlagen und Palmblätter zum Bau der Schlafhütten heranzuschleppen. Aber die Nacht brach herein, ehe auch nur eine Hütte errichtet war. Die Muchachos quetschten sich in die Hütten der hier arbeitenden Leute. Jedoch, es war nicht Platz genug. Viele blieben im Freien liegen. In der Nacht regnete es heftig, und sie fanden sich in tiefen Schlamm gebettet, als sie zur Arbeit aufgescheucht wurden. Es war, wie stets, noch tiefe Nacht, als sie antraten.

Don Acacio sagte „Guten Morgen, Leute!" in folgender Weise: „Kein Zweck, Jacales zu bauen; wir gehen tiefer in den Dschungel hinein, gleich heute und jetzt. Keine Zeit, Kaffee zu kochen und eure Bohnen anzuwärmen. Fressen könnt ihr auf dem Marsch. Los, alle Packen auf und abmarschiert."

„So wird's gemacht!" sagte Don Severo zu El Picaro, der neben ihm vor der Oficina stand. „Und hättest du das so gemacht, du und das besoffene Ferkel von einem Adyutante, dann hätten wir vier Tonnen auf den Mann."

„Sicher, Jefe. Aber wenn ich das so mache, bin ich am Abend nicht mehr am Leben, oder drei Muchachos liegen mit Blei im Magen irgendwo herum." El Picaro grinste, als er das sagte.

„Das ist eben der Unterschied im Arbeiten", meinte darauf Don Severo. „Es gibt Aufseher, die es verstehen, ihre Leute zum Arbeiten zu kriegen, und es gibt andere, die das nicht verstehen. Du bist einer von denen, die das nicht verstehen und die das nie lernen. Und überhaupt, wo ist denn dein warmer Bruder, El Gusano?"

„He, El Gusano!" schrie El Picaro in den schwarzen Morgen hinaus, „He, El Jefe ruft dich!"

El Gusano kam angesaust und sagte mit rauhem Atem: „A sus ordenes, Jefe."

„Los, du und El Picaro und die ganze faule Horde hier, aufgepackt und abmarschiert mit Don Acacio zu dessen Distrikt."

Die beiden Capataces riefen ihre Leute zusammen und folgten Don Acacios Trupp.

Eine Woche darauf war es, als Don Gabriel mit den neu angeworbenen Caobaleuten in La Armonia, auf dem weiten Platze vor den Bungalows der Administracion, anlangte.

Von vier verschiedenen Monterias hatte er Aufträge für neue Leute, und es war sein Plan gewesen, in La Armonia mit seinem Bataillon zu rasten und von hier aus die geworbenen Leute auf die Monterias entsprechend der erhaltenen Aufträge zu verteilen. Aber an dem Tage, als er in den Haupt-Oficinas ankam, war Don Severo zugegen. Dieser, die Gelegenheit wahrnehmend, begann mit Don Gabriel zu handeln. Das Ergebnis war, daß der ganze Trupp, den Don Gabriel gebracht hatte, in La Armonia verblieb, so daß die übrigen Monterias warten mußten, bis ein anderer Agent sich ihrer erbarmte oder Don Gabriel einen neuen Trupp herbeischaffte.

Don Severo und Don Felix sahen sich die frische Zufuhr an und waren zufrieden mit dem, was sie vorfanden.

Die Leute, alle übermüdet, lagen in Gruppen verstreut auf dem Platz vor den Gebäuden. Wenn Don Severo und Don Felix auf eine Gruppe zutraten, standen die Burschen auf. Don Severo fühlte ihre

Arme ab, ihre Beinmuskeln und ihre Nacken, als wären sie Ochsen, die er zu kaufen gedachte.

„Was bist du, Chamula?" fragte er Candido, als er zu dieser Gruppe kam. An der Kleidung und am Hute erkannte er die indianische Nation, zu der jeder Mann gehörte.

„Campesino, su humilde servidor", antwortete Candido bescheiden.

„Also Kleinbauer. Hm! Dann wirst du ja wohl einen tüchtigen Schläger machen, Chamula", sagte darauf Don Severo.

„A sus ordenes, Patroncito, mein gnädiges Herrchen."

„Wer ist denn das Weib, das du hier bei dir hast? Deine Frau?"

„Mein Schwesterchen, Patroncito. Meine Frau ist gestorben."

„Aber die beiden Jungen sind deine Kinder?"

„A sus ordenes, sie sind bereit zu Ihrem Befehl, Patroncito."

Don Severo stieß die Jungen mit der Faust leicht gegen die Brust und packte sie an den Armen. „Sie können gute Vaqueritos, Kuhburschen meine ich, machen."

„Vergeben Sie mir, Patroncito, mein gnädiges Herrchen, wenn ich nicht zu Ihren Diensten bin, aber die Jungen sind noch recht klein und schwächlich und können hier im Dschungel nicht schwer arbeiten. Es ist ja der eine nur gerade sechs Jahre alt und der ältere sieben und ein viertel."

„Wenn sie hier essen wollen, dann müssen sie arbeiten. Von deinem Essen bleibt nichts übrig für deine Jungen, oder ich muß dir das Doppelte für das Essen anrechnen, und dann kommst du in aller Ewigkeit nicht los von deinem Konto."

„Wir können tüchtig arbeiten, wir sind stark, mi Jefe", sagte der ältere Junge eifrig, als er begriff, sein Bruder und er möchten die Ursache sein, daß ihr Vater nicht mehr zurückkehren könnte.

Da trat der Kleinere einen Schritt vor und dicht an Don Severo heran. Er hielt seinen Arm hoch und beugte ihn, um die Muskeln herauszupressen.

„Fühlen Sie einmal hier, Patroncito, wie kräftig ich schon bin; ich kann noch besser arbeiten als mein Bruder, obgleich er älter ist, und als Ochsenjunge, das würde mir schon gut gefallen." Dann wandte er sich um zu seinem Vater: „Mit deiner würdigen und gütigen Erlaubnis, Tate!"

Candido sagte nichts. Er kniff nur die Augen zusammen.

„So etwas gefällt mir", lachte Don Severo, „das sind Jungen, wie ich sie gern habe. Und es hat noch niemand etwas geschadet, wenn er frühzeitig begann, sich selbst sein Brot zu verdienen. Ihr beide geht zum Ochsencamp und euer Vater zu den Schlägern."

Erschreckt blickten die beiden Jungen auf. „Bleiben wir nicht bei unserm Vater?"

„Er ist kein Boyero, sondern ein Schläger, und kann nicht mit euch im selben Camp sein. Zuweilen vielleicht, wenn es sich gerade so trifft, dann seid ihr im selben Nachtcamp."

Candido zog die Jungen zu sich zurück, als wolle er sie beschützen. Er streichelte ihre dickbehaarten Köpfe eine Weile und sagte leise: „Was können wir machen, Jungens? Er ist der Herr, und wir haben zu gehorchen."

Don Severo ging weiter zur nächsten Gruppe.

Jedoch Don Felix blieb stehen und winkte Modesta heran, die einige Schritte in den Hintergrund gegangen war, als Don Severo ihren Bruder und die Jungen verhörte. Dem Wink gehorsam folgend, kam sie nun näher an Don Felix heran. Sie neigte den Kopf und hielt die Arme gekreuzt über der Brust. Aber sie sah nicht auf.

Don Felix stach sie mit seinem ausgestreckten Zeigefinger in die Backe, und dann stieß er ihr mit den Knöcheln der geballten Hand gegen das Kinn, um das Kinn aufzurichten. Modesta wich aus und neigte den Kopf zur Seite, ohne ihn anzusehen.

„Brauchst keine Angst zu haben, du kleines Hürchen. Ich fresse keine Mädchen zum Frühstück, nicht einmal dann, wenn mir ihre Oberschenkel gut gefallen. Wie heißt du denn?"

„Modesta, su humilde servidora."

„Mocha werde ich dich rufen. Was tust du denn hier?"

„Ich bin mit meinem Bruder gekommen, weil er allein ist und der Kinder wegen, Patroncito." Sie sagte das, ohne den Kopf zu heben.

„Wo willst du denn essen, Hürchen?"

„Mit meinem Bruder im Camp."

„Das kannst du nicht. Er bekommt nur Ration für einen Mann, und wenn er zwei Rationen empfangen will, muß er für zwei bezahlen. Dann bleibt ihm nichts vom Tagelohn, und er hat bei uns ein Konto von ungefähr dreihundertfünfzig Pesos. Verdient nur einen halben Peso den Tag, wenn er seine drei Tonnen liefert."

„Zwei Tonnen, Patroncito, so steht in meinem Kontrakt." Candido war dicht herangekommen und hatte die letzten Worte gehört.

„Was in deinem Kontrakt steht, geht uns hier gar nichts an, und du hältst dein stinkiges Maul, oder ich lasse dir gleich von einem Capataz den Monteria-Willkommensgruß geben. Wenn du den einmal weg hast, wirst du wissen, daß du deine Fresse nur dann aufreißt, wenn du gefragt bist. Drei Tonnen Lieferung den Tag, und schaffst du keine drei Tonnen, wird dir der Tag nicht bezahlt; und wenn das einige Tage so faul weitergeht, wirst du ja sehen, wie wir dich zu drei Tonnen herankriegen. Kannst froh sein, wenn wir nicht vier Tonnen verlangen."

„Aber, mit Ihrer sehr gütigen Erlaubnis, Patroncito", sagte Candido bescheiden, „Don Gabriel, der Enganchador, hat mir gesagt, und auch der Bürgermeister in Hucutsin, wo wir den Kontrakt gestempelt haben, hat gesagt, daß es nur zwei Tonnen sind für den Tag."

„Vier für dich, du verlauster Coyote. Vier Tonnen. Und wehe deiner Haut und deinen Knochen, wenn du weniger schaffst als vier." Don Felix nahm ein Büchelchen aus seiner Hemdtasche, schrieb den Namen ein, und hinter den Namen kritzelte er: Cuatro Toneladas Obligacion; vier Tonnen Pflicht. „Aber, mit Ihrer Vergebung, Patroncito —" begann Candido aufs neue.

Er kam nicht weit. Don Felix versetzte ihm einen mächtigen Fausthieb ins Gesicht, so daß sofort dickes Blut aus der Nase Candidos tropfte. „Ich habe dir gesagt, du dreckiges und verlaustes Stinktier, daß du dein Maul hier zu halten hast."

Candido hockte sich auf den Boden. Mit Gras, das er aus der Erde zupfte, verstopfte er sich die Nasenlöcher, um das Blut aufzuhalten.

Modesta stand noch immer mit gebeugtem Kopfe vor Don Felix. Der Vorgang war für sie schmerzlicher, als er für Candido war. Jedoch von Kindheit an gewohnt, daß sie und alle ihresgleichen ohne Murren hinzunehmen haben, was ihnen ein Ladino antut, hatte sie sich kaum gerührt. Mit keiner Miene, keiner Geste deutete sie an, was sie empfand. Sie war zum Herrn gerufen, stand vor ihm, und sie war nicht entlassen, um ihren Bruder zu trösten.

Die beiden Jungen setzten sich dicht zu ihrem Vater und umklammerten seinen Körper, um ihn vergessen zu machen, was geschehen war. Der Kleinere begann zu weinen und sagte unter Schluchzen: „Tate, lieber Tate, ich kann nichts dafür!"

Der Vater streichelte ihn und lächelte ihn an.

Der größere Junge nahm die Kürbisflasche auf und lief zum Fluß hinunter, um Wasser für den Vater zu holen, damit er trinken und das Blut abwaschen könne.

Don Felix war bereits wieder mit dem Mädchen beschäftigt. Einem Indianer ins Gesicht zu schlagen, war für ihn kein Ereignis, dessentwegen er auch nur für eine Minute seine Gedanken unterbrochen haben würde. Selbst wenn er einen indianischen Arbeiter erschlug oder erschoß, hatte er es eine Stunde darauf völlig vergessen. Er erinnerte sich bei weitem besser einer erjagten Antilope oder eines gutgetroffenen Tigers als eines erschossenen Peons.

„Bist gar kein übles Pflänzlein, Mocha", sagte Don Felix. „Essen mußt du, und dein Bruder kann dir nichts zu essen geben."

„Ich werde hier im Camp eine kleine Hütte bauen und die Schweinchen großbringen und Essen kochen für die Handwerker. Das kann ich tun."

„So leicht ist das nicht, kleine Mocha. Du kannst hier nur eine Choza bauen, wenn ich dir das erlaube. Und Schweine kannst du hier ebenfalls nur halten, wenn ich dir das gestatte. Essen kannst du für die Leute kochen, wenn es sonst niemand für sie kocht. Aber wenn du arbeiten willst, kannst du auch für mich arbeiten. Weniger Arbeit für einen als für zwanzig. Ich gehe wahrscheinlich nächste Woche auch noch los, um ein anderes verschlafenes faules Camp gründlich aufzumuntern. Und dich, mein Hürchen, nehme ich mit. Ich werde dich zu meiner Köchin und meiner Criada machen, mein Dienstmädchen für alles. Für alles. Verstehst du!" Er packte sie am Kinn und riß das Kinn hoch, so daß er ihr in die Augen sehen konnte. Modesta jedoch schlug ihre Augen nieder.

„Wenn du dich gut beträgst und mir zu Gefallen bist, dann geht es dir gut, du Lümpchen. Und wenn du dich nicht gut beträgst, dann reibe ich dir dein braunes Fell ab und sause dich raus, und du magst allein durch den Dschungel heimkriechen in dein verdrecktes, verlaustes und verhurtes Dorf, wenn dich nicht vorher die Tiger erwischen und dir beide Beine ausreißen und wer weiß, was sonst noch mehr."

„Ich will aber nicht Ihr Dienstmädchen sein, Patroncito", sagte Modesta leise.

„Das bestimme ich und nicht du, du Dreckfratze." Don Felix wandte sich ab und folgte seinem Bruder Don Severo, der bereits weit vorausgegangen war und die äußerste Gruppe von Leuten verhörte.

5

Es war tiefe Nacht, als die neue Mannschaft im Camp Sur anlangte. Die Leute, völlig erschöpft von dem langen Marsch durch den Dschungel und von dem Waten in dickem und zähem Morast, ließen nicht nur ihre Packen, sondern auch ihre eigenen Körper zu Boden fallen, um liegenzubleiben, wo sie waren. Erst eine halbe Stunde später begannen sie nach Essen zu suchen. Der Koch sagte, daß er nichts für sie habe, und wenn sie selbst nichts mitgebracht hätten, dann müßten sie bis morgen warten, ehe er ihnen zu essen geben könne; außerdem sei er selbst müde und habe jetzt keine Lust, noch mehr zu arbeiten, und wo denn die Köchin sei, die ihm versprochen worden war. Der Capataz La Tumba, der den Trupp hergeleitet hatte, sagte, die Köchin werde sich morgen bei dem Koch einfinden, jetzt sei sie bei ihrem Bruder.

Die Angekommenen zündeten Feuer an und wärmten sich die wenigen Bohnen auf, die sie vom Marsch übrigbehalten hatten.

Einige der Burschen, die in diesem Camp bereits seit Monaten arbeiteten und in der Nähe der Küche herumstanden, kamen herzu, um sich die Neuen anzusehen. Vielleicht waren Bekannte darunter. Sie setzten sich zu den Feuern, zündeten sich ihre Zigarren an und sahen zu, wie sich die Neuen ihr mageres Mahl bereiteten.

„Dabei werdet ihr gewiß nicht fett", sagte einer zu der Gruppe, bei der er sich hingesetzt hatte.

„Man kann nur essen, was man hat", war die Antwort.
„Ist Don Felix mit euch gekommen?"
„Nein, er ist im Hauptcamp geblieben, nach den Geschirren zu sehen und den neuen Proviant zu verrechnen, der in dieser oder der nächsten Woche erwartet wird."
„War einer von euch schon einmal in einer Monteria?" fragte ein anderer.
„Ich nicht", gab einer müde zur Antwort, „und ich denke auch nicht, daß ein anderer hier von unserer Kolonne die Bekanntschaft gemacht hat."
Santiago, einer der Ochsenknechte, lachte laut auf. „Bekanntschaft gemacht. Verflucht, das ist gut gesagt. Bekanntschaft gemacht. Junge, Junge, hier werdet ihr Bekanntschaften machen mit Höllen und Teufeln."
Darauf war es eine Weile still unter den Leuten. Die Alten rauchten, und die Neuen warteten, daß ihre Bohnen und ihr Kaffee heiß werden sollten.

Die neuen Leute, die herumsaßen, blickten plötzlich auf, als hätten sie das Fauchen eines Tigers vernommen.
„Was ist denn das, da weiter drin im Gebüsch, da drüben?" fragte Antonio, ein Indio von Sactan, seine Ohren gespitzt haltend wie ein wachsamer Hund.
„Meinst du vielleicht das Wimmern, Winseln, Klagen und Gurgeln, das da aus jenem Gebüsch am Fluß kommt?" fragte Santiago, zog die Augenbrauen hoch und griente.
„Ja. Es hört sich an, als ob Tiere gequält werden und man ihnen die Mäuler zugebunden hat."
„Was hast du doch für ein feines Öhrchen!" spottete Santiago. „Ich bin gewiß, du kannst einen Floh hören, wenn er den Zapateado auf einem abgeschlissenen Seidenfetzen tanzt. Aus dir kann etwas werden mit solchen feinen Ohren. Du hast richtig gehört, Muchacho."
„Sehr richtig gehört", mischte sich Matias ein. „In der Tat, da werden Tiere gequält, und man hat ihnen die Mäuler zugebunden, damit man ihr Schreien nicht hört. Denn ihr Schreien könnte Acacio ärgern, der sich jetzt gerade zu seiner fetten, schiefnasigen Cristina gequetscht haben wird. Himmel, was ist das Luder fett, aber sie hat sicher einen weichen Ursch, und er wird schon wissen, warum er sie überall mit sich herumschleppt und ihr halbe Kisten parfümierte Seife kauft, wenn der Türke ankommt."
„Und wozu werden denn die armen Tiere so gequält?" fragte Antonio.
Die alten Boyeros brüllten ein kurzes Lachen heraus, das wie ein stumpfes Husten klang.
„Die armen Tiere!" sagte Santiago. „Ja, die armen Tiere werden

grausam gequält, und das ist es, warum sie so jammern und winseln, mit zugebundenem Maul." Er lachte wieder.

„Seid keine weißen Lämmlein", erklärte nun Pedro den neuen Leuten. „Tiere, arme Tiere! Es sind keine Tiere, die da gequält werden und wimmern, ihr Esel. Es sind zwanzig Schläger, Hacheros, die da wimmern. Sie sind gehenkt für drei Stunden oder vier, weil sie heute, gestern und vorgestern keine vier Tonnen schaffen konnten. Was vier Tonnen bedeutet, werdet ihr in drei Tagen lernen. Zwei Tonnen täglich ist die kräftige Leistung eines geübten Schlägers, der stark ist wie ein Ochse. Und nun verlangt der stinkige Hund Acacio vier Tonnen, und wer sie nicht schafft, henkt die halbe Nacht, zusammengeknotet nicht an allen Vieren, nein, gleich an allen Fünfen, damit auch ja nichts vergessen wird, und den Kopf mit eingequetscht. Und dann die Moskitos herum, gerade da am versumpften Dreck, und rote Ameisen in ganzen Völkern. Ich brauche euch wohl nicht mehr darüber zu erzählen. In einer Woche wißt ihr mehr darüber — aus eigener Erfahrung. Dann seid ihr eingeweiht in die Geheimnisse einer Monteria, die den Gebrüdern Montellano gehört, und seid Soldaten des Regimentes der Colgados, der Gehenkten."

„Ich habe geglaubt, daß hier nur gepeitscht würde, wie auf den Fincas oder wie in den Campos, wo die Rebellen hingeschickt werden, um dort zu verrecken, weil sie das Maul aufrissen gegen einen Jefe Politico oder sich beschweren wollten gegen Geldstrafen oder Zwangsarbeit." Martin Trinidad schien weltliche Erfahrung zu haben. Er war einer der drei Verlumpten, die sich der Kolonne auf dem Wege angeschlossen hatten und ohne abgestempelten Vertrag geblieben waren. Auf dem ganzen, drei Wochen dauernden Marsch durch den Dschungel hatten diese drei Vagabunden kaum ein Wort mit ihren Gefährten gesprochen. Die drei waren immer zusammen und sprachen nur unter sich, ohne scheinbar je einen anderen ihrer Weggenossen zu beachten. Jetzt, zum ersten Male, seit sie der Kolonne angehörten, sprach einer von ihnen, Martin.

Santiago sah ihn mit halb zugekniffenen Augen an, zugleich ein wenig mißtrauisch, als betrachte er ihn mit der Vorsicht, die der ehrliche Arbeiter gegenüber einem Spitzel hat.

„Wo bist du denn her, Hombre?" fragte er ihn.

„Yucatan."

„Gottverflucht, das ist sehr weit her. Wie kommst du denn hier her? Fugitivo? Ausgebrochen?"

„Ausgerückt, manito, laß uns sagen."

„Ja, laß uns das so sagen. Und wenn du dreimal gehenkt sein wirst, dann werde ich dir alles glauben, was du mir erzählst. Denn siehst du, Brüderchen, wer hier nicht gehenkt wird und nicht gepeitscht, bei dem ist etwas nicht in Ordnung. Nur ausgepeitscht, verdammt noch mal, da kannst du uns immer noch etwas vorheucheln. Aber gehenkt, gut und vorschriftsmäßig gehenkt, so wie es El

Rasgon, La Mecha und El Faldon verstehen, da hört das Heucheln auf, da macht keiner mehr mit, der nicht ganz sauber auf der Brust ist. Ich denke, du weißt, was ich meine und wie ich es meine. Celso und Andrés werden ja noch mit dir und deinen beiden dicken Freunden das Kreuzverhör vornehmen, damit wir wissen, wem du angehörst. Bange hat niemand hier, und wir schneiden dir in einer schönen, heißen Sommernacht so schön und lieblich die Kehle durch, nur zwanzig Schritt von der Schlafhütte entfernt, daß du gar nicht spürst, wie die stinkige Seele eines Denunciante zur Hölle saust. Siehst du, es tut uns nichts. Wir werden nicht erschossen, denn das kann sich hier niemand erlauben, der von uns jeden Tag vier Tonnen haben möchte. Ein Erschossener kann keine Bäume mehr schlagen. Wir können nur gehenkt werden. Und daran sind wir nun bald so sehr gewöhnt, daß es nichts mehr hilft. Es gab eine Zeit, da wurden wir gepeitscht, wenn wir nicht mehr als zwei Tonnen hatten. Auch daran gewöhnten wir uns. Es half nichts mehr. Im Gegenteil, es wurde jeden Tag weniger als zwei Tonnen und immer weniger. Dann kamen die Montellanos mit ihrer neuen Erfindung, dem Henken. Das ist nur grausam, entsetzlich grausam, so lange du gehenkt bist. Am nächsten Tag kannst du wieder arbeiten, und schaffst vier Tonnen. Kriechst raus aus deiner Hütte drei Stunden vor Sonnenaufgang und wieder hinein, müde wie ein Stein, vier Stunden nach Sonnenuntergang. So gut hat dir das Henken getan, daß die Erinnerung daran, die Erinnerung allein, und die Furcht, noch einmal gehenkt zu werden, es dir möglich macht, vier Tonnen zu schaffen, wenn bereits eine Tonne dir das Fell von den Händen schält, als wäre es nur mit Spucke aufgeklebt. Aber, wir sind nun gerade so dicht dabei, daß auch das Henken nicht mehr fruchtet. Den Celso können sie schon nicht mehr mit Henken mürbe kriegen. Wenn er vier Stunden gehenkt hat, und El Guapo kommt, ihn abzuknüpfen, dann blökt ihn der Celso an: ‚He, du stinkiger Hurenbengel, ich bin jetzt gerade dabei, mich bequem zu fühlen und war so recht schön beim Einnicken, und da mußt du elendes Stinktier herbeischleichen und mich in meinem süßen Schlummer stören.' Celso, wißt ihr, war der erste, der sich nichts mehr draus machte. Aber jetzt sind wir schon ein halbes Dutzend. Der Trick ist: Menschen können wie Ochsen und Esel werden, die sich nicht rühren, so lange sie auch gepeitscht und gestochen werden mögen, wenn sie erst einmal den richtigen Rebellensinn in sich 'reingefressen haben."

Martin Trinidad sagte nichts. Er brach sich ein Stück harter Tortilla ab und löffelte damit die Bohnen aus einem Tonscherben, in dem er sie angewärmt hatte. Seine beiden Gefährten, Juan Mendez und Lucio Ortiz, knabberten an einem Streifen zähen Trockenfleisches und tranken dazu dünnen Kaffee.

Die Leute der neuen Kolonne, die ursprünglich in zerstreuten Gruppen gegessen hatten, drängten nun, während sie aus ihren Tontöpfchen Bohnen aßen und aus Blechkännchen ihren Kaffee tranken, langsam näher und näher zu den alten Boyeros, Matias, Pedro, Santiago, Cirilo, Fidel, die bei der ersten Gruppe saßen.

Andrés, der intelligenteste Bursche unter den Boyeros, war nicht unter ihnen. Mit mehreren Jungen war er zur Hauptweide geschickt worden, um frische Ochsen herbeizutreiben und ermüdete und schlecht genährte Ochsen zu jener Weide in die Ferien zur Erholung zu bringen. Die Weide lag sechs Leguas weit entfernt an einem See, und weil der größte Teil des Weges versumpft war, mochte es drei Tage dauern, ehe er wieder zurück war.

„Werden die Schläger jeden Abend gehenkt?" fragte Antonio.

„Natürlich nicht", sagte Matias. „Dann würden sie zu rasch Paludismo, Sumpffieber, weißt du, bekommen und absausen. Es sausen so schon genug ab, kaum eine Woche, daß wir nicht zwei oder drei einkratzen."

„Was weißt du denn überhaupt?" unterbrach ihn Pedro. Er, als Alter, hatte wie die übrigen Alten ein reges Verlangen, von seinen Erfahrungen und Kenntnissen zu sprechen, als er sah, wie Santiago so sehr aufmerksame Zuhörer fand. „Was weißt denn du?" wiederholte er. „Natürlich werden die Schläger nicht jeden Abend gehenkt. Wie auch wir, die Boyeros, die Ochsenburschen, wenn ihr das besser versteht, nicht jeden Abend gehenkt werden. Darum sitzen wir ja auch hier und können unsere Zigarren rauchen und euch kleinen unschuldigen Knaben die verkleisterten Gucklöcher auswaschen."

„Die Sache ist die", sagte Cirilo, „und das Ergebnis ein solches — und so kommen wir auf langen Umwegen zur wahren Kenntnis dessen, was hier vor sich geht."

„Hört nicht auf den Kaplan", sagte Santiago mit grunzendem Lachen. „Es ist ihm heute ein Jochbalken aufs Hirn gefallen, und er hat sich noch nicht davon erholt. Darum redet er, ohne zu wissen was. Und morgen wird er noch dümmer sein. Was ich nun sagen wollte, ist so und nicht anders. Vor fünf Tagen oder sechs ist der jüngste der drei Montellanos hier angelangt. In seiner Monteria ist das Gelände ersoffen und wird wahrscheinlich erst wieder trocken im Januar sein oder später. Und was den Brüdern da fehlt, müssen sie nun hier dreifach herausholen. Acacio ist derböseste der drei. Er ist im Frühjahr in seine Monteria gezogen mit achtzig Leuten, alle gesunde und kräftige Leute von den Fincas, darunter noch ein Dutzend Frauen und vielleicht zwanzig Kinder. Wißt ihr, wieviel er von den achtzig übrig hatte, als er von seiner Monteria abmarschieren mußte? Dreiundzwanzig. Alle anderen tot. Die meisten zu Tode gepeitscht oder zu Tode gehenkt; andere vom Fieber geholt; zehn vom Sumpf verschluckt; vier geflohen und im Dschungel verkommen; ein paar von Schlangen gebissen; vier von Tigern und Pumas geschnappt. Zwei wurden von Tigern gefressen, während sie gehenkt waren. Was kann einer tun gegen Tiger, wenn er gehenkt ist und keinen Finger rühren kann. Von den Dutzend Frauen sind drei nicht mehr richtig in ihrem Kopf; eine, eine junge Fette, deren Mann er erschoß, hat er sich für seinen persönlichen Bedarf angeeignet, und sie liegt nun mit ihm im Bett; zwei flohen mit ihren Männern und verkamen gleich ihren Männern; eine peitschte er, bis sie zusammenbrach, weil sie ihren Mann aufgehetzt hatte, wegzurennen. Er ließ sie liegen, und weil niemand in der Nähe war, ihr aufzuhelfen, wurde sie von wilden Schweinen, den sogenannten Tabalis, weggeschleppt und stückweise aufgefressen. Von den zwanzig Kindern leben zwei, und die sind jetzt vom Fieber gepackt."

„Ein erfolgreicher Ladino, wie ihr seht", sagte Fidel.

„Du redest nur, wenn du gefragst bist, Hijito, mein Söhnchen." Santiago sah Fidel an, als ob er etwas verbrochen hätte. „Und damit du mir nicht mehr reinredest, nimm diese schön gewickelte Zigarre." Es war aber nicht eine Zigarre des Santiago. Santiago hatte vorsichtig eine Zigarre aus der eigenen Hemdtasche des Fidel herausgezerrt und sie ihm hingereicht mit einer Geste, als mache er ihm ein Geschenk.

Fidel besah sich die Zigarre, drehte sie um und um, und sagte dann, sie dicht an das Feuer haltend: „Nun sieh doch einer nur hierher, wickelt der Mann sich seine Zigarren nach meinem Muster. Also kann ich doch etwas besser als du, Santo, sonst würdest du mir nicht meine Zigarren so schön nachmachen."

Er tastete gegen seine Hemdtasche, um dort die Zigarre herauszufischen und sie mit der zu vergleichen, die ihm Santiago gegeben hatte. Als er nun die Zigarre nicht fand, sagte er: „Das hätte ich doch wirklich vorher wissen können, daß du keine Zigarren wegschenkst. Leicht, eine Zigarre zu verschenken, wenn du sie mir vorher aus der Tasche stiehlst. Schadet nichts, ich bin froh, daß mir niemand, nicht einmal du, meine Sorte von elegant gewickelten Zigarren nachmachen kann. Niemand hier, das könnt ihr mir glauben, alle die ihr nun hier beisammensitzt, kann mir meine Zigarren nachmachen."

„Und wenn du nicht ruhig bist", sagte nun Santiago zu ihm, „dann gebe ich dir eins aufs Schindeldach, und du gehst heim in deine Hütte. Wie kann ich denn hier den ehrlichen und aufgeweckten Leuten etwas erzählen, wenn du mir ewig dazwischen kommst mit deinen Zigarren. Du weißt recht gut, daß ich die Sorte, die du drehst, nicht vertragen kann. Und um nun wieder auf das schlanke Pferd zu kommen, von dem wir sprachen und das uns in den Schitthaufen setzen ließ, also, nachdem der Acacio alle Leute, oder die meisten, glücklich verscharrt hatte, und dann auch noch seine Monteria im Sumpf versackt war, kam er hier angefegt mit den paar Männchen, die ihm geblieben waren. Auf dem Wege hierher sind ihm noch fünf ausgerückt, und jetzt sind zwei Capataces hinter ihnen her, sie wieder zu fangen. Sie werden sie auch kriegen, arme Burschen. Wenn sie auch noch so gut rennen, gegen Pferde können sie nicht aufkommen. Vielleicht hängen sie sich auf oder schneiden sich die Kehlen durch, wenn sie sehen, sie werden gefangen und können nicht weiter. Es bleibt ihnen nicht ein Strich am Leibe heil, wenn sie zurückgebracht werden. Und da kam nun der Acacio hier vor sechs Tagen oder so an. Das erste, was er tat, war, daß er eine gute Idee ausheckte. Er mußte das einbringen, was er in der Monteria, die er bis jetzt bewirtschaftet hatte, in diesem Jahr verlor. Er ordnete an, daß jeder Schläger vier Tonnen täglich zu liefern habe, und wer weniger als vier Tonnen leiste, bekomme den Tag nicht berechnet, und außerdem würde es ihm beigebracht, wie man vier Tonnen den Tag schaffen kann, wenn man nur will. Peitschen hatte ihm nichts geholfen, und er wußte, daß es hier erst recht nichts helfen würde. So versuchte er es mit Massenhenken. Und ihr kommt gerade zur rechten Zeit, um die Musik des ersten Massenhenkens zu genießen. Wir, die Boyeros, haben auch schon die neue Verordnung erhalten. Heute morgen. Er reitet jetzt täglich die Felder, wo geschlagen wurde, ab und bestimmt, wieviel Trozas jeder Boyero täglich abzuschleppen und am Tumbo aufzuhäufen hat, wenn ihm der Tag berechnet werden soll. Und so, während wir heute abend hier alle friedlich und gemütlich ums Feuer sitzen und uns hübsche Geschichten erzählen, könnt ihr wahrscheinlich morgen abend um etwa dieselbe Zeit uns von drüben, aus dem Dickicht am Sumpfloch heraus, wimmern hören, und dann werden die Schläger hier sitzen und zuhören."

„Was kann man dagegen nur machen?" fragte einer der neu herangekommenen Burschen. Er kam von einem unabhängigen Dorfe und hatte sich in die Monteria verkauft, um Geld für seine Heirat zu verdienen.

„Ja, was denkt ihr wohl, was man dagegen machen kann?" Fidel wiederholte die Frage. Dann blickte er alle der Reihe nach an, spitzte die Lippen und sagte: „Was man dagegen machen kann? Das kommt immer darauf an, was wir für eine Sorte von Indios sind."

„Was meinst du damit?" fragte ein anderer der Neuen.

„Er meint gar nichts damit", sagte Santiago. „Aber ich habe vor einigen Nächten einen Muchacho singen hören. Er sang fest in das Wimmern und Stöhnen der Gehenkten hinein, und es schien sie zu beruhigen."

„Du wirst dich doch noch erinnern, wie der Gesang war?" Cirilo kannte den Gesang, aber er wollte, daß Santiago jetzt im Beisein der Neuen den Gesang wiedergebe.

„Freilich kann ich mich erinnern. Solche Lieder braucht man nur einmal zu hören, und man vergißt sie sein ganzes Leben nicht. Das ging so: Unser Dasein ist so billig geworden, daß es uns nichts kostet, unsere Henker zu morden; wenn wir uns nicht mehr wie

Menschen betragen, so mögen sich die, die uns henken, darüber beklagen."

„Ich verstehe kein Wort davon", sagte Antonio.

Matias lachte auf, kurz und hart. „Es gibt Lieder, die man nicht zu verstehen braucht und deren Melodie klar wird, wenn man tut, was im Liede gesungen wird."

Ein anderer der Neuen fragte: „Wehren sie sich denn nicht, wenn sie zusammengeknotet und gehenkt werden?"

„Es wehrt sich auch das Schwein, wenn du es schlachten willst", sagte Procoro. „Die geben dir zwei saftige Hiebe mit der Keule auf den Schädel, und wenn du wieder zur Besinnung kommst, hängst du lustig an einem Ast, und die roten Ameisen kriechen dir in die Nasenlöcher und in die Ohren, wo diese Bestien Fett 'reingeschmiert haben, damit die Ameisen gleich in ganzen Heereszügen kommen sollen. Am nächsten Tag hast du einen so dicken Schädel und ein solches Brummen drin, daß du beim nächstenmal keinen Finger rührst, wenn sie dich wieder henken wollen. Du bist dann heilfroh, daß sie kein Fett in den Hintern schmieren oder vorne hin, was auch recht lieblich ist. Die Moskitos kriegst du umsonst, ohne Fett. Als besonderes Labsal für dich füllen dir die Hunde eine Kanne heißen Kaffee in den Rachen, daß du schwitzt, bis du denkst, du mußt nun explodieren, und dann sollst du mal sehen, wie dick die Moskitos angeflitzt kommen."

„La Mecha, diese schiefäugige Bestie, hat einen neuen Trick entdeckt, den kennt ihr noch nicht." Santiago wandte sich an die alten Leute. „Frag hier Procoro. Zeig mal her, du."

Procoro hatte kein Hemd an. Er drehte seinen nackten Rücken zum Licht des Feuers.

Santiago führte seinen Finger an dünnen Linien, die sich auf Procoros Rücken befanden, auf und ab, um sie zu zeigen. „Hier hat der stinkige Coyote, La Mecha, nachdem er den Procoro aufgehenkt hatte, mit einem Dorn Risse in das Fell eingeschnitten, damit Moskitos, Ameisen, Maden und weiß der Teufel was sonst noch für Insektenzeug es bequemer haben sollten. Was denkt ihr grünen Jüngelchen denn eigentlich, wo ihr seid? In einer Finca? Oder in euren Dörfern, wo euch nur Flöhe und Läuse fressen? Ihr seid nicht in der Vorhalle der Hölle, hier seid ihr bereits am andern Ende der Hölle."

„Das hast du sehr gut gesagt, Santo", bestätigte Fidel, „am anderen Ende der Hölle. Ja, am anderen Ende der Hölle. Richtig. Denn hier würde selbst der grimmigste der Teufel nicht mehr mitmachen und sich lieber in einen weichen Stuhl setzen, eine Flasche Comiteco vornehmen und sich dann elendiglich schämen."

Candido und seine Schwester Modesta saßen mit einer Gruppe von Männern ihres Stammes an einem kleinen Feuerchen, einige dreißig Schritte entfernt von der großen Gruppe, wo es so lebhaft zuging. Die beiden kleinen Jungen schliefen. Infolge der Entfernung vernahmen die Leute, die hier saßen, nichts von den Schilderungen, die den Neuen das Blut in den Adern stocken ließen. Freilich hörten sie zuweilen das Wimmern, Klagen und Winseln im Dschungel, wenn der Wind es ihnen zuwehte. Aber sie machten sich keine besonderen Gedanken darüber.

Im Dschungel, bei Tag und bei Nacht, gibt es viele Arten der Täuschungen des Gehörs."

Von den Oficinas her lachten und grölten die Capataces. Zwei oder drei sangen mit rostigen und gequetschten Stimmen. Hin und wieder erklang das schrille Quieken eines besoffenen Mädchens. Da waren nur zwei Frauenzimmer, mit denen sich die fünf Capataces begnügen mußten, und die sie von den versumpften Monterias des Don Acacio mit sich geschleift hatten.

Sie waren alt und schwammig. Zudem besaßen sie nichts, aber auch gar nichts, was irgendeinen Mann irgendwo auf Erden hätte reizen können. Sie wußten das. Und sie wußten auch, daß sie auf der allerletzten Station angelangt waren. Obwohl ihnen auch nicht eine einzige Krankheit fehlte, die sie sich in ihrem anstrengenden Leben nach und nach hatten erwerben können, waren sie hier immer noch willkommen. Niemand hatte sie gezwungen, mit den Capataces hierher zu ziehen. Sehnlichst würden sie gewünscht haben, daß man sie mit Gewalt hierhergebracht hätte, um wenigstens protestieren zu können und darum zehn Centavos im Preise höher zu stehen. Als sich aber niemand geneigt zeigte, selbst nicht einmal diese verdreckten Capataces, sie zu vergewaltigen und als persönliches Eigentum zu erklären, waren sie froh gewesen, daß ihnen Don Acacio erlaubte, mitzukommen und ihnen sogar noch Pferde zum Reiten stellte. Sie wären auch zu Fuß marschiert, hätten sie keine Tiere bekommen.

Gar nicht so selten hatten sie übrigens sogar die Genugtuung gehabt, daß sich selbst Don Acacio in der Notlage befand, die eine oder die andere, mehrere Male beide zu gleicher Stunde, in seine Oficina zu rufen.

Aber keiner der Capataces und keiner sonst, der sich vielleicht gelegentlich der einen oder anderen annahm, hätte irgendwelche Rechte auf Privatbesitz geltend gemacht. Dessen hätte sich ein jeder geschämt, so wenig Scham sie auch kannten. Es gab niemals eine Prügelei unter den Capataces dieser Frauen wegen, weil keiner Privilegien beanspruchte. Ein jeder würde Privilegien als eine Beleidigung angesehen haben.

Die Frauen begannen nun mit krächzender Stimme zu singen,

und zwei der Capataces fielen in den fürchterlich klingenden Gesang mit ein.

El Guapo trat in die offene Tür. Er schwankte einige Male hin und her. Dann rief er in das Haus: „He, Faldon und du, Mecha, und ihr stinkigen Kröten, kommt raus."

Mit den stinkigen Kröten bezeichnete er zwei kleine Indianerjungen, die in der Oficina bedienten.

„Laternen!" rief er den Jungen zu.

Die Jungen nahmen zwei Laternen und zündeten sie an der traurig schmökenden Kerze an, die auf dem rohen Tisch stand.

„Wir wollen die Schweine runter lassen. Die hängen nun lange genug; sonst sind sie morgen zu krumm und können nicht schlagen", sagte El Guapo, ungewiß mit beiden Armen in der Luft herumfegend.

„Können wir nicht mitkommen und sehen, wie ihr die Burschen aufknüpft und abknüpft?" Die eine der Frauen kam zur Tür.

„Ich möchte das auch gerne sehen", sagte die andere, sich das Hemd, das ihr bis an den Nabel offenstand, heraufziehend.

El Guapo stieß der nächsten seine offene Hand so heftig quer ins Gesicht, daß sie bis zur gegenüberliegenden Wand zurücktaumelte.

„Ihr verlausten und verdreckten Säue bleibt hier. Und wenn ich je eine von euch Huren in der Nähe finde, wo die Muchachos henken, ich schlage euch den Schädel zu Brei. Verflucht noch mal! Könnt ihr denn eure Schachteln nicht vollkriegen, daß ihr auch noch Theater haben wollt? Laßt euch ja nicht dort in der Nähe sehen, wenn ihr am Leben bleiben wollt."

„Los!" rief er seinen Kollegen zu. „Abhenken. Haben schon zu lange gebaumelt."

Die drei Capataces gingen zwischen den Gruppen, die auf dem Platze lagerten, hindurch, ohne sich mehr um sie zu bekümmern, als wären das nur gerade Sträucher, an denen sie vorbeizugehen hatten.

„Wo wollen sie denn hin?" fragte Antonio leise Fidel, der neben ihm saß.

„Die gehen los, Castigados, die Bestraften, abhenken."

„Laß uns gehen und zusehen", riet einer der Neuen und sprang auf.

Matias riß ihn heftig nieder. „Du läßt das bleiben, wenn dir dein Fell lieb ist. Brauchst nur in die Nähe zu kommen, wenn die Capataces aufknüpfen oder abknüpfen und gleich bist du an der Reihe. Wo Hiebe ausgeteilt werden, da machst du immer besser einen Umweg, sonst fallen welche für dich ab."

„Nur abwarten", sagte darauf Santiago halblaut. „Es kommt auch einmal der Tag, wo wir aufknüpfen und abknüpfen werden. Und wo wir gerade dort nahe herangehen, wo Hiebe fallen, nicht um welche abzukriegen, sondern um sie auszuteilen. Diese Hunde vergessen immer, daß man einen Burschen nicht ewig peitschen kann. Eines Tages lernt er es, wie gepeitscht wird und wen er zu peitschen hat, um in seiner Seele wieder ruhig zu werden."

Sein Blick fiel auf Martin Trinidad, den einen der drei Landstreicher. Für einige Sekunden sah er ihn an, als wolle er dessen Gedanken ergründen. Dann sagte er: „Was siehst du mich denn so an? Wenn du ein Horcher bist, sage es nur. In ein paar Tagen wissen wir es. Und einen Tag später horchst du nicht mehr."

Martin Trinidad grinste. „Wenn du nicht willst, daß ich horche, dann sprich nicht, wenn ich hier sitze. Ich habe dich nicht eingeladen. Du bist zu uns hierhergekommen, und wir nicht zu dir."

Santiago nickte und zog den Mundwinkel breit. Seine Zigarre war ausgegangen. Er zündete sie aufs neue an mit einem glimmenden Ästchen, das er aus dem Feuer zog.

„Morgen wird euch Celso von oben bis unten betrachten, euch drei", sagte er endlich. „Celso hat ein gutes Auge."

„Wir haben sechs gute Augen", erwiderte Martin Trinidad. Seine beiden Freunde lachten, und Juan Mendez sagte: „Ja, wir haben sechs sehr gute Augen, sonst wären wir vielleicht nicht hier. Was sagst du, Hermanito?" wandte er sich an Lucio Ortiz. Lucio antwortete: „Wir drei können sehen für sechs." Er schien das als Witz zu betrachten, denn er lachte laut heraus.

„Da kommen sie zurück, besoffen wie Lederstrippen". Santiago deutete mit dem Kopf zu den drei Capataces, die aus dem Dickicht herauskamen und auf die Oficina zugingen.

„Nun können wir zu den Jungen gehen." Fidel stand auf.

Zehn andere Burschen erhoben sich.

Fidel und noch zwei gingen zu der großen Schlafhütte und brachten Laternen herbei, die sie am Feuer anzündeten.

Dann ging die Gruppe hinüber zum Dickicht.

Auf dem Boden lagen acht Klumpen Mensch. Sie waren völlig in sich zusammengequetscht, als wären sie für lange in engen runden Fässern aufbewahrt gewesen. Jeder hatte nichts weiter an als ein Stück zerlumpter Baumwollhose. Sie stöhnten und ächzten wie Leute, die aus tiefem Schlaf gerissen werden und noch zu müde sind, um völlig aufzuwachen. Sie kollerten sich auf dem Boden herum und begannen, Glied um Glied langsam auszustrecken, um wieder gelenkig zu werden; denn Arme und Beine waren in sich verkrampft und eingeschlafen.

Die Lassos, an denen die Klumpen hingen, waren mit einigen geübten Griffen der Capataces aufgeknotet worden, und man hatte die Körper einfach zu Boden fallen lassen, ohne sich weiter darum zu bekümmern. Die Aufseher wußten, daß die übrigen Muchachos ihren Kameraden helfen würden.

Die Augen der Abgehenkten waren blutig und verquollen. Der Körper an hundert Stellen entzündet von Beulen, verursacht von den Stichen der Moskitos und den Bissen der roten Ameisen. Dutzende von kirschgroßen und Hunderte von sehr kleinen Zecken hatten sich in die Haut so heftig eingebissen, daß ihre Köpfe völlig eingegraben waren. Es kostete Mühe und Geduld, alle die Zecken wieder herauszuziehen, ohne daß die Köpfe im Fleisch stecken blieben, denn dann gab es böse, schwer heilende Wunden.

Die alten Burschen hoben ihre Kameraden, die noch immer halb wie im Traum waren, auf und schleppten sie dicht an das Flußufer. Hier nahmen sie jeden Körper auf ihre Arme und steckten ihn ins fließende Wasser, um die glühenden Moskitostiche zu kühlen und die Ameisen und Spinnen abzuwaschen. Nachdem die Körper abgewaschen waren, zerrten sie jeden an das Ufer, und nun begannen sie, die Glieder zu strecken und zu massieren.

„Es ist nicht ganz so schlimm, wenn wir hier dicht bei den Hütten gehenkt werden", sagte Santiago zu Antonio, der ihm half, Lorenzo, einen der gehenkten Schläger, wieder zum Bewußtsein zu bringen. „Schlimmer ist es, wenn einer ganz allein, aus besonders schwerer Strafe, weit fort vom Lager gehenkt wird, wo er von Wildschweinen oder von Dschungelhunden angefressen wird, und er sich nicht wehren kann."

„Eine andere Auffrischung, wie Don Felix sie nennt, ist auch recht schön", erklärte Matias. „Don Felix hat sie erfunden. Um elf Uhr morgens wird der Muchacho hergenommen, und auf einem weiten Platz, wo kein Baum steht und kein Dach, wird er nackt fest zusammengeschnürt und dann in den heißen Sand gegraben bis über das Maul, so daß nur die Nase, die Augen und der Schädel freibleiben, alles natürlich unter der brütenden Sonne. Ich kann jedem von euch neuen unerfahrenen Lämmchen hier sagen: wenn du einmal so eingegraben warst, du zitterst wie ein Ziegenbärtchen, wenn dir Don Felix sagt: du machst heute vier Tonnen oder du wirst morgen drei Stunden eingescharrt. Dein ganzes Leben scheint dir nicht so lang zu sein wie diese drei Stunden."

Die entsetzlich grausame Strafe des Henkens war gerade darum so erfolgreich, kostete darum so selten ein Leben, weil die indianischen Burschen ungemein kräftig und gesund waren und meistens am Tage nach der Folterung arbeiten konnten, als wäre ihnen kaum etwas geschehen. Die Montellanos hatten aus ihrer langjährigen Erfahrung in den Monterias gelernt, daß das Henken der „faulen Burschen" weit wirksamer war als das Auspeitschen. Vom Henken und vom Einscharren blieben keine wunden Rücken, die an der Arbeit hinderten, zurück. Was zurückblieb und so sehr wirksam war, das war die Furcht, abermals jene Stunden entsetzlicher Qualen durch=

zumachen, Stunden, die zu Ewigkeiten wurden, angefüllt von stetem Schrecken, weil in der Finsternis der Nacht die Gehenkten nichts sehen konnten, was sich ihnen näherte, und wenn sich etwas Bedrohliches näherte, so konnten sie sich nicht wehren.

Niemand weiß besser als der Indianer aus den Regionen nahe den Dschungeln, welche Grauen der Dschungel birgt. Was aber das Henken und die Wehrlosigkeit des Gehenkten in der Nacht, in den Tiefen des Dschungels, für den Indianer so unerträglich und unerklärbar grauenhaft macht, ist seine nicht zu unterdrückende Furcht vor Geistern und Gespenstern, sein Aberglaube an das Wiederkehren der Toten, die er, allein in der Nacht, überall zu sehen glaubt. Ein Weißer, über Nacht eingesperrt in die Schreckenskammer eines Wachsfigurenmuseums oder in die unterirdische Gruft eines Mausoleums, kann nicht so leiden wie ein primitiver Indianer, aufgehenkt und wehrlos in der Nacht im Dschungel und ohne Feuer in der Nähe. Die Montellanos waren klug und erfahren genug, die Burschen, von bestimmten harten Ausnahmen abgesehen, nicht zu weit vom Lager zu henken. Hätten sie die Burschen tief in den Dschungel, weit von ihrem Lager gehenkt, so wäre am Morgen keiner mehr am Leben gewesen. Sie wären von Geistern und Gespenstern erwürgt worden. Bei einigen hätte man sogar Merkmale des Erwürgens an der Kehle gefunden, verursacht freilich nicht von Geistern, sondern von der ungemein heftigen Einbildungkraft dieser natürlichen und völlig ungeschulten Menschen.

Nachdem alle Gehenkten dann endlich von ihren Kameraden aufgefrischt waren und man ihnen heißen Kaffee und ein Gericht aufgewärmter Bohnen eingefüllt hatte, erhoben sie sich vom Feuer, und, schwankend wie Betrunkene, gingen sie auf die Schlafhütten zu, um sich niederzulegen. So war es nun gegen elf Uhr geworden.

Morgens um halb vier kam La Mecha in die Schlafhütten und trat den Burschen mit seinen Stiefeln in den Bauch, als Morgengruß. Das brachte sie mit einem Ruck auf.

Sie waren noch so erfüllt von den Schmerzen und dem Grauen des Gehenktseins am vergangenen Abend, daß sie verstört und hastig mit der ungewaschenen Hand die schwarzen Bohnen, kaum richtig warm geworden, aus dem Topfe fischten und den Klumpen in den Mund steckten – so rasch, daß sie an der festen Masse beinahe erstickten. Mit der anderen Hand packten sie das Blechkännchen, das dünnen, lauwarmen Kaffee enthielt, und spülten den Bohnenteig, der sich in der Röhre festgeklebt hatte, hinunter. Dann, den Mund weit aufgeblasen von dem neuen Bohnenteig, den sie nachgeschoben hatten, warfen sie ihre Äxte auf die Schultern und rannten, wie verfolgt, in den Dschungel, um heute sicher vier Tonnen zu schaffen.

Nur einen einzigen Gedanken hatten sie während dieses Tages und während der nächsten drei Wochen: Por todos los Santos, um aller Heiligen willen, Gott, lasse mich vier Tonnen heute schaffen, damit ich nicht gehenkt werde!

Aber Gott war auf Erden vor zweitausend Jahren und erlöste alle Menschen.

Er vergaß die Indianer.

Deren Land war freilich damals nicht bekannt. Und als es endlich gefunden wurde, war das erste, was die Entdecker taten, ein Kreuz am Meeresufer zu errichten und eine heilige Messe zu halten. An diesem Vorgang leiden die Indianer heute noch.

„Und sicher", sagte eines Abends, wenige Tage später und ganz unerwartet Martin Trinidad: „Gott war auf Erden und erlöste die Menschen vor zweitausend Jahren. Das nächste Mal sind wir dran."

„Vielleicht", meinte schläfrig Pedro, einer der Ochsenknechte, der etwas von Kirche und von Curas kannte. „Vielleicht. Vielleicht aber müssen wir abermals zweitausend Jahre warten, um endlich an die Reihe zu kommen."

Darauf sagte Celso trocken und ohne irgendein Aufhebens davon zu machen: „Warum auf den Erlöser warten? Erlöse dich, mein Bruder, und dann wird auch dein Erlöser kommen."

6

„Das ist ein prachtvolles Bäumchen, das du da hast", sagte Celso zu Candido. „Hat Cacho diesen Baum für dich angekreidet?"

„Ja, der Baum hat meine Nummer."

„Dachte ich mir. Aus diesem Bäumchen, es ist ein Genuß ihn anzusehen, schabst du leicht deine drei Tonnen raus."

Candido hatte die Axt neben sich auf den Boden gestellt und spuckte sich nun heftig in die Hände. Ehe er aber die Axt wieder anhob, um weiter drauflos zu schlagen, sagte er: „Viel weiß ich nicht von Tonnen und Trozas. Das ist der zweite Baum, den ich schlage. El Faldon hat mir gesagt, daß die ersten zwei Wochen nur zur Übung sind, und ich nicht gehenkt werde, wenn ich weniger als vier Tonnen im Tag schaffe; er sagt, daß er während dieser zwei Wochen mit drei Tonnen für den Tag zufrieden sein will. Aber ich schlage nun bereits zwei Stunden hier herum und bin kaum am Stamm."

Celso lachte. „Freilich, wenn du so weiter kratzt wie seit dem Morgen, dann kann ich dir sagen, daß du in vier Tagen diesen Baum immer noch nicht langliegen hast."

„Das habe ich auch gedacht, Brüderchen, wenn ich mir die Arbeit besehe. Ich möchte doch lieber weiter im Dschungel suchen, um meine Nummer an einem anderen Baum zu finden, der vielleicht leichter zu schlagen ist."

„Das hilft dir nicht viel, Manito. Er ist für dich angekreidet und du mußt ihn schlagen, wenn nicht heute, dann morgen."

Candido sah Celso verzweifelt an. „Was mache ich denn nur? Meine Axt beißt nicht an. Es ist gerade so, als ob ich Eisen schlage. Sie springt mit jedem Hieb zurück und läßt nur eine winzige Kerbe am Baum. Zweimal ist sie mir schon gegen das Bein zurückgeschossen. Siehst du hier, wo das Fleisch aufgeplatzt ist. Da ist mir die Axt 'reingesaust."

„Du machst das verkehrt, Bruderherz. Diese Art Bäume, wie der hier, müssen in anderer Weise geschlagen werden."

Viele Bäume in den tropischen Urwäldern nehmen beim Wachsen ihre Hauptwurzeln mit hoch. Diese Wurzeln formen breite, starke Rippen, die an ihrem äußersten Ende etwa einen Zoll dick sind; und je näher sie zum Stamm kommen, desto dicker werden sie, bis sie, am Stamm selbst angelangt, breit in den Stamm übergehen. Manche Bäume haben sieben oder gar neun solcher Rippen, die strahlenartig vom Stamm ausgehen. Diese Rippen, die ja eigentlich Wurzeln sind, bestehen aus Holz, sehr viel härter als das des Stammes. Soll der Stamm geschlagen werden, so müssen zuerst alle Rippen durchgehackt werden, ehe die Axt den eigentlichen Stamm erreichen kann. Die Rippen sind nicht nur ungemein hart, sie sind auch häufig drei oder vier Fuß breit, abgesehen von der Dicke.

Candido stand einem solchen Urwaldriesen hilflos gegenüber. Er sah voraus, daß es ihn zwei Tage kosten mochte, ehe er den Baum gefällt hatte.

Celso freilich, einer der erfahrensten und kräftigsten Schläger des Camps, lachte über die verzweifelte Lage des Candido. Er sah lediglich die drei Tonnen, die der Baum lieferte. Für ihn bedeuteten diese breiten dicken Rippen ein verhältnismäßig geringes Hindernis, das er willig mit in Kauf nahm in Rücksicht darauf, daß der Baum drei Tonnen auf einen Hieb lieferte.

„So wie du dir das denkst, kannst du den Baum nicht kriegen. Das machen wir anders. Hier mußt du zuerst ein Gerüst bauen. Hoch genug, daß du mit deiner Axt gleich an den Stamm kommst. Es muß so hoch sein, daß du über den Rippen stehst und du keine Rippe durchzuschlagen hast, sondern nur den Stamm."

„Dazu brauche ich ja allein einen halben Tag", erwiderte Candido.

„Für das erste Mal, mag sein. Wenn du den Dreck erst einmal richtig weg hast, geht das leicht. Du hackst dir kleine Stämme und schneidest dir Lianen zum Verbinden der Stämme. Natürlich baust du das Gerüst nicht so, als ob es für die Ewigkeit bestimmt sein soll. Wenn es unter dir zusammenbricht in derselben Minute, wo der Stamm umzuknicken beginnt, dann hat es seinen Zweck erfüllt. Freilich bis zu diesem Augenblick muß es halten. Überhaupt, warte einmal, ich werde dir helfen, damit du siehst, wie das gemacht wird."

Candido hackte die Stämmchen, während Celso die Stämmchen und Äste miteinander verflocht. Es dauerte in der Tat kaum eine Stunde, da war das Gerüst rund um den Baum gebaut.

„Du siehst, Hermanito", sagte Celso, wohlgefällig die schöne Arbeit betrachtend, „du hast keine Bretter, auf denen du gemütlich stehen kannst. Du stehst nur gerade auf den Querästen, auf denen du dich mit deinen nackten Füßen festklammern mußt wie ein Affe. Wenn du nicht acht gibst, brichst du durch und mußt wieder hinaufklettern. Versuch nun mal loszuhacken."

Candido kletterte hoch und begann zu schlagen. Gerade drei Schläge hatte er getan und holte zum vierten aus, da fiel er der Länge nach herunter vom Gerüst.

„Gut, daß du nun weißt, was dir geschieht." Celso lachte. „Da ist ein anderer Trick, den ich dir zeigen will. Wo hast du denn deinen Lasso, der dir mit den Geschirren gegeben wurde? Gut. Diesen Lasso wirfst du hoch und schlingst ihn hoch über dir um den Stamm. Das untere Ende windest du um deinen Kadaver. Richtig, so ungefähr. Und nun mußt du so knoten, daß der Lasso nicht zu schlaff ist und nicht gar zu stramm. Wenn du dann mit den Füßen von einem Stamm abgleitest, fällst du nicht herunter, sondern zwirbelst um den Baum herum. Hast du den Lasso in der richtigen Länge, so baumelst du nicht, sondern schwankst nur ein wenig aus, bist aber gleich wieder an der richtigen Stelle. In bestimmter Länge geknotet, hilft dir der Lasso ein gut Teil, mit voller Kraft zu schlagen."

Candido spuckte in die Hände und hieb drauf los. Die Axt schnitt rasch in den Stamm ein.

„Da siehst du, Junge, wie leicht das alles geht, wenn man weiß, wie es gemacht wird." Celso wollte zu seiner Arbeit gehen.

Candido hielt an und sagte: „Compañero, warum hilfst du mir denn? Ich kenne dich ja nicht einmal. Wirst vielleicht gar heute gehenkt, weil du deine Zeit mit mir verloren hast."

„Vielleicht", antwortete Celso. „Ich habe einige Tonnen voraus und komme schon auf meine Wochenlieferung. Es tut mir leid um dich, Bruder. Du bist noch nicht eingewöhnt. Zudem, es kann mir vielleicht nichts schaden, wenn ich noch ein paarmal gehenkt werde. Siehst du, ich brauche Wut. Mucho coraje, ungemein viel Wut. Und dazu hilft es mir, wenn ich noch ein paarmal gehenkt werde."

„Wozu brauchst du denn die Wut, compañero?"

„Um ein junges Wildschwein zu fangen. Ich habe Hunger auf frisches und zartes Wildschwein. Und ich werde nun erst einmal auf Jagd gehen."

Celso nahm seine Axt auf, steckte seinen Machete in den Lasso, den er um seinen Leib gewickelt hatte, und brachte unter dem Hemd ein kleines Säckchen hervor. Er öffnete das Säckchen und zeigte es Candido. „Weißt du, was das ist?"

Ohne von seinem Gerüst herunterzukommen, sagte Candido: „Ja, das weiß ich. Das sind Pfeilspitzen aus Flint."

„Richtig gesehen. Ich habe mir zwei prachtvolle Bogen gemacht. Mit diesen Flinten werde ich mir nun noch Pfeile machen. Und wenn ich die erst habe, dann habe ich auch eine halbe Stunde später ein Schwein oder wenigstens einen wilden Truthahn. Schmeckt auch ganz gut. Und wenn ich etwas Gutes habe, dann lade ich dich heute abend ein, mit mir zu essen, dich und deine Jungen und deine Schwester. Wie heißt sie denn, deine Schwester?"

„Modesta."

„Schöner Name. Die Bescheidene. Das gefällt mir. Ich hatte auch ein Mädchen. Aber die wird nun verheiratet sein, weil ich nicht zurückkam. Ich werde lieber nicht daran denken und nun sehen, was ich jagen kann."

„Arbeitest du heute nicht?"

„Natürlich. Was ich zu arbeiten habe, das mache ich, ohne dabei auch nur tief Atem zu holen. Siehst du die Hände?"

Er hielt Candido seine Hände hinauf.

Candido besah sie sich und dann fühlte er sie ab. „Hombre, das ist ja kein Fleisch, das ist Knochen oder Eisen."

„Sicher", sagte Celso lachend. „Die sind hundertmal abgepellt worden. Jetzt wächst kein Fleisch mehr. Das ist alles Knorpel. Einer der Gründe, daß ich, wenn ich will, sechs Tonnen runterdresche in einem halben Tage. Aber ich mache das nicht. Ich bleibe immer nur gerade bei vier oder auch nur bei drei, wenn ich wütend bin. Aber kannst mir glauben, Kamerad, wenn ich mit dieser Hand einen Capataz auf den Schädel tippe, da geht der ganze Schädel in Scherben wie ein alter Topf."

„Meine Hände sehen anders aus", sagte Candido. Er wies seine offenen Handflächen hin. Das Fleisch war bereits herunter, und Fetzen aufgebrochener Blutblasen hingen herab wie Fransen.

Celso betrachtete sie anerkennend. „Hier beginnst du nun etwas zu verstehen. Es ist das Aussehen der Hände, warum dir während der ersten zwei Wochen keine vier Tonnen abverlangt werden und du weder gepeitscht noch gehenkt wirst, selbst wenn du keine zwei Tonnen machst. Aber wenn die Hände erst einmal wieder trocken sind, dann finden die Bestien andere Stellen an dir, sie abzupellen."

Celso ging. Er war aber kaum einige Minuten fort, als er zurückkam. „Du, compañero, ist das da drüben dein Baum, den du geschlagen hast?"

„Ja, das ist er. Der erste, den ich geschlagen habe."

„Der wird dir nicht abgenommen, Junge."

„Aber ich habe doch den Baum von allen Ästen gereinigt."

„Dir wird nur die fertige Troza abgenommen und angerechnet, nicht der Baum. Geh nur wieder rüber und hacke den Stamm auf die richtige Länge einer Tonne zu. Und wenn du ihn auf seine Länge hast, dann hackst du ihn zu einem viereckigen Balken und schlägst deine Marke ein."

„Zu allen Teufeln damit", fluchte Candido. „Das kostet mich ja noch zwei Stunden Arbeit mehr."

Es war Ende August und Don Severo hatte angeordnet, daß nächste Woche, falls die Regengüsse anhielten, mit dem Abschwemmen begonnen werden sollte. Don Acacio machte sich mit vier Capataces auf den Weg, alle Camps zu inspizieren und zu sehen, ob alle fertigen Trozas an den Abschwemmplätzen aufgeschichtet seien. Zu seinem Ärger fand er aber, daß im Camp Oeste mehr als zweihundert Trozas verstreut an den Stellen lagen, wo sie gefällt worden waren. Die Boyeros erklärten, daß es, obgleich sie Tag und Nacht geschuftet hätten, nicht möglich gewesen sei, alle Trozas zu den Tumbos zu schleppen. Die Trozas vergruben sich im Morast so tief, daß man eine schwere Tagesleistung vollbracht hatte, wenn vier Trozas zum Graben geschleppt worden waren. Die Burschen hatten sogar, wenn die Ochsen wegen Übermüdung weitere Arbeit versagten, sich selbst vor die Trozas gespannt und so versucht, die Trozas abzuschleppen.

Don Acacio rief die Capataces des Camp herbei und fragte sie, was sie denn eigentlich hier die ganze Zeit über getan hätten.

„Ihr Saufetzen von Faulenzern, verhurt und versoffen, wenn ihr in der Trockenzeit sauft und schlaft, dann ist es nun zu spät, wenn der Regen da ist. Was habt ihr denn in der Trockenzeit getan?"

„Da war seit Monaten nicht viel Trockenheit in unserer Region, Patron", verteidigte sich El Doblado. „Wir haben weder gesoffen noch gehurt, denn es gab weder Aguardiente noch Huren."

„Halt deine dreckige Fresse, oder ich schlage dir die Peitsche rüber, wenn du noch frech bist. Ich werde euch beiden drei Monate abziehen, denn ihr glaubt doch nicht, daß ich euch Lohn bezahle, wenn ihr nicht arbeitet."

„Ganz wie Sie wollen, Patron", erwiderte El Doblado. „Aber wenn Sie uns etwas abziehen wollen, wo wir auch nicht die geringste Schuld haben, dann gehe ich und ebenfalls mein anderer Mann, El Chapapote, wieder heim, wo wir hergekommen sind, das kann ich Ihnen nur sagen, Patron."

„Daraus wird nichts. Was denkt ihr euch denn?" brüllte nun Acacio. „Ihr habt immer noch ein Konto runterzuarbeiten."

„Richtig, Patron", sagte jetzt El Chapapote. „Wir haben noch ein gutes Konto. Aber ich lasse mir nichts abziehen. Nicht einen Tag."

„Dann geht zum Teufel, ihr Spitzbuben. Und ihr könnt in Hucutsin erzählen, ich hätte euch rausgepfeffert – wegen Faulheit und Versoffenheit. Aber die Pferde bleiben hier. Ihr könnt auf euren Vieren durch den Dschungel kriechen, wenn ihr gehen wollt, und eines Tages werde ich ja wohl eure Knochen irgendwo finden, abgenagt von Geiern. Los, an die Arbeit."

Don Acacio ging hinein in die Hütte, die hier die Oficina war, und setzte sich an den Tisch.

Draußen begann es heftig zu regnen. In dicken Strömen schoß das Wasser herunter; der Platz, wo die Oficina und die Schlafhütten standen, verwandelte sich in einer halben Stunde in einen See.

Acacio ließ sich von einem Jungen eine Flasche mit Comiteco aus dem Reisepacken bringen, und während er sich innerlich erwärmte, sah er die Arbeitslisten durch. Gelegentlich stand er auf, ging zur Tür, sah hinaus, wie sich der See mehr und mehr erweiterte, und als endlich das Wasser selbst in die Oficina strömte, sagte er: „Gottverfluchtes Wetter!" Dann zog er einen kräftigen Hieb aus der Flasche, schüttelte sich und rief hinüber zur Hütte, wo die Küche des Camps war: „He, Pedro, wann kriege ich denn endlich etwas zu fressen? Was für eine Wirtschaft ist denn das hier?"

Am Nachmittag ritt Don Acacio die Region ab. Er inspizierte die Gassen. Dutzende von Trozas steckten tief im Morast. Die Boyeros, bis zu den Knien im Schlamm stehend, stets in Gefahr, unter den Ochsen begraben zu werden, schufteten wild, um die Trozas zu den Tumbos zu zerren. Pünktlich, alle zwei Stunden, schoß für zwanzig Minuten der Regen in armdicken Güssen herunter, den Boden tiefer und tiefer aufwühlend und zu zähem Teig aufpeitschend.

„Nicht einmal die Hälfte der Trozas sind abgeschleppt", schrie Don Acacio erbost auf die Burschen los, die auf die Ochsen einhieben und mit allen ihren Kräften an den Trozas zerrten, um sie aus dem Schlamm zu würgen und einen Schritt weiter zu schleifen. „Nicht einmal die Hälfte, und ich habe befohlen, daß alle Trozas am Graben sein sollen."

Als Antwort kam nur das Knistern, Zerren, Knirschen und Knacken der Joche und Geschirre der ziehenden Ochsen; das Anrufen der Jungen, die neben den Ochsen gingen und sie antrieben; das Ächzen und Stöhnen der Boyeros, die mit gigantischen Anstrengungen die Trozas über Steine und Wurzeln hoben und sie aus dem Morast, in den sie sich eingewürgt hatten, wieder herauszerrten; es antwortete das teigige Watschen der aufgeweichten, lehmigen Erde, aus der die Burschen und die Ochsen ihre Beine zogen, nur um einen halben Schritt weiter voran ebenso tief oder gar tiefer hineinzusinken.

Als die Nacht hereinbrach, kamen die Boyeros und ihre Jungen zum Camp, um zu essen. Sie waren so ermüdet, daß sie nicht einmal auf dem Boden hocken konnten. Sie fielen um und begannen zu schlafen. Bei einigen jedoch war der Hunger stärker als ihre Müdigkeit. Sie gingen mit ihren Kännchen und Töpfen zur Küche, um ihr Essen zu empfangen.

Da kam von der Oficina Don Acacio her, begleitet von den fünf Capataces, die er aus seinen Monterias mit sich gebracht hatte.

Er ging auf den Haufen der Burschen zu und rief: „Los! Abmarschiert, da rüber, zu jenen Bäumen!" kommandierte Don Acacio.

Gleich aufgedrehten Spielzeugen aus Blech marschierten die Boyeros zu dem bezeichneten Platze.

„Henkt sie an den Beinen auf, und salzt ihnen das Fell ein, den faulen Schweinen", rief Don Acacio den Capataces zu.

„Nicht zu zaghaft, Guapo", herrschte Don Acacio einen der Capataces an. „Wenn auch ein paar Fetzen des stinkigen Kadavers abspringen und herumflitzen, es wächst wieder nach. Laß nur ruhig jeden eine Stunde hängen, nachdem er sein Salz weg hat, so daß ihm der Saft nach unten abtropfen und er ihn schlucken kann, damit er die Fiesta nicht vergißt. Vielleicht lernt er dann, daß keine Trozas über Nacht liegenbleiben dürfen."

Es vergingen mehr als zwei Stunden, ehe die Capataces sich an ihrem Abendessen mehr oder weniger vergnügt hatten und dann endlich daran dachten, die Burschen abzuhenken.

Die Burschen blieben unter den Bäumen, wo sie gehenkt worden waren, liegen und schliefen dort ein, ohne auch nur den Versuch zu machen, zu ihrer Schlafhütte zu kriechen. Es kümmerte sie weder Regen noch die Kälte der Nacht.

Zwei standen auch am Morgen nicht auf. Sie schliefen durch, begannen vier Stunden darauf zu stinken und wurden eingegraben.

7

Unter denen aber, die am Morgen aufgestanden waren, befanden sich Urbano und Pascasio, zwei Indianer aus einem und demselben Dorfe. Sie wuschen sich gegenseitig die Striemen aus und schmierten Fett hinein, das sie sich gleich den anderen vom Koch hatten geben lassen.

Es war noch finster, und alle Burschen wurden zur Arbeit aufgerufen. Sie marschierten ab.

Nur wenige Schritte waren sie gegangen, als Urbano zu Pascasio, der neben ihm ging, sagte: „Jetzt, Hermanito!"

Wie Katzen schlichen sich beide aus dem Trupp hinaus, verkrochen sich hinter den Bäumen und eilten zurück zu den Hütten. Der Capataz, der die Burschen begleitete, konnte das Verschwinden in der Finsternis nicht sehen; und hätte er es gesehen, würde er vermutet haben, daß die Burschen zurückliefen, weil sie etwas vergessen hatten.

Sie erreichten die Hütte. Dort hatten sie bereits ihre Bündelchen mit Trockenfleisch, Tortillas und gekochten Bohnen gepackt. Sie griffen die Bündelchen, rannten quer über den Platz und verschwanden im Dickicht.

„Wir müssen vom Wege abweichen und einen Umweg machen", riet Urbano.

„Erst gegen Mittag können sie mit Sicherheit wissen, daß wir uns fortgemacht haben", sagte Pascasio halblaut, als fürchtete er, es könnte ihn jemand hören. „Vielleicht haben wir Glück, und sie erfahren es nicht bis zum nächsten Morgen."

Am zweiten Tag gegen Mittag, als sie gerade einen Fluß durchwateten, hörte sie hinter sich das Rufen der zwei Capataces, die auf Pferden hinterher geschickt worden waren, um die Flüchtigen zurückzubringen.

Urbano konnte das Ufer nicht erreichen und wurde mitten im Fluß mit dem Lasso eingefangen. Pascasio jedoch war bereits dem Ufer näher und entwischte. Gewandt kroch er am Gestrüpp eines niedrigen Felsens hoch. La Mecha hetzte auf seinem Pferde hinter ihm her. Das Pferd aber vermochte den steilen Felsen nicht zu erklimmen, obgleich der Reiter mehrere Male versuchte, es hochzutreiben.

Pascasio war jetzt oben auf der Kuppe des Felsens angelangt. Er sah, daß, auch wenn er vielleicht auf der anderen Seite hinunterklettern und im Dickicht sich verkriechen würde, er doch nicht entkommen könnte. Er mußte bald wieder auf den Pfad zurück, und dort würde er bestimmt von dem Reiter eingeholt.

La Mecha rief ihm zu, herunterzugleiten und freiwillig mit zurück zum Camp zu gehen.

Pascasio gab keine Antwort. Er stand dort auf der Kuppe, abwartend, was La Mecha tun würde. Je nachdem mußte er sein Verhalten einrichten, um möglicherweise doch noch zu entkommen.

Als er seinen Posten nicht aufgab, stieg La Mecha vom Pferde und begann an dem Felsen hochzuklettern.

Inzwischen war nun auch El Faldon am Ufer angekommen, seinen Gefangenen am Lasso vor sich hertreibend. Er sah La Mecha am Felsen hochklimmen. Gleichzeitig bemerkte er, daß Pascasio auf der anderen Seite hinunter zu klettern versuchte. Es hätte ihm glücken können, und vielleicht hätte er einen genügenden Vorsprung gewonnen. Möglicherweise wäre es ihm sogar gelungen, das Pferd des La Mecha zu bekommen, darauf weiterzureiten, und nach einem langen Weg das Pferd wieder freizulassen; denn das Pferd zu behalten, hatte seine Nachteile, weil die Hufe leichter verfolgt werden konnten als die nackten Füße der Flüchtlinge, die nur auf lehmigem Grund ihre Eindrücke zurückließen.

Als El Faldon bemerkte, was Pascasio zu tun gedachte, band er seinen Gefangenen an einen Baum fest, so, daß er sich nicht rühren konnte. Dann lief er rasch um den Felsblock herum, mit der Absicht, dort Pascasio abzufangen.

Pascasio sah das rechtzeitig und kroch wieder auf die Kuppe, der inzwischen La Mecha sehr nahegekommen war.

Als nun Pascasio fand, daß er nach keiner Richtung hin entweichen konnte, hob er einen großen Stein auf und warf ihn mit aller Kraft dem La Mecha auf den Schädel. Der Schädel zertrümmerte und Pascasio, nicht zufrieden damit, sprang dem abstürzenden La Mecha nach und erreichte ihn auf dem Boden. Der Stein war mit La Mecha heruntergefallen und lag dicht zur Hand. Pascasio nahm ihn auf, und was vom Schädel noch übrig geblieben war, hieb er nun auch noch in Stücke.

Dann sprang er auf und blickte um sich, seinen Freund zu suchen. Nach wenigen Schritten fand er ihn, an den Baum gebunden. Sein Machete war ihm entfallen, als er auf den Felsblock kletterte. Er ging ihn nun suchen, um die Bande seines Freundes durchschneiden zu können, denn sie aufzuknüpfen hätte zu lange gedauert.

Auf der anderen Seite hatte aber El Faldon jetzt bemerkt, daß Pascasio nicht mehr auf der Kuppe war, also hier auf dieser Seite heruntergekrochen sein mußte und offenbar jetzt bereits in die Hände des La Mecha gefallen war.

Er lief rasch zurück. Als er auf dieser Seite anlangte, hatte Pascasio seinen Machete gefunden und kam nun gerade auf den Baum zu, wo sein Freund angebunden war.

Als er El Faldon kommen sah, sprang er zurück zum Fels. Er hoffte, sich für einige Sekunden verbergen und dann El Faldon von hinten angreifen zu können; denn daß La Mecha bereits tot war, wußte El Faldon ja nicht.

Dicht am Fuße des Felsblocks angekommen, fiel sein Blick auf den Revolver, den der getötete La Mecha im Gurt trug. Hätte er früher an den Revolver gedacht und später an seine Machete, würde er wahrscheinlich gewonnen haben. Er sah jetzt die Gelegenheit, die sich ihm bot, klar genug. Mit einem heftigen Ruck zog er den Revolver heraus und wandte sich, um El Faldon entgegenzugehen. Aber als er sich drehte, sah er vor sich El Faldon mit dem Revolver in der Hand.

Pascasio hatte nie in seinem Leben einen Revolver in den Fingern gehabt.

Er wußte nur, und selbst das nur unbestimmt, daß man unten am Abzug ziehen mußte, damit ein Schuß losginge.

Er packte den Revolver in beide Hände und zog am Abzug. Der Schuß ging auch wirklich los. Aber der Schuß ging viel früher los, als er erwartete. So hatte er vergessen, den Revolver auf El Faldon zu richten, und die Kugel flitschte irgendwo in das Dickicht.

Alles das konnte El Faldon freilich nicht wissen. Er nahm an, daß der Schuß ihm gälte. Darum wartete er auch nicht eine Sekunde. Er drückte ab, den Revolver auf Pascasio gerichtet.

Der Schuß traf gut. Pascasio sprang hoch, drehte sich, noch im Sprung, halb um, fiel hart zur Erde und war tot.

„Und dich sollte ich eigentlich auch gleich niederknallen", sagte El Faldon zu Urbano, der, immer noch an den Baum gebunden, alledem hilflos zusehen mußte.

„Warum tust du es denn nicht, du Coyote?" sagte Urbano frech.

„Dir werde ich beibringen, mich zu duzen, du dreckiger Hund." El Faldon hob die Peitsche und hieb sie dem gebundenen Muchacho ein dutzendmal quer über das Gesicht.

„Damit du weißt, wie du Schwein mich anzureden hast", rief El Faldon, als er die Peitsche wieder in den Gürtel steckte.

Urbano aber war, obgleich völlig wehrlos, nicht unterzukriegen. „Dich werden wir schon auch noch erwischen, eines Tages, warte nur!" sagte er.

„Halt deine stinkige Fresse. Du gräbst jetzt die beiden ein. Du denkst doch nicht etwa, daß ich das tun werde."

„Ich grabe nur meinen Kameraden ein, aber keinen Capataz."

„Das werden wir ja sehen." El Faldon begann sich unbehaglich zu fühlen. Er sah sich um und schien zu erwarten, daß im nächsten Augenblick einige andere indianische Burschen, die vielleicht geflohen waren, hinter den Büschen hervorschleichen würden.

Sehr vorsichtig band er Urbano los, jedoch so, daß Urbano keinen Angriff auf ihn unternehmen konnte. Während der Indianer noch oben an den Händen und über der Brust gebunden war, band ihm El Faldon die Beine so, daß Urbano nur gerade einen sehr kurzen Schritt machen konnte. Dann ging El Faldon hinüber, wo Pascasio tot am Boden lag, nahm ihm den Revolver ab, den der Bursche hatte fallen lassen, und steckte ihn in seinen Gurt.

Das getan, zog er seinen eigenen Revolver, spannte den Hahn, und nun endlich band er Urbano auch an den Händen und über der Brust los. Die letzte Schleife aufziehend, sprang er zurück, den gespannten Revolver auf Urbano gerichtet. „Hebe das stinkende Schwein auf und trage ihn da weiter in das Gebüsch hinein, hinter den Felsblock, damit er hier nicht im Wege liegt."

Während Urbano tat, wie ihm befohlen, stand El Faldon einige Schritte hinter ihm und hielt das Lasso so, daß er im Augenblick, falls Urbano irgend etwas tun würde, was dem Aufseher verdächtig erschien, er der Leine nur einen festen Ruck zu geben brauchte, um Urbano gefesselt auf die Erde zu werfen.

Urbano sah ein, daß er weder entweichen noch sich wehren konnte. Als er Pascasio hinter den Felsblock getragen hatte, ordnete El Faldon an, nun auch den Körper des La Mecha nahe dorthin zu schleppen. Urbano tat es. Dann hieß ihn El Faldon eine Grube auszuwerfen. Dazu hätte er freilich den Machete gebraucht. Aber El Faldon war klug genug, einzusehen, daß, sobald Urbano den Machete in der Hand haben würde, er in einer gutgewählten Sekunde die Fesseln an seinen

Füßen durchhacken und fortrennen könne. Wenn er sehr geschickt war, konnte es geschehen, daß er gleichzeitig einen Stein in der Hand hatte, und ehe El Faldon den Revolver hochschwang, ihm auch schon der Stein an den Schädel flog.

Er hieß darum Urbano, einen Ast abzubrechen. Mit Hilfe dieses Astes warf Urbano die Grube aus. Es ging langsam und schlecht genug. Aber endlich war doch die Grube gegraben und El Faldon sagte: „Leg La Mecha hinein."

Urbano hob den Körper auf, zerrte ihn zur Grube und kollerte ihn, mit den Füßen nachhelfend, in die Grube.

„Kannst das wohl auch ein wenig christlicher tun", sagte El Faldon. „Er ist kein verrecktes Schwein."

„Das wird Gott wohl besser wissen, was er ist", sagte Urbano.

„Tritt zurück!" kommandierte El Faldon.

Der Capataz ging nahe zu dem Leichnam, nahm den Hut ab, bekreuzigte sich und bekreuzigte den Toten. Er achtete bei dieser kurzen Handlung aber sehr gut darauf, daß er Urbano geschickt an der straffen Leine hielt.

Dann wollte er zurücktreten und Urbano die Grube zuschütten lassen, als er sich noch einer anderen Zeremonie erinnerte, die er bis jetzt vergessen hatte.

Unerwartet zog er den Lasso an, und Urbano stürzte lang auf den Boden.

„Du bleibst so liegen, bis ich dich aufstehen heiße. Wenn du auch nur den Kopf hebst, brenne ich dir sechs aufgeschlitzte Kugeln in deinen Kadaver."

Urbano rührte sich nicht.

El Faldon, immer mit einem Auge den hingestreckten Urbano betrachtend, durchsuchte nun die Taschen des Getöteten. Er fand vier Pesos und dreiundzwanzig Centavos, die er sich einsteckte. Dann schnallte er ihm noch den Patronengürtel ab und untersuchte den nackten Bauch, ob nicht La Mecha vielleicht einen mit Geld gefüllten Gürtel auf dem bloßen Leibe trage. Er fand nichts. Keine weiteren Schätze wies der Leichnam auf. Damit war die wichtige Zeremonie, die El Faldon beinahe vergessen hätte, beendet.

„So, nun kannst du aufstehen, du Schwein!" rief er Urbano an. „Und schütte die Grube zu!"

Kaum war die Erde aufgefüllt, als El Faldon schon sagte: „Los nun. Wir kommen heute kaum noch an im Camp."

„Und Pascasio?" fragte Urbano. „Soll ich den nicht auch eingraben?"

„Was denn sonst noch?" antwortete El Faldon. „Laß das Aas für die Geier und wilden Schweine."

„Das hätte ich nur wissen sollen", sagte darauf Urbano. „Hätte ich gewußt, daß nur der Hund eingegraben würde, dann hätte ich überhaupt keine Grube gemacht."

„Darum habe ich dich ja auch beide hierherschleppen lassen, damit du glauben solltest, du werdest beide eingraben. Aber das drekkige verlauste Schwein bleibt liegen, wo es liegt. Hat kein christliches Begräbnis verdient. Los nun mit dir!"

El Faldon ging zu dem Pferde, auf dem La Mecha geritten war, und das er an einen Baum gebunden hatte, als er abstieg, um Pascasio auf den Felsen nachzuklettern.

„Ich sollte dich eigentlich hinter den Pferden herschleifen", sagte El Faldon. „Aber ich will mich lieber beeilen, ins Camp zurückzukommen. Verflucht noch mal, wir werden es kaum noch heute nacht erreichen."

Er zog den Lasso an, und Urbano sauste wie ein Klotz auf den Boden. El Faldon, den Revolver in der Hand, ging auf ihn zu und warf ihm einige Schleifen der Leine über die Hände. „Steh auf und dreh dich um!" Er band ihm die Hände auf dem Rücken, und dann löste er die Fesseln von den Füßen. „Setz dich nun auf den Gaul."

Ungelenkig wie jemand, der nie auf einem Pferde geritten ist, kletterte Urbano auf das Tier.

Inzwischen war es tiefe Nacht geworden. Der Himmel völlig mit schwarzen Wolken bedeckt. Der Weg morastig. Die Pferde kamen nur schwer voran. Mehrere Male waren sie vom Pfade abgekommen und nur mit Mühe hatten sie den Weg wiederfinden können. Es waren nur die Pferde, die ihn gefunden hatten. Jetzt aber begannen selbst die Pferde unsicher zu werden; denn sie stockten alle zehn Schritt und versuchten bald links, bald rechts abzubiegen, was freilich des Morastes wegen geschehen mochte; immerhin ließ es El Faldon die Gefahr erkennen, daß er sich im Dschungel verlieren mochte. In dieser Jahreszeit war der Himmel beinahe den ganzen Tag hindurch bedeckt, nur gelegentlich kam die Sonne durch, und wenn sie hindurchkam, war es nur, um die Dschungelwanderer davon zu unterrichten, daß sie nicht nur den Weg verloren hatten, sondern einen halben Tag lang in falscher Richtung geritten waren.

El Faldon beschloß deshalb, an der Stelle, wo sie sich jetzt befanden, Lager zu machen, gut oder schlecht, wie es war. Er brauchte nicht besorgt zu sein, daß Urbano fliehen würde, jetzt in der Nacht bestimmt nicht. Verhungert wäre er als Indianer wohl schwerlich, weil er genügend Pflanzen im Dschungel gefunden hätte, die ihm ein dürftiges Mahl boten. Aber es gab lange Strecken, wo er nicht einmal junge Palmen angetroffen haben würde, deren Herz er essen konnte. Aber das Essen allein war keine genügende Sicherheit für einen einzelnen Mann, um den langen Dschungel erfolgreich zu durchwandern.

Es gelang El Faldon mit Hilfe Urbanos, ein Feuer anzufachen, das sie wärmte, und an dem sie ihre Fetzen, die teils durch den Fluß, teils durch die vom Regen triefenden Büsche völlig durchnäßt waren, trocknen konnten.

Aber El Faldon war doch vorsichtig genug, Urbano gut zu fesseln, ehe er sich in seine Decke rollte und nahe dem Feuer zum Schlafe hinhockte. Es regnete mehrmals in der Nacht, und beide, sowohl El Faldon als auch sein Gefangener, waren froh, als es endlich Morgen war und sie ihren Marsch fortsetzen konnten.

Don Acacio und El Pechero, einer seiner Capataces, hatten sich gerade zum Essen hingesetzt, als El Faldon mit Urbano am Lasso in den Portico der Oficina trat.

„Wo ist denn La Mecha?" fragte Don Acacio.

„Erschlagen von dem Bachajon."

„Und der Bachajon?"

„Erschossen von mir, als er auf mich schoß."

„Also zwei Mann verloren, einen Capataz und einen Peon. Dich werde ich ja ein zweites Mal schicken, wenn wieder einer hier fortrennt. Das ist mir nie geschehen in all den Jahren, daß ich außer einem entwischten Muchacho auch noch meinen besten Capataz verliere. Mir ist nie einer entwischt. Ich habe sie alle hergekriegt, auch wenn ich zwei oder drei Tage hinter ihnen herreiten mußte. Da hast du also nur den einen mitgebracht?"

„Si, Patron."

„He, du, komm mal hier 'rein!" rief Don Acacio zur Tür hinaus, ohne aufzustehen.

Urbano kam zur offenen Tür. Die Hände waren ihm noch immer gebunden.

„Also du wolltest mir hier ausrücken? Das ist ja gut. Bestehlen wolltest du mich."

Don Acacio riß sich ein Stück Tortilla ab und tunkte es in die Brühe, als er das sagte.

„Ich wollte nicht stehlen, Patroncito."

„Du schuldest mir doch noch über hundertfünfzig Pesos, und wenn du ausrückst, ohne deine Schulden abgearbeitet zu haben, dann stiehlst du doch mein Geld. Das Einbringen kostet dich hundert Pesos mehr auf dein Konto."

„Si, Patroncito."

„Dein compañero, wie heißt er denn, ja, Pascasio, schuldete mir hundertzwanzig Pesos. Du bist mit ihm weggerannt; er ist verreckt und kann seine Schuld nun nicht runterarbeiten. Diese hundertzwanzig Pesos gehen jetzt ebenfalls auf dein Konto."

„Si, Patroncito."

„Mein guter Gehilfe, La Mecha, schuldete mir zweihundertdreißig Pesos. Wie er mir so viel schulden konnte, das kann ich mir nicht gut erklären. Aber immer gesoffen und gehurt, und ewig hier zwanzig Pesos und da zwanzig Pesos für französische Pillen, damit er seinen Laufburschen kurieren konnte, der ihm ewig wegrannte und nie weit genug rannte, um ihn endlich in Ruhe zu lassen. Du bist schuld, daß mir ein tüchtiger Capataz verreckte und nun von wilden Schweinen gefressen wird, und so gehen seine zweihundertdreißig Pesos auch noch auf dein Konto. Wieviel das alles zusammen ist, mag ich jetzt nicht ausrechnen. Ich esse gerade, und da will ich keine Kopfschmerzen haben. Aber das eine kann ich dir sagen, wie heißt du denn, ja, Urbano, das eine kann ich dir sagen, ehe du dieses Konto runterhast, bin ich ein Greis und du auch. Aber das macht nichts, es ist auf deinem Konto."

„Si, Patroncito."

„Gehe rüber zur Cocina de los obreros und lasse dir dein Essen geben. Dann wartest du. Wenn ich verdaut habe und mein Schläfchen gemacht, dann werden wir beide einmal ernstlich miteinander reden. Unter vier Augen."

„Con su permiso, Patroncita", sagte Urbano. Er machte eine Verbeugung und ging hinaus.

„Das ist ja hier die reine Meuterei geworden", sagte Don Acacio zu El Pechero und zu El Faldon, der sich nun ebenfalls an den Tisch gesetzt hatte und seine Suppe zu löffeln begann. „Meine beiden Brüder sind zu gutmütig. Die haben hier die Muchachos alle machen lassen, was sie wollten. Darum ist keine Caoba aufgeschichtet; kein Capataz weiß, was er zu tun hat; und wir alle können uns Weihnachten in Tabasco auf die Straße stellen und Bauern um einen Centavo anbetteln, weil wir den verlausten Indianern alles Geld, das wir in langen Jahren so bitterhart verdienten, als Vorschuß gegeben haben, damit sie sich besaufen können und die paar noch brauchbaren Capataces, die ich mir persönlich herangebildet habe, mit einem gewöhnlichen Stein erschlagen. Ich werde hier schon aufräumen. Diese Gutmütigkeit mit den verlausten Schweinen hat mir nun lange genug gedauert, und wenn sie nun gar noch wegrennen und aufsässig werden wollen, dann bin ich am Ende meiner Geduld. Jetzt werde ich einmal mit einem kräftigen Besen den Stall ausfegen. Heute noch werde ich damit anfangen."

Urbano, nachdem er gegessen hatte, saß unter dem Dach der Arbeiterküche in einer halb ermüdeten und halb dumpfen Stimmung. Für einen Augenblick dachte er daran, abermals zu fliehen. Obgleich er wußte, daß ihm die Flucht diesmal noch viel weniger glücken würde als das vorige Mal, wo er Pascasio zum Gefährten hatte, fand er in dem Gedanken an eine erneute Flucht eine Hoffnung auf Befreiung. Diesmal würde er sich heftig wehren, die Capataces mit Steinen oder einer Keule angreifen, nicht um zu entkommen, was aussichtslos war, sondern um, wie es Pascasio geschehen war, niedergeschossen zu werden. War er niedergeschossen, so konnte Don Acacio sich nicht mehr an ihm vergreifen, und was mit seinem Leichnam geschah, konnte ihm so gleichgültig sein, wie es jetzt Pascasio war, der nichts fühlte, ob ihn Tiger fraßen oder Schweine annagten oder Ratten beknabberten, oder ob Fliegen ihre Eier in seine Schußwunden legten.

Von der Stelle aus, wo Urbano saß, konnte er noch gerade das dahinströmende Ufer glitzern sehen. Es schwammen abgebrochene Äste in dem lehmigen Wasser. Wohin sie strömten, wußte Urbano nicht, denn keiner der Muchachos hatte irgendwelche Kenntnis vom Lauf des Flusses. Keiner machte sich Gedanken darüber.

Aber als Urbano dem strömenden Wasser nachblickte, kam ihm der Gedanke, daß dort, wo das Wasser hinziehe, wohl Frieden sein müsse und dort wahrscheinlich schöne Dörfer an den Ufern lägen, wo Menschen wohnten — Menschen mit guten Herzen und mit Liebe zu allen ihren Nachbarn. Der Fluß strömte eilig dahin, seine Wellen überschlugen sich, weil sie offenbar nicht rasch genug die fernen Dörfer am Rande des Himmels erreichen konnten, wo Friede war und Güte.

Vor zwei Wochen war ein Muchacho in dem Fluß ertrunken. Er hatte mit anderen Muchachos Trozas am Ufer aufgeschichtet. Als er oben auf den Stämmen stand, um die nächste Troza heraufzuziehen, begannen einige der Stämme abzurollen, und der Bursche kollerte mit einigen runden Trozas, die ihm folgten, das Ufer hinunter und fiel in den Fluß. Er konnte nicht schwimmen, wurde vom Wasser abgetrieben und in quirlende Strudel geworfen. Am nächsten Tag fand man ihn tot, eine Meile abwärts, nahe dem Ufer, wo der Körper in abgetriebenem Geäst, das sich verfangen hatte, festgehalten worden war.

Urbano hatte ihn herausfischen helfen. Er erinnerte sich jetzt, wie friedlich das Gesicht des Burschen gewesen war. Nicht eine Spur des Grauens und Schreckens, wie sie in den Gesichtern der Muchachos sich zeigten, die beim Henken oder nach einer grausamen Peitschung starben, war in den Gesichtszügen jenes Ertrunkenen zu sehen. Gewiß hatte er bereits von ferne jene friedlichen Dörfer erblicken können, denen der Fluß zueilte.

„Wenn ich mir den Stein an ein Bein binde, dann gehe ich rasch unter; dann ist alles vorüber, und kein Don Acacio kann mich noch peitschen."

In dem Augenblick hörte er Don Acacio rufen: „He, du, wo steckst du denn? Hierher! Nun werden wir uns einmal etwas erzählen!"

Urbano war so gewöhnt zu gehorchen, daß er jeglichen eigenen Gedanken aufgab im selben Augenblick, als das Kommando eines Herrn auf ihn eindrang.

Während er mit raschen Schritten zur Oficina zulief, rief er: „A sus ordenes, Patroncito, hier bin ich, Ihren Befehlen folgend!"

Don Acacio hatte eine Zigarette im Munde, als er aus der Oficina kam. In der Hand zwitschte er eine dicke Mulepeitsche, die von vielem Gebrauch bereits auszufransen begann. Während er über den Platz schritt, wickelte er die Schleife um das Handgelenk.

Urbano war dicht herangekommen.

„So, und nun wollen wir einmal für eine Weile unter uns sein, Bachajon. Damit du lernst, daß hier nicht fortgelaufen wird, bis du den letzten Centavo deines Kontos runtergearbeitet hast."

Von der Oficina her pfiff jemand die abgerissene Melodie des Walzers „Sobre las Olas". Don Acacio wandte sich um und sah, daß seine Chinita, wie er seine Bettgenossin nannte, auf dem rohen Geländer des Portio saß und ihre nackten Beine hin und her schwenkte, während sie an einer Zigarre rauchte.

„Komm doch näher mit deinem Geschäft, mi Chulito!" rief sie. „Es ist so selten, daß man hier ein Vergnügen hat, und ich sterbe vor Langeweile."

„Halt dein freches Maul und marsch, 'rein!" rief Acacio, „oder ich nehme dich gleich hinterher auch noch vor."

„Nicht einmal das wird einem hier gegönnt; na, gut, ich bin am längsten hier gewesen", sagte das Mädchen ärgerlich. Sie ging aber dennoch in den Bungalow.

„Komm weg von hier", sagte Acacio zu Urbano. „Wir brauchen keine Zuschauer bei dem Geschäft, das wir beide miteinander abzumachen haben. Runter an den Fluß, wo dich niemand hören kann."

Sie schritten die Uferböschung hinunter. Die dicke Mulepeitsche schwang vor den Augen Urbanos hin und her, und sie hob sich seltsam gegen das dahinströmende Wasser des Flusses ab. Es war ihm, als zerschnitte die Peitsche den Fluß, der den friedlichen Dörfern seiner Träume zueilte.

Aber damit erwachte in ihm auch gleichzeitig die schmerzhafte Erinnerung an die Nacht, da er mit einem Dutzend seiner Kameraden an den Füßen aufgehenkt und erbarmungslos gepeitscht wurde, weil es ihnen unmöglich gewesen war, alle Trozas in der verlangten Zeit abzuschleppen. Das war nur gerade drei Tage her. Die Striemen an seinem Körper waren noch frisch und ungeheilt. Und plötzlich bekam er entsetzliche Furcht vor den neuen Schlägen, die auf die alten Wunden fallen und ihm Schmerzen bereiten würden; Schmerzen, von denen er nicht glaubte, daß er sie werde überleben können. Diese Furcht verwandelte sich innerhalb einer Sekunde zu einer Verzweiflung, die ihm einen Mut gab, wie er ihn nie in sich gefühlt hatte; der ihm ganz fremd war, als ob er nicht zu ihm gehöre.

Etwa zehn Schritte vom Ufer entfernt stand ein dicker Baumstrunk, der durch Altersschwäche Saft und Kraft verloren hatte. Kein einziges grünes Blatt zeigte sich an den Ästen, die mit verrenkten

Gesten traurig und spukhaft in die freie Luft hineinstachen. Außer diesem abgestorbenen Baum war auf eine lange Strecke der Uferböschung hin kein anderer Baum zu sehen. Nur niedriges Gestrüpp und Gebüsch, das aussah, als ob es das nächste Hochwasser nicht werde überleben können, klebte hier und da wie zufällig hingefallen an der Böschung.

„Dort zu dem Baum!" kommandierte Don Acacio. „Da werde ich mit dir abrechnen, Bachajon, und da sind wir ohne Zeugen und ohne das gierige Glotzen der Huren, die denken, alles hier ist für uns lautere Freude und Erholung, und wir haben Geld wie Hundeschitt."

Urbano näherte sich dem Baum.

„Gottverdammt noch mal, que chingue tu matricula, da haben wir doch den Mecate vergessen. Du bleibst ja nicht auf deinen beiden Krücken stehen, wenn ich dich nicht anbinde. Raufgesaust, und hol mir einen Lasso!"

Urbano rannte die Böschung hinauf, alle Viere gebrauchend. Zwei Minuten später kam er, den Lasso in der Hand, die Böschung wieder herunter. Auf halbem Wege zögerte er plötzlich. Das Wasser des Flusses zog so friedlich dahin. Niemand quälte es, niemand prügelte es. Er kniff die Augen schmerzlich zusammen und erinnerte sich der grausamen Prügelung in der Nacht, wo Fetzen von blutigem Fleisch herumspritzten und den Burschen in die Mäuler sprang.

Als er jetzt den nackten Baumstrunk betrachtete, dachte er, daß dieser selbe Baumstrunk in wenigen Minuten mit den blutenden Fetzen seines Fleisches besudelt sein würde.

Jetzt war er nur noch zehn Schritte von dem Baum entfernt, an dem Don Acacio gelehnt stand, sich eine neue Zigarette drehend. Drei Schritte von dem Baum entfernt, lag ein Stein, etwas größer als der Kopf eines Mannes.

Urbano stierte auf den Stein. Es kam ihm die Erinnerung an Pascasio, der einen solchen Stein aufgenommen und damit seinem Verfolger La Mecha den Schädel zertrümmert hatte. Aber gleichzeitig führte ihn der Stein zurück in die Gedanken, die er kurz vorher gehabt hatte, als er von friedlichen Dörfern träumte, denen die Wasser des Flusses zueilten. Seine Hände zuckten. Er bückte sich halb nieder, um den Stein aufzuheben und gedachte, rasch auf den Fluß zuzulaufen, im Laufen den Lasso an seinen Fuß zu binden, dann an das andere Ende den Stein zu wickeln und weit in den Fluß hineinzulaufen, bis er den Boden verliere.

Er mußte es jetzt tun, noch in dieser Sekunde, sagte er zu sich, während ihm der Atem stockte und er zögernd näher zum Ufer kam. In der nächsten Sekunde wird es zu spät sein. Er mußte es jetzt tun. Täte er es jetzt, dann würde der traurig aussehende Baum nicht mit seinem Blut und seinen abgerissenen und herausgerissenen Fleischfetzen bespritzt werden.

Er preßte den lange zurückgehaltenen Atem in einem kurzen Stoß hervor mit einem „Si, ahora!"

„Was sagst du?" fragte Don Acacio. „Da ist ja nun endlich der Lasso. Mit dem Gesicht an den Baum, und die Hände hoch!"

Acacio zündete sich die Zigarette an, die er soeben gedreht hatte. Dem Ufer entlang blies ein Wind, der in seiner Stärke stetig wechselte. Acacio hatte bereits drei Zündfädchen angestrichen; jedes wurde ausgeblasen, sobald es an die Zigarette kam.

Er fluchte. Versuchte abermals, und abermals erlosch das Zündkerzchen. Nun trat er vom Baum einen Schritt zurück, als wolle er Platz für Urbano machen. Während er den Schritt tat, hielt er beide Hände gehöhlt vor sein Gesicht, im Innern der Hände das frisch gezündete Fädchen haltend. Er hielt seine Augen dicht auf das Ende der Zigarette und die kleine zitternde Flamme des Kerzchens gerichtet, die sich alle Mühe gab, wieder mit dem Winde zu reisen, ohne ihre Pflicht erfüllt zu haben.

Urbano, den Lasso hinreichend, sah die dicke Peitsche an Don Acacios Handgelenk baumeln.

Ohne es zu wollen, ohne auch nur zu denken, stieß er jetzt mit der Faust seines freien Armes Don Acacio gegen den Baum, so daß dessen Hinterkopf an den Stamm brummte.

Für einen ganz kurzen Moment war Urbano über seine Tat erstaunt. Jedoch ebenso rasch kam ihm zur vollen Erkenntnis, daß es nun zu spät sei, seine unbewußt vollbrachte Handlung hiermit abzuschließen. Das war Meuterei. Er würde unter entsetzlichsten Qualen für diesen Faustschlag zu Tode gehenkt werden.

Die Furcht vor der grausamen Peinigung, die ihn jetzt erwartete, war mehr als alle anderen Gedanken und Gefühle die Ursache, daß er sich nun gezwungen sah, die einmal begonnene Handlung völlig zu Ende zu führen.

Don Acacio hielt die gehöhlten Hände noch immer vor dem Gesicht, die Zigarette hatte endlich Feuer gefangen. Es war ihm nicht voll zum Bewußtsein gekommen, daß Urbano ihn gestoßen hatte. Er dachte, Urbano sei in einem Sandloch ausgeglitten und darum gegen ihn gefallen. Hätte er noch in derselben Sekunde begriffen, was wirklich geschehen war, vielleicht hätte er sich retten können.

Aber Urbano handelte so blitzschnell, wie es nur einem Indianer möglich ist, der auf nackten Füßen steht und dessen Hände und Arme in einem steten Kampf im Feld und Dschungel so geübt worden sind, daß sie keinen Fehlgriff tun, wenn sie einmal in Bewegung gesetzt sind. Sie werden hundertmal rascher und sicherer vom Instinkt geleitet, als von dem Wissen dessen, dem sie angehören.

An seinem eigenen Körper hatte Urbano gestern gelernt, wie ein Mann einen anderen an einen Baum zu fesseln vermag, ohne daß sein Opfer es verhindern kann, wenn der Mann, der den Lasso hält, einen Vorsprung von einer Sekunde hat.

Im selben Augenblick, als Don Acacio gegen den Baum prallte, die gehöhlten Hände noch vor dem Gesicht, waren diese beiden Hände auch schon geknebelt und am Baum festgezogen.

Erst jetzt kam Acacio zum Bewußtsein, was geschah. Er stieß mit dem Stiefel gegen das vorgestellte nackte Bein Urbanos. Aber Urbano hatte das vorausgesehen, weil es die einzige Bewegung war, die Acacio zu tun noch frei war. Rasch hatte er sich gebückt und seinen Unterleib zurückgeschnellt. So traf ihn der Stiefel zwar gegen das Bein, aber ohne ihn aus dem Gleichgewicht zu werfen.

Während er sich bückte, war er aber auch schon ebenso rasch mit dem Lasso um den Stamm gesprungen und hatte bereits eine Schleife über Acacios Unterschenkeln. Er zog die Schleife fest an und begann in derselben Sekunde noch oben an den Händen und unten an den Beinen Knoten zu machen und die nächste Schleife Acacio um den Hals zu ziehen und den Hals fest gegen den Stamm zu binden.

Jetzt endlich erkannte Don Acacio, daß er verloren war. Er hätte Urbano die ganze Monteria als Geschenk versprechen können, um damit sein Leben zu erkaufen, der Indianer würde darauf nicht eingegangen sein. Er war viel zu erfahren, als daß er einem Ladino auch nur ein Wort geglaubt hätte. Für sein Schicksal war es nun gleich, ob er Don Acacio freiließ oder ob er ihn tötete. Aus diesem Grunde zweifelte Acacio nicht eine Sekunde daran, daß Urbano die Tat, die er begonnen hatte, zu Ende führen würde. Es bestand nicht einmal die Hoffnung, daß, käme jetzt ein Capataz zufällig die Böschung herunter, er gerettet werden könnte. Ehe die Hilfe nahe genug kam, war dem Gefesselten auch schon der Schädel zertrümmert oder die Kehle aufgerissen.

Jedoch, trotz seiner hoffnungslosen Lage bettelte Don Acacio so wenig um Gnade, wie die Burschen je um Gnade oder Nachsicht bettelten, wenn sie gehenkt oder gepeitscht wurden.

Obgleich er persönlich Urbano nie gepeitscht oder auch nur einmal mit den Stiefeln in den Hintern getreten hatte, wußte er doch recht gut, daß er von den drei Brüdern derjenige war, der von allen Leuten, sogar einige Capataces eingeschlossen, am meisten gehaßt wurde. Er hätte sich nicht gewundert, wenn einer der Burschen, die an und für sich frech waren, wie besonders der Chamula Celso und der Boyero Santiago, der Boyero Fidel, oder intelligent und erfahren wie der Boyero Andrés, ihm irgendwo im Dschungel aufgelauert und ihn hinterrücks erschlagen hätten. Aber daß ein so furchtsames und eingeschüchtertes Würmchen wie es Urbano war, ihn jetzt am Kragen hatte, und daß er von dessen stinkenden Händen ermordet werden würde, das ärgerte ihn und erboste ihn so sehr, daß er die hoffnungslose Lage, in der er sich befand, jetzt ganz und gar vergessen konnte.

Sein Mund war noch frei. Und den gebrauchte er nun. Nicht, um damit um Hilfe zu rufen. Bis an den letzten Tag seines Daseins würde er sich geschämt haben, hätte er eines dreckigen und verlausten Indianers wegen um Hilfe geschrien. Er hätte nicht mehr einer der Herren hier sein können, denn jeder Muchacho würde hinter ihm her gelacht haben.

„Du gottverfluchter Hurensohn einer läusefressenden Hündin, was ist denn dir in deinem verblödeten Schädel eingefallen?" schrie er. „Denkst, weil du mich hier angepappt hast, ich könnte mich nicht rühren. Warte nur einen Augenblick, du stinkender Hund, und ich werde dir zeigen, wie ich loskomme. Und dann kannst du einmal anfangen, die Heilige Jungfrau im Himmel, gottverflucht noch mal, um den letzten Segen anzubimmeln. Machst du mich jetzt los, du mistiges Schwein, oder soll ich vielleicht hier noch warten bis nächste Ostern."

Urbano bekam Angst. Obwohl er sehen konnte, daß er Don Acacio gut und haltbar gefesselt hatte, fürchtete er doch, daß sich Don Acacio, vielleicht durch irgendwelche magischen oder überirdischen Kräfte, befreien könnte. Er fühlte sich ihm gegenüber wie gegenüber einem Tiger, den er gefangen und gefesselt habe, dem er aber zutraue, daß er mit den letzten Fasern seiner Kraft und seiner Wut die Fesseln zerreißen und dann auf ihn springen würde.

Für einige Sekunden trat er unschlüssig herum. Nur wenige Schritte entfernt sah er das dahinströmende Wasser, das am sandigen Ufer entlangwusch.

Don Acacio schrie aufs neue: „Läßt du mich jetzt los oder nicht, du räudiger Hund!"

Urbano sprang nun dicht an den Stamm und zerrte Don Acacio den Revolver aus dem Gurt. Er wußte nicht, wie ihn zu gebrauchen. Er hielt ihn in beiden Händen, auf den Leib Don Acacios gerichtet. Er zog und drückte mit seinen Fingern an der Waffe herum, aber es ging kein Schuß los, weil der Zug des Automatic nicht gespannt war.

„Und so ein blödes Vieh von einem verstinkten dreckigen Schwein will mich erschießen!" rief Don Acacio. Dann lachte er grimmig auf, als er erneut an seinen Fesseln zerrte und fand, daß er nicht loskommen konnte.

Urbano warf den Revolver in einem weiten Bogen von sich, als er einsah, daß er ihn nicht gebrauchen konnte.

Oben, in der Oficina und im Bungalow, hockten die beiden Capataces und das Mädchen des Don Acacio. Einige Bruchstücke der Stimmlaute Acacios waren zu ihnen heraufgeweht. Aber was sie hörten, war dünn und unzusammenhängend.

El Faldon sagte zu El Pechero, die beide im Portica saßen: „Der hat den Burschen aber jetzt einmal kräftig beim Wickel, verflucht noch mal. Ich möchte doch nicht in dessen Fell verkrochen sein. Hör nur, wie Cacho auf ihn losbrüllt."

„Ich werde da mal über den Rand hinunterpiepsen", sagte das Mädchen, „vielleicht kann ich etwas sehen."

„Sie lassen das besser bleiben, Señorita", riet ihr El Faldon, „Don Cacho kann verflucht unangenehm werden, wenn er Sie dabei erwischt. Wir haben das hier nicht gern. Das hat Ihnen doch Don Cacho deutlich gesagt."

„Also, nicht einmal die kleinste Unterhaltung kann man hier haben", erwiderte das Mädchen mit einem Seufzer. „Ich wünschte, ich wäre wieder in einem guten Hause in El Carmen. Da geht's doch lustiger her."

„Wir sind auch nicht zum Vergnügen hier, Señorita", sagte El Pechero gelangweilt. „Teufel, ich werde mich jetzt auf das Bett legen, verflucht noch mal. Früh um drei muß ich wieder raus. Ewige Jungfrau, ich möchte doch gern wissen, warum ich hier in diese Wildnis gelangen mußte, wo man nichts als reingepißten Cañe in den Flaschen hat, der noch dazu selten und teuer ist." Er gähnte und ging zu dem Bungalow, wo die Capataces ihre Schlafstellen hatten.

In diesem Augenblick peitschte ein heftiger kurzer Schrei vom Fluß herauf.

Aber niemand hier oben bei der Oficina kümmerte sich darum.

Aus dem Dickicht kam jetzt Martin Trinidad, einer der drei Landstreicher. Er war auf dem Wege zur Oficina, um in der Geschirrhütte seine Axt gegen eine neue umzutauschen.

Er hörte den Schrei und ging nun nahe zum Rande der Böschung, legte sich hin, und kroch am Boden entlang, um nicht von unten aus gesehen zu werden. Es war nicht klug gehandelt, nahe zu gehen, wo Hiebe ausgeteilt werden. Verborgen hinter einem Gebüsch steckte er nun vorsichtig den Kopf über den Rand der Böschung. Von hier aus vermochte er das Ufer auf eine lange Strecke hin zu übersehen.

Urbano nahm den Stein auf und ging auf Don Acacio zu.

„Das wirst du nicht tun, du Hund!" rief Acacio.

„No", sagte Urbano kurz. „Das nicht. Zu gut für dich. Zu gut für einen Ladino."

Urbano ließ den Stein fallen. Acacio atmete auf.

Nun richtete Urbano seine Augen auf etwas im Fluß, das Don Acacio, dessen Gesicht der Böschung zugekehrt war, und der auch wegen der Fesselung seines Halses den Kopf nur wenig zu wenden vermochte, nicht sehen konnte. Er sah lediglich, daß Urbano seinen Mund breit zog und in seinen Augen ein hartes Glimmern aufblitzte.

Der Bursche hob die Schultern hoch und watete, beinahe nur die Zehenspitzen gebrauchend, in den Fluß, auf eine Art, als wolle er ein Tier überraschen.

Aber das war es nicht. Im Wasser schwamm ein abgerissener Strauch, der fingerlange, eisenharte Dornen trug. Der Strauch zog rasch daher, kam näher und entfernte sich wieder.

Als wolle er einen aufgeschnellten Fisch fangen, so sprang Urbano auf den eilig dahinschwimmenden Strauch zu. Er haschte ihn gerade, als er wieder weiter vom Ufer abschwemmen wollte, um im Strudel fortgerissen zu werden.

Urbano zerrte den Strauch völlig heraus und kam mit dem triefenden Gestrüpp auf Don Acacio zu. Er hielt ihm den Strauch dicht vor die Augen.

„Siehst du die Dornen, du Henker?" Er stülpte die Lippen auf und grinste.

„Los machst du mich, bei der Heiligen Jungfrau!"

„Ich mache dich los in einer Minute, Verdugo", sagte Urbano, während er ein Ästchen von dem Strauch abbrach. Dann nahm er das Ästchen so in seine Hand, daß der stärkste Dorn zwischen den Fingern seiner geballten Faust lang hervorstand.

Mit breitem Grinsen sagte er, Acacio den Dorn so dicht ans Gesicht haltend, daß die Spitze ihm in die Backen stach: „Mit diesem Dorn steche ich dir deine beiden ekligen Augen aus. Du sollst nie wieder einen Burschen henken oder peitschen, und nie wieder sollst du die Sonne sehen und niemals wieder das Antlitz deiner Mutter."

„Bist du denn wahnsinnig geworden, Muchacho?" schrie Don Acacio, bleich im Gesicht werdend.

„Wir alle, alle Muchachos sind wahnsinnig. Ihr habt uns wahnsinnig gemacht. Uns alle."

„Dafür werden dich die Soldaten füsilieren. Man wird dir dafür den Kopf abhacken."

„Niemand wird mich füsilieren. Niemand wird mir den Kopf abhacken. Niemand wird mich peitschen dafür. Selbst um deine Rache betrüge ich dich, du Bestie von einem Henker. Denn ich gehe dort in den Fluß, und ihr mögt mich suchen kommen. Aber dann fühle ich kein Henken mehr."

„Bei der Heiligen Jungfrau, Muchacho, tu das nicht! Du kommst in die Hölle, Muchacho!"

Als ob er fürchte, daß er vielleicht schwankend werden könne, oder daß vielleicht in dieser Sekunde noch Acacio Hilfe kommen möchte, stieß Urbano mit einem heftigen Ruck zu.

Don Acacio brüllte einen entsetzlichen Schrei hinaus. Es war kein Schrei des Schmerzes, sondern ein Schrei des Entsetzens, des Grauens. Es war das erste wirkliche Entsetzen, das Don Acacio je in seinem Leben gefühlt hatte.

Sofort, ohne auch nur erneut Atem zu holen, stieß Urbano ein zweites Mal zu. Wäßriges Blut tropfte aus den Augenhöhlen, und Acacio neigte den Kopf, weil ihm das Blut in den Mund zu laufen begann. Er murmelte: „Madre Santisima, Madre de Nuestro Señor —"

Urbano blickte zurück nach oben. Er bemerkte den Kopf eines Mannes, der sich nicht regte, sondern der nur auf ihn hinuntersah.

Mit raschen Fingern öffnete Urbano den leichten Strick, der ihm als Gürtel zum Festhalten seiner zerlumpten weißen Baumwollhose diente. Er nahm den Stein auf und schob ihn in die Hose. Dann band er den Strick wieder fest. Von einem herabhängenden Ende des Lassos, mit dem Don Acacio gefesselt war, drehte er flink eine Litze los, biß sie durch und band sie sich unter dem Stein um die Hüfte.

Noch während er knüpfte, rannte er in den Fluß. Der Strudel erfaßte ihn und schleuderte ihn mehrere Male um sich selbst, lange ehe er die Mitte erreicht hatte. Sein Kopf tauchte nur einmal auf. Dann verschwand er.

Als Urbano nicht mehr zum Vorschein kam, kletterte Martin Trinidad vorsichtig die Böschung hinunter. Behutsam ging er auf Don Acacio zu und sah ihn eine Weile an.

Er blickte umher, sah den Revolver liegen, hob ihn auf und schob ihn vorn in seine Hose.

Wieder kam er dicht zu Don Acacio heran und schnallte ihm den Patronengürtel ab.

Don Acacio gab keinen Laut von sich. Wahrscheinlich fühlte er nicht einmal, daß jemand an seinem Körper hantierte.

Mit dem Patronengürtel, ebenfalls in die Hose geschoben, lief Martin Trinidad eiligst unten an der Böschung ein gutes Stück entlang, bis er sich überzeugte, daß ihn niemand beobachten konnte.

Er nahm den Patronengürtel heraus, sah sich um, und grub ihn ein.

Darauf lief er abermals fünfzig Schritte, sah sich die Stelle gut an, um sie nicht zu vergessen, und grub hier den Revolver ein.

Das getan, kroch er an der Böschung hinauf, kam weit hinter der ersten Hütte wieder hervor und ging auf die Geschirrhütte zu, nachdem er seine Axt auf dem Wege dorthin aufgehoben hatte.

Der Junge in der Geschirrhütte rief El Faldon, um die neue Axt auszugeben.

„Wo ist die alte, die du abgibst?" fragte er Martin.

„Hier, sie ist umgebogen."

„Natürlich", sagte El Faldon, „habe ich mir doch gedacht. Made in Germany. Billig wie Hundeschitt auf der Gasse und wertlos wie eine zertretene Zündholzschachtel. Da, nimm die hier. Sie ist nicht gerade neu. Aber das ist eine amerikanische. Die biegt sich nicht um und springt auch nicht aus. Wieviel hast du denn heute bis jetzt geschlagen?"

„Ich glaube nicht, daß es heute drei Tonnen werden."

El Faldon, nachdem er die neue Axt ausgegeben und in die Liste eingetragen hatte, hielt sich noch eine Weile in der Bodega auf, sah sich das Lager an, und um auch in dieser Hinsicht nicht müßig gewesen zu sein, sagte er zu dem Jungen, der hier aufräumte und, wenn er nichts anderes zu tun hatte, Äxte einfettete, damit sie nicht verrosteten, und Lassos und Riemen abrieb, damit sie nicht verpilzten und vermoderten: „Das ist hier eine gottverfluchte Dreckwirtschaft und Sauerei. Zum Teufel noch mal, was tust du denn eigentlich hier den ganzen Tag? In allen Ecken wachsen Pilze, und die Kletterhaken sind so verrostet, daß sie dünn wie Streichhölzer sind. Ich werde dich mit den Kletterhaken auf einen hohen Baum schicken, damit du dir das Genick brichst. Dann wirst du lernen, sie in Fett zu halten."

„Was kann ich denn gegen die Pilze tun, Jefecito? Es regnet ewig und nichts wird mehr trocken. Und wenn ich kein Fett geliefert kriege, wie kann ich denn alles einfetten?" verteidigte sich der Junge.

„Halt's Maul und gib hier nicht auch noch Widerworte, wenn ich zu dir spreche, oder ich haue dir eins 'rein."

El Faldon ging zur Tür, stand eine Weile dort und sah, daß in wenigen Minuten ein neuer schwerer Regenguß herunterstürzen würde. Er war froh, daß er nicht im offenen Camp zu sein brauchte, sondern diese Woche Dienst nahe der Oficina hatte.

Er schlenderte gemächlich hinüber zum Bungalow. Auf halbem Wege blieb er stehen. „Caray", sagte er halblaut zu sich selbst, „Cacho gibt dem Burschen aber einmal eine lange und gründliche Salbung. Die sind nun schon eine halbe Stunde da unten." Er wandte sich zur Böschung und gedachte nahe heran zu schlendern und über den Rand zu sehen, wie sich das Geschäft der beiden abwickelte. Dann aber kam ihm auch gleich der Gedanke: „Was geht mich denn das an, wie er dem Halunken das Fell langsam abzieht. Froh bin ich, daß er mich nicht gerufen hat, diese Arbeit zu tun."

Es fielen einige Tropfen, und gleich darauf strömte es auch schon so heftig herunter, daß, obgleich El Faldon nur einige zwanzig Schritte bis zum Bungalow hatte, er doch eingeweicht wurde.

Er trat in den Portico und schüttelte sich das Wasser von Hut und Hemd.

„Das kommt davon, wenn man sich um Dinge kümmern will, die einen nichts angehen."

Mit jeder Minute wurde der Regen stärker und peitschender. El Faldon bekam ein unruhiges Gefühl. Don Acacio mußte ja durch und durch eingeweicht sein, außerdem war nicht anzunehmen, daß er Urbano noch immer vorhabe.

„Verfluchte Sauerei, ich muß nun wohl doch endlich mal sehen, was die beiden da unten so lange machen", sagte er, in den Raum hineinrufend, wo auf einem der Bettgestelle Acacios Mädchen ausgestreckt lag und in einer zerfetzten Zeitschrift herumblätterte, um eine Zeile zu finden, die sie nicht bereits vorwärts und rückwärts auswendig hersagen konnte.

El Faldon nahm seine Gummi=Capa von einem Pflock in der Wand, warf sie sich über, steckte den Kopf durch den Schlitz und stülpte sich den nassen Hut auf.

Am Rande der Böschung angekommen, sah er, daß nicht Urbano, sondern Don Acacio an den Baum gebunden war. An der Kleidung erkannte er, daß es nur Acacio sein konnte. Dessen Kopf war auf die Brust gesenkt. Das dunkelbraune lange Haar hing ihm, vom Regen triefend, weit über das Gesicht. Er rüttelte an den Banden, jedoch nur noch mit schwachen Kräften. Wahrscheinlich hatte er sich bereits seit einer halben Stunde abgemüht, um loszukommen.

El Faldon hörte ein heiseres Rufen: „Pechero, Faldon, zu allen Höllen, wo steckt ihr Flojos?" Der Regen und die Entfernung verhinderten, daß jene Rufe in der Oficina gehört werden konnten. Mit langen Sätzen sprang der Capataz die Böschung hinunter.

„Endlich kommt ja einer von euch faulen Schurken. Sauft und hurt da oben rum und laßt mich in den Händen eines Wilden."

El Faldon band ihn rasch los und packte ihn bei den Schultern, um den in sich zusammengekrümmten Körper hochzubringen. Dabei fiel das Haar aus dem Gesicht und zurück.

„Por la Madre Santisima, Jefe, was haben Sie denn da?" El Faldon bekreuzigte sich ein halbes dutzendmal vor Entsetzen.

„Ja, was habe ich? Zum Teufel mit dir und frag keinen Unsinn. Die Augen hat er mir ausgestochen, dieser Wilde. Und fortgerannt ist er. Wir kriegen ihn schon. Alle Capataces und alle Pferde hinter ihm her. Gleich jetzt. Que chinguen todas las madres, ich bin nichts mehr wert, zu nichts mehr zu gebrauchen." Dabei griff er mit der rechten Hand zurück zur Hüfte, wo er seinen Revolver wußte. Er tastete aufgeregt an seinem Gürtel herum. „Que chingue este cabron, wo ist denn meine Kanone? Auch nicht einmal der Patronengürtel ist hier. Liegt er da auf dem Sand herum?" Er fühlte mit seinen Füßen am Boden entlang.

„No, Jefe", sagte El Faldon. „Weder die Pistola noch der Gürtel ist zu sehen."

„Dann hat dieser verfluchte Hund auch noch meinen Revolver und die Patronen mitgenommen."

„Scheint so, Jefe, ich sehe nichts davon hier irgendwo herum. Er wird es uns nun sauer machen mit der Pistola, wenn wir ihn erwischen und wird uns wahrscheinlich ein paar damit aufbrennen."

„Etwa Angst vor so einem verlausten und verdreckten Indianer? Ich erwürge ihn mit meinen nackten Händen, sobald ihr ihn herbringt."

„Er kann nicht weit sein, Jefe. Ich bin sicher, wir haben ihn in einer Stunde. Bei dem Regen kann er die Graben nicht machen, er bleibt stecken."

Während dieser Reden führte El Faldon Don Acacio hinauf zur Oficina, wo er ihn zu einem Stuhl geleitete.

Das Mädchen kam und schrie: „Oh, du armer Mensch, oh, du armer Hombre. Ich verlasse dich nicht, jetzt nicht mehr! Diese Wilden. Sind keine Christen. Sind Wilde und Heiden."

„Halt dein gottverfluchtes, stinkiges Maul, Hurenweib, und lasse mich in Ruhe mit deinem Geplärr. Ich habe genug andere Sorgen", schrie Acacio erbost.

„Aber, amorcito mio, ich will dich doch nur trösten", sagte das Mädchen und begann zu weinen.

„Ich brauche deinen Trost nicht; geh zur Hölle und laß dich da huren, von wem du willst. Raus mit dir, Hurengezottel, dreckiges."

Das Mädchen kroch in den Nebenraum, warf sich auf das Bett und versuchte, zu wimmern und zu heulen, laut genug, damit es Don Acacio hören sollte.

„Faldon!" schrie Don Acacio wütend.

„Si, Jefe. Ich mache hier nur einen Verband fertig."

„Schmeiß das Luder zur Tür hinaus, damit ich sie nicht mehr winseln höre. Schmeiß sie in den Fluß, damit sie hier wegkommt, so rasch wie es nur geht."

Er stand auf, suchte nach der Comitecoflasche, tappte umher und fand jeden Gegenstand im Raum an anderer Stelle, als er ihn in seiner Erinnerung zu finden gedacht hatte. Das brachte ihn nur noch in größere Wut. „Wo, zum Teufel, ist denn die gottverfluchte Flasche mit der stinkenden Jauche?"

„Hier, Jefe." El Faldon hatte die Flasche bereits in der Hand und gab sie Don Acacio, der den Stöpsel mit den Zähnen herauszog, die Flasche an den Mund setzte und einen solchen Zug tat, daß nicht ein Tropfen in der Flasche blieb. Dann warf er die Flasche in einem weiten Bogen mit aller Kraft gegen die Wand, sich nicht darum kümmernd, ob er vielleicht jemand treffen könnte.

„Was ich nicht runterschlucken kann", schrie er, im Raum aufgeregt hin und her tappend, „ist, daß mich so ein dreckiges und verlaustes Schwein von einem braunen Biest untergekriegt hat. Das kann ich nicht runterschlucken. Daran gehe ich zugrunde."

Er stieß sich den Kopf heftig gegen die Wand, und gleich darauf stolperte er gegen einen Stuhl, der ihm im Wege stand, und er fiel der Länge nach hin. Ohne zu überlegen, was er tat, sprang er auf und stieß sich den Kopf an der Tischecke. „Daß mir die Heilige Jungfrau vergeben möge!" schrie er, immer mehr in Wut geratend, „aber ich bin zu nichts mehr zu gebrauchen, zu nichts mehr bin ich zu gebrauchen!"

„Tranquilo, Jefe, beruhigen Sie sich", sagte El Faldon. Er kam nahe mit einigen Streifen weißen Hemdes in der Hand und einem Napf mit Wasser, in das er Aguardiente gegossen hatte. „Setzen

Sie sich hin, Jefe, hier ist der Stuhl, gleich hinter Ihnen, ich werde Ihnen die Augen verbinden."

Don Acacio griff nach hinten, packte den Stuhl und schlug ihn gegen den Boden in Stücke. „Was tun mir jetzt die Binden noch gut!" schrie er rasend. „Hättest eine halbe Stunde früher damit ankommen sollen. Jetzt brauche ich keine mehr. Steck sie dir in den Hintern."

Er tastete sich in den Raum, wo er sein Bett hatte und wo auf dem zweiten Bettgestell sein Mädchen lag und winselte.

„Bist du gottverfluchte Hure denn immer noch hier? Habe ich dir nicht gesagt, daß du deinen syphilitischen Kadaver im Fluß ersaufen sollst, damit du hier aus dem Wege kommst! Wird es bald, Hure!" Er hob die Faust und ging auf ihr Bett zu.

Das Mädchen duckte sich und rutschte aus dem Raum hinaus, ohne von ihm getroffen zu werden.

Er merkte, daß sie ihm entwischt war. Damit kam ihm nur um so mehr ins Bewußtsein, wie hilflos er war. „Ich kann der Hure nicht einmal mehr in die Fresse schlagen, wenn sie es verdient hat. Und dabei soll ich am Leben bleiben? Zu nichts bin ich mehr zu gebrauchen. Sogar eine so dreckige Hure kann mich anpissen, und ich muß es über mich ergehen lassen. Hunde werden mich auch noch anpissen, wenn ich an einem Baum stehe und warte, daß mich einer führen soll. Zu nichts mehr zu gebrauchen, zu nichts mehr. Und nur eines so verlausten Bachajon wegen!"

Er tastete sich wieder zur Tür.

„Was habt ihr beide denn da zu flüstern?" rief er in den ersten Raum hinaus, wo El Faldon und das Mädchen leise berieten, wie sie ihn beruhigen und ins Bett bringen könnten. Das Mädchen, seine Raserei wohl verstehend, war nicht beleidigt. Sie war im Ernst darauf bedacht, ihm jetzt eine Stütze zu sein.

„Bist wohl schon über sie her?" rief Don Acacio erbost, El Faldon meinend. „Freilich, ich bin ja zu nichts mehr zu gebrauchen. Und im selben Raum, wo ich bin, hurt ihr beide, und ich kann nichts dagegen machen. Lacht mir beide frech ins Gesicht, treuloses Gesindel, das man um sich hat."

„Aber, Cachito, amorcito mio", sagte das Mädchen weich und kosend, „ich liebe dich und bleibe bei dir, immer wenn du willst."

„Aus Gnade und Mitleid, Hure!" rief Don Acacio. „Ich brauche dein Mitleid nicht. Wo ist die Flasche?"

„Mi vida", sagte das Mädchen, „du hast nun genug getrunken. Willst du dich denn nicht niederlegen? Komm, ich helfe dir!"

„Komme mir nicht zu nahe, oder ich erwürge dich, du Kröte!"

„Gut, erwürge mich!" sagte das Mädchen näherkommend. „Erwürge mich, wenn dir das gefällt. Hier bin ich!"

Don Acacio hörte sie näherkommen und warf ihr die Tür ins

Gesicht, so daß er im Schlafraum allein blieb. Er legte von innen den Balken quer über die Tür.

Das Mädchen und El Faldon lauschten dicht bei der Tür und hörten, daß er zum Bett stolperte und sich dort hinsetzte.

„Gracias, Santisima", flüsterte das Mädchen, „er legt sich hin. Wenn er ausgeschlafen hat, beginnt er sich daran zu gewöhnen und sieht das alles mit anderen Augen an."

El Faldon gluckste in der Kehle.

Das Mädchen verbesserte sich: „Ich meine, er wird dann ruhiger werden und begreifen, daß ein Mensch auch so leben und recht glücklich sein kann."

Sie entfernten sich von der Tür und begannen den Raum in Ordnung zu bringen.

„Sie müssen nun wohl zu Don Felix reiten, Señor", sagte das Mädchen, „und ihm die Nachricht bringen, oder ist Don Severo näher?"

„Don Felix ist im Hauptcamp und von hier ist das näher. Heute ist es zu spät. Kein Mond und alles versumpft. Ich bleibe stecken. Aber gleich morgen früh."

Im Bettraum krachte ein Schuß.

El Faldon brach durch die Tür. Sie fanden Don Acacio mit einem Schuß im Kopf vor dem Bett hingekauert.

„Por Jesu Cristo!" rief das Mädchen mit Entsetzen aus. „Wie ist er denn zu dem Revolver gekommen? Ich habe doch so aufgepaßt, daß kein Revolver hier in der Oficina herumhing."

El Faldon stieß die Kiste an, die rundherum mit Blech beschlagen war, und die geöffnet neben dem hingesunkenen Don Acacio stand. In der Kiste waren Briefe und Dokumente, einige Bücher und einige Säckchen mit Geld. Es waren noch zwei andere Revolver in der Kiste, beide geladen. Und auch noch sechs Pappschachteln Patronen.

„Also darum hat er sich aufs Bett gesetzt", sagte das Mädchen. „Nur um die Kiste vorzuziehen und den Revolver zu bekommen. Wie konnte ich denn wissen, daß er darin Revolver aufhebt. Ich habe nie in seinen Sachen herumgewühlt, solange ich ihn kenne. Und ich bin nun seit zwei Jahren bei ihm. Sie können mir glauben, Señor, ich habe ihn geliebt."

Sie kniete nieder, streichelte sein Gesicht, küßte ihn und half El Faldon, den Leichnam aufs Bett zu legen.

„Ich habe ihn geliebt", wiederholte und wiederholte sie. „Ich habe ihn geliebt und geliebt, seit ich ihn kannte." Sie begann heftig zu weinen und warf sich vor dem Bett auf die Knie, seine Hände küssend.

El Faldon war hinausgegangen.

Endlich raffte sie sich auf, brachte Wasser und ein Handtuch und begann das Gesicht Don Acacios zu waschen. Sie faltete die Hände über der Brust, kettete ihr Kreuz ab, das sie auf der Brust trug, und gab es ihm in die Hände. Dann rückte sie das Bett in die Mitte des Raumes, suchte einige Kerzen, stellte sie in Klumpen aus nassem Lehm zu Häupten und Füßen des Toten auf, zog ein schwarzes Tuch tief über ihren Kopf, rückte einen Stuhl dicht zum Bett, nahm von der Wand den Rosenkranz, und unter Weinen und Schluchzen begann sie zu beten, die Perlen gedankenlos herunterzählend.

8

Don Severo und Don Felix kamen, um ihren Bruder zu begraben. Er wurde im selben Cemeterio beerdigt, in den auch alle die Leute, die in diesem Camp starben, in die Erde gelegt wurden. Der Unterschied war in diesem Falle nur, daß der Hügel ein größeres Kreuz erhielt und mit einem kräftigen und dichten Zaun umgeben wurde, damit der Leichnam nicht von den Wildschweinen aufgewühlt werden sollte. Um ihn noch mehr zu schützen, wurden schwere Steine auf den Hügel und rund um den Hügel gelegt.

Als Don Severo zur Oficina kam, war seine erste Frage: „Haben die Muchachos gesehen, was Don Acacio angetan wurde?"

„Nein", antworteten El Pecharo, El Faldon und das Mädchen, „und niemand von uns hat zu irgendeinem darüber gesprochen."

Daß Don Acacio tot war, erfuhren die Muchachos durch den Koch und dessen Frau, als sie am Abend zum Camp kamen. Aber der Koch wußte nichts Näheres darüber, und es kam noch in derselben Nacht das Gerücht auf, Don Acacio und seine Mujer hätten einen Streit gehabt, nach einem Revolver gegriffen, der losging und Don Acacio traf, als er versuchte, ihr den Revolver zu entreißen.

Don Severo sagte am Abend zu seinem Bruder, zu dem Mädchen und zu den beiden Capataces: „Ihr haltet eure Mäuler in der Sache. Es kann für uns alle gefährlich werden, wenn die Muchachos etwas darüber erfahren. So etwas steckt an. Und es ist nicht nur möglich, sondern sicher zu erwarten, daß, sollten die Muchachos die Wahrheit hören, einer oder der andere das nachmacht. Ich kann euch auch sagen, daß ich Briefe bekommen habe, die nicht gerade sehr schön für mich zu lesen waren. Die Zeitungen, die ich mit der letzten Post bekam, sagen nichts und sind sehr vorsichtig. Sie können ja nur das sagen, was ihnen vom alten Casiquen da oben zu drucken erlaubt wird. Er kommandiert ja nicht nur das ganze Land, sondern erst recht alle Zeitungen und Bücher. Aber die Briefe geben mir schon eine Menge zu denken. Hier drei Schullehrer verhaftet und in Konzentrationslager nach Veracruz oder Yucatan geschickt; da zwei Professoren in die Kaserne eines Regiments gebracht und nie wieder etwas von ihnen gehört. Dann wieder in einem kleinen Dorfe in Morelos alle

Männer von den Rurales gefangen genommen, zwanzig Mann von den Gefangenen abgezählt und an den Bäumen der Plaza mitten im Dorf aufgeknüpft. Hier ein Eisenbahnzug zum Entgleisen gebracht, dort eine Bombe in der Polizeiwache in Puebla losgegangen, in Monterrey ein ganzer Wagen voll Flugschriften, die zum Sturz des Diktators und zur Revolution auffordern, entdeckt worden, und der Besitzer des Wagens, der vielleicht ganz unschuldig ist, sofort erschossen. Das alles ist in der letzten Post. Ich brauche kein Prophet zu sein, um euch sagen zu können, der Sessel des alten Knackers wackelt. Wenn er umkippt, dann brennt die ganze Republik."

Don Felix hustete und sagte: „Gut und richtig, Hermano, das ist alles schön, was du uns sagst, aber das meiste davon wußten wir ja schon, als wir das letzte Mal in Tabasco waren und die Monterias hier kauften."

„Stimmt", erwiderte Don Severo. „Doch, es fängt an, mehr ernst zu werden, und es sieht so aus, als ob es nun rasch dem großen Tumult zuginge. Darum möchte ich euch allen raten, besonders dir, Felix, und dir, Picaro, und dir, Gusano und Pulpo, daß ihr gerade jetzt ein wenig nachlaßt. Nicht so hart die Muchachos angefaßt. Es ist etwas in der Luft, was mir nicht gefällt. Daß der Pascasio La Mecha angriff und ihn erschlug, und daß Urbano sich sogar an Don Acacio vergriff, das ist eine ganz verflucht böse Sache. Keiner hätte vor einem halben Jahre auch nur gewagt, einen Finger hochzuheben, und jetzt greifen sie sogar an und erschlagen euch. Ganz ehrlich gesprochen, Jungen, wir sitzen auf einer Dynamittonne. Ein Funken spritzt uns alle hoch. Dann bleibt von keinem von uns auch nur ein Härchen übrig. Es braucht nur in einer Finca da draußen loszugehen, und es brauchen nur ein paar gereifte Burschen hierherzukommen, dann können wir alle noch froh sein, wenn wir Zeit haben, dasselbe zu tun, was uns Cacho gestern vorgemacht hat."

„Gut, Jefe", sagte El Picaro, „aber was sollen wir denn tun? Weglaufen vielleicht?"

„Natürlich nicht, du Esel. Denkst du denn, wir können hier unser Geld im Stich lassen. Hier liegen einige Tausend Tonnen zum Abschwemmen bereit, und du glaubst doch nicht, daß wir das alles nur aus reiner Liebe getan haben, um faulen Indios Vorschüsse geben zu können."

„Dann müssen Sie uns eben sagen, was Sie von uns wollen, Don Severo", sagte El Faldon.

„Habe ich ja bereits gesagt. Vorsichtiger vorgehen für die nächsten paar Wochen. Wenn einer keine vier Tonnen schaffen kann, dann begnügt euch mit drei oder zwei. Mögt herumbrüllen aus Leibeskräften, wie gewöhnlich. Aber vorläufig kein Prügeln, kein Aufhenken und Festschnüren. Es kommt wieder die Zeit, wo wir ihnen vier Tonnen aufknacken können. Nach der Schwemmung. Inzwischen reinigt sich die Luft im Lande, und vielleicht wird der kleine Käsehoch Madero abgeknallt. Er kann kaum über einen gewöhnlichen Tisch sehen, solch ein kleiner Knirps ist er. Vielleicht gerade darum, weil er so klein ist, ist es ihm gelungen, dem alten Knacker ein so heißes Eisen unter den Sessel zu legen, daß der alte Knabe auf seinem Thron herumhopst wie von einer Wespe in den Ursch gestochen."

„Warum steckt er ihn denn nicht ins Gefängnis?" fragte Don Felix.

„Warum? Was kann der Alte machen, wenn in jedem Winkel einer hockt mit einer vollen Streichholzschachtel oder einer Dynamitbombe, zu denen das Material von den Bergleuten geliefert wird? Ich weiß nicht und wage es nicht zu denken, was uns geschehen würde, wenn wir hier Dynamit zum Sprengen brauchen müßten."

„Sie sind aufgeregt, Don Severo", rief El Chapapote, „von wegen Ihrem Bruder, daß ihm das getan wurde. Aber so leicht lassen wir uns keine Angst einjagen."

„Kannst das für dich behalten, wie du willst, Chapapote. Du hast hier nichts zu verlieren, nichts weiter als deine beschissene und zerflickte Hose. Mit uns ist es anders, mit mir und meinem Bruder. Wir haben hier unser ganzes Vermögen drinstecken, alles, was wir uns in fünfzehn Jahren harter Arbeit rausgequetscht haben. Jedenfalls wißt ihr nun, was ich will. Für die nächsten Wochen wird etwas nachgelassen. Und dabei bleibt es. Verstanden!"

Don Felix holte zwei Flaschen herbei und schenkte ein, um der Sitzung ein freundlicheres Gesicht zu geben.

Don Severo ging hinüber zum Bungalow.

„Was machst du denn jetzt, Aurea?" fragte er die Witwe.

Das Mädchen lag auf dem Bett. Ihr Gesicht war vom Weinen verquollen und ihre Augen entzündet.

Sie richtete sich auf und setzte sich auf den Bettrand. „Ich weiß nicht, was ich tun soll. Mir ist alles gleich. Ich bin traurig." Sie warf sich aufs Bett zurück und begann, die Hände vors Gesicht pressend, aufs neue zu heulen.

„So sehr brauchst du dich wirklich nicht anzustellen", tröstete Don Severo sie in seiner Weise. „Ihr habt euch doch beide jeden lieben Tag zwei= oder gar dreimal gegenseitig geprügelt und angebrüllt. Oder vielleicht nicht?"

„Ja, das ist richtig", sagte Aurea schluchzend und in ihr Taschentuch schnaubend. „Wir haben uns ewig geprügelt. Aber ich habe ihn geliebt. Und er hat auch mich geliebt. Ich weiß es. Er hat mir versprochen, mich mit nach Spanien zu nehmen und mich dort zu heiraten, wenn er erst einmal richtig tief im Gelde sitze."

Don Severo zog einen Stuhl herbei. „Das weißt du auch nicht so bestimmt, ob er dich nicht rausgefegt hätte am ersten Tag, wenn er in San Juan Bautista angekommen wäre. Es ist nun zwecklos, darüber lange zu reden, was er gemacht und was er nicht gemacht hätte.

Er ist unter der Erde, und wir können keine Zeit mehr über ihn verlieren. Werde dir etwas sagen." Er rückte dichter heran zu ihr und zog ihren Kopf an seine Brust, ihre Haare streichelnd.

Das Mädchen hörte auf zu schluchzen. Es tat ihr wohl, jemand zu fühlen, an den sie sich lehnen konnte.

„Ich werde dir etwas sagen, Aurea", wiederholte er. „Allein kannst du hier nicht bleiben. Fällst nur einem der Capataces in die Hände. Das sind Schweine. Oder gefällt dir vielleicht einer?"

„Nicht einmal zum Anspucken!"

„Da ist nichts anderes für dich zu tun, als daß du mit zu mir kommst."

Aurea vergaß ihre Traurigkeit für einige Sekunden. „Aber, Don Severo, Sie haben doch schon zwei Mujeres bei sich."

„Richtig. Aber wo ich zwei versorgen kann, da kann ich auch noch eine dritte unterbringen. Oder etwa nicht?"

„Vielleicht, Don Severo. Aber die beiden anderen Muchachas, die Sie haben, werden mir die Haare ausreißen." Sie schnaubte wieder an ihrer Nase herum.

„Das hängt ganz von mir ab, ob dir jemand die Haare ausreißt, denkst du nicht?"

„Sicher, Don Severo. Sie sind der Herr hier, und was Sie sagen, wird getan."

Es stießen ihr noch hin und wieder einige Schluckser auf, aber sie war auf dem besten Wege, sich mit ihrem Schicksal zu versöhnen. Was hätte es auch für Zweck gehabt, lange herumzutrauern. Das Leben ist viel zu kurz, um zu trauern um jemand, der nicht wiederkommen kann. Stirb und sei noch am selben Tage vergessen. Die Lebenden können sich nicht um dich kümmern, wenn du dich davongemacht hast, um dich auszuschlafen. Und was du heute verlierst, kann dir kein Morgen wiedergeben; denn morgen bist du einen Tag älter. Freuden muß man genießen, wenn sie sich einem bieten. Sie begegnen einem nicht ein zweites Mal in gleicher Schönheit und Frische. Als Frau mit reicher Lebenserfahrung wußte Aurea, daß Frauen weniger Zeit auf Vergangenes und auf Verstorbene verschwenden können als Männer; denn ihre Zeit der Freuden und Genüsse ist weniger lang, obgleich reicher.

So sagte Aurea mit der ergebenen Stimme einer Dulderin: „Wenn Sie das anordnen, dann muß ich ja wohl tun, was Sie sagen."

„Ich ordne gar nichts für dich an, Aurea", sagte er darauf mit einem kleinen Schimmer väterlichen Schutzes.

Sie hatte sich von seiner Brust gelöst, wieder ganz aufs Bett gesetzt und begann nun, ihr Haar zu ordnen. Diese Tätigkeit gab ihr gleichzeitig Gelegenheit zu überlegen, ohne auf Don Severo den Eindruck zu machen, daß sie rasch ausrechne, welche Vorteile sie bei dem Handel gewinnen könne.

„Ich weiß, daß Sie mir das nicht anordnen, Don Severo." Wieder schluchzte sie. Sie konnte sich nicht erlauben, zu schnell und zu offensichtlich für Don Severo den Witwenschleier abzuwerfen. Das hätte ihren Preis herabgesetzt. Und an ihren Preis hatte sie gedacht vom selben Augenblick an, als Don Severo hereinkam, um mit ihr zu sprechen. Daß der Preis nicht in Geld ausgedrückt werden konnte, änderte nichts an der Tatsache, daß es eben doch ein Preis war. Eine Frau, die keinen Preis hat und keinen Preis für sich zu setzen weiß, wird von dem Manne immer zu niedrig eingeschätzt.

„Obgleich Sie mir das nicht anordnen, Don Severo, so habe ich doch keine andere Wahl. Abreisen kann ich nicht, weil ich im Sumpf steckenbleiben würde. So muß ich ja hier bleiben und Ihre Güte in Anspruch nehmen. Aber ich hoffe, Sie werden mich nicht wie ein Dienstmädchen behandeln, Don Severo, da Ihr Bruder, auch wenn wir uns täglich zankten, mich immer mit jedem geziemenden Respekt behandelte. Ich bin aus guter Familie, mein Vater war Fabrikant und Kaufmann."

„Du weißt recht gut, daß ich das nicht so gemeint habe. Du hast eine bessere Erziehung als die beiden, die ich da habe. Ich kann sie nur jetzt nicht fortschicken, eben aus demselben Grunde, weil die Pferde nicht durchkönnen. Sonst würde ich beide heute noch zum Teufel jagen. Aber siehst du, Aurea, du hast mir immer gefallen, gleich vom ersten Tage an, als ich dich mit Cacho sah. Immer hast du mir gefallen, besser als irgend eine andere. Aber ich konnte dir das nicht sagen, weil du eben mit Cacho warst und ich hier keinen Streit wollte, der für nichts gut gewesen wäre. So, nun weißt du es, und du kommst nun mit mir in mein Camp."

„Gut, Don Severo, da muß ich ja wohl mit Ihnen gehen." Ihre Tränen waren bereits versiegt. Sie tupfte ihr Gesicht mit dem verheulten Taschentüchelchen ab, das sie in Wasser tauchte. Sie gab sich reichlich Mühe, gut und frisch auszusehen, so wie es einer Frau gebührt, die soeben vernommen hat, daß sie das Wohlgefallen eines Mannes gewann, der alle Fähigkeiten besitzt, sie weder in diesem noch in jenem Sinne verhungern zu lassen.

Don Severo öffnete die Tür und rief hinaus: „Faldon, hilf der Señorita beim Packen. Morgen früh, muy tempranito, reiten wir ab. Du siehst nach den Mules und besorgst mir einen Jungen."

El Faldon zwinkerte den übrigen Capataces zu mit einer deutlichen und anzüglichen Geste nach dem Raume hin, wo sich Aurea und Don Severo gegenwärtig befanden.

Schade war es, daß Don Felix mit am Tische saß. Andernfalls hätten die Capataces Festreden unter sich geschwungen, die von dickem Safte tropften wie übergelaufener Honig auf einem abgelutschten Mango.

Eine Minute darauf kam Don Severo herein, die Tür des Schlafraumes hinter sich zuziehend.

„Sie hätte auch gut mit mir gehen können", sagte Don Felix beiläufig.

„Sie hätte. Aber mit der Megäre, die du da bei dir hast, wäre das nicht gut ausgegangen. Morgen hätten wir ein neues Begräbnis gehabt, einer von euch dreien, vielleicht gar zwei. Du weißt doch das am besten, Hermanito." Don Felix schenkte sich ein Glas voll ein. Dann stellte er es mit einem heftigen Ruck auf den Tisch und sagte: „Hast recht, Severo. Es ist besser so, wie du das im Sinne hast."

Alle Capataces, oder wenigstens von jedem einzelnen Distrikt der Mayordomo, waren in das Zentralcamp gerufen worden, um bei der Neueinteilung der Distrikte, die durch das Ausscheiden Don Acacios nötig geworden war, zugegen zu sein und ihre neuen Arbeitsfelder und Distrikte zugewiesen zu bekommen.

Die Region Norte, die Don Severo bisher geleitet hatte, verband er nun mit der Region Oeste und auch mit einem großen Stück der Region Sur, um Don Felix zu entlasten, der wie bis jetzt auch weiterhin die Administracion beibehielt. Diese Regionen, die Don Severo nun übernahm, waren so gut wie nicht aufgeschlossen. Sie erforderten darum die ganze Aufmerksamkeit und Arbeit eines sehr erfahrenen Mannes.

In der Administracion fielen jetzt zahlreiche Arbeiten fort, weil der Regenperiode wegen keine Post durchkam. Darum konnte Don Felix jene Distrikte der Regionen Norte, Est und Sur übernehmen, die der Stadt, also der Administracion, nahe genug lagen. Dazu übernahm Don Felix auch noch jene neuen Distrikte, die auf der anderen Seite des großen Flusses sich befanden und in diesen Wochen aufgeschlossen werden sollten.

Freilich konnte Don Felix nicht ständig die Regionen abwandern, denn in der Administracion kamen bald neue und wichtige Arbeiten hinzu, die Aufsehern nicht anvertraut werden konnten, weil sie zu den wichtigsten Aufgaben gehören, die in einer Monteria zu erfüllen sind, wenn die Company keine Verluste erleiden will. Die Monteriastadt lag am Ufer des Hauptstromes. Alle Trozas, die der Company gehörten, schwemmten hier vorüber und wurden hier kontrolliert. Und mit dem Beginn der Regenzeit fing es an, hier recht lebhaft zu werden.

In der Monteriastadt war das Hauptquartier der Flößergruppen, die sowohl den Fluß aufwärts wie abwärts das Flößen und Schwemmen zu regeln hatten. Es war deren Aufgabe, Stockungen der sich auftürmenden Stämme zu vermeiden, oder wenn sie geschahen, sie aufzubrechen.

An vielen Stellen hakten sich Stämme in Gestrüpp oder in den Geröllen nahe der zahlreichen Fälle fest und hielten hier die nachrückenden Massen schwimmender Trozas auf.

Das Aufbrechen und Auseinanderbrechen der Türme versackter Trozas war gefährliche Arbeit. Hundertmal gefährlicher als in Flüssen nichttropischer Art. Die Burschen kletterten zwischen den aufgetürmten Stämmen umher, um diejenigen Trozas, oft war es nur eine, die jene Stockungen verursachten, zu finden und wieder in Fluß zu bringen. Während die Burschen noch herumhackten und herumrüttelten, um die Stämme loszubringen, schossen plötzlich gewaltige Wassermassen, verursacht von schweren Wolkenbrüchen tief im Dschungel, heran, die ganze Berge entwurzelter, unkontrollierbarer Urwaldriesen unter donnerndem Getöse und mit der Gewalt von Lawinen gegen die Türme versackter Trozas schleuderten. Die Türme krachten zusammen und verschütteten die Burschen, die sich in diesem Augenblick, gleich Ameisen gegenüber einem hohen Holzhaufen, abmühten, die Trozas zu lösen und aufzuzerren. Waren die Burschen, die den schweren hochgetürmten Wassersturz ankommen sahen, nicht sehr gewandt, dann wurden sie zwischen die fallenden und sich überstürzenden Stämme gequetscht, und ehe sie sich herauswinden und herausschlängeln konnten, war ihnen der Schädel zertrümmert, Beine und Arme gebrochen, oder sie waren zu Brei zerrieben. Selbst wenn sie den fallenden und stürzenden Trozas entwischten, geschah es, daß sie unter die strömenden Holzmassen gerieten, herumgequirlt und, auch wenn sie gute Schwimmer waren, fortgerissen wurden und ertranken, ehe sie auch nur ein Loch fanden, durch das sie entkommen konnten. Daß von fünfzig Burschen, die das Schwemmen besorgten, zwanzig ihr Leben verloren, war keine Seltenheit.

Als Don Severo hier in dem Hauptcamp anlangte, fehlten noch etwa vier Wochen bis zu dem Tage, den er und Don Felix als ersten Abflößetag festgesetzt hatten. Wenngleich jetzt kaum ein Tag vorüberging, ohne daß mehrere heftige Regengüsse erfolgten, besaßen doch die kleineren Flüsse, Barrancas, Esteros, Arroyos, die das weite Gelände der Monterias durchzogen und an denen die Trozas aufgehäuft waren, noch nicht genügend Hochwasser, um auch aus den fernsten Winkeln und Ecken der Regionen abschwemmen zu können. Der Boden jener Gräben mußte erst so durch und durch mit Wasser getränkt sein, daß die Erde lehmig und undurchlässig wurde, ehe das Wasser hoch genug stand, um flößen zu können.

Aber je länger Don Severo mit dem Flößen warten konnte, desto mehr Tonnen wurden inzwischen geschlagen. Und so viele Tonnen wie nur möglich liefern zu können, war die einzige Sorge, die er jetzt hatte.

Dieselbe Sorge hatte auch Don Felix.

Der Beschluß, in Zukunft weniger heftig mit den Muchachos zu verfahren, war drei Tage nach der Konferenz vergessen. Nicht nur alle Capataces, von denen ja jeder eine gute Kommission in bar erhielt für jede Tonne, die in seinem Distrikt geliefert wurde, son=

dern auch Don Felix und Don Severo krachten nach wenigen Tagen mit derselben Frische und Härte auf die Schläger und Ochsenknechte ein, wie sie das vorher getan hatten. Don Acacio und sein Schicksal war vergessen, noch ehe die Maden angefangen hatten, sich an ihm zu ergötzen.

Also drauflos gearbeitet. Vier Tonnen täglich von jedem Mann. Sie können sich ausschlafen, wenn sie ihren Kontrakt abverdient haben und dann daheim in ihrem verlausten Dorf Mais bauen und Schweine aufziehen.

9

Eine volle Woche lang hatte Celso täglich eine oder zwei Stunden geopfert, um Candido zu helfen, auf vier Tonnen zu kommen.

„Du mußt nicht so viel für mich tun, compañero", sagte Candido häufig. „Du verlierst deine Zeit und sie peitschen dich, und alles nur meinetwegen."

„Kümmere dich nur darum nicht, Bruder. Wir sind ja aus demselben Stamm. Sind wir nicht?"

„Gewiß. Wir sind Nachbarn und sind beide Chamulas."

„Siehst du. Das ist ein Grund: weil wir Kameraden sind. Aber vielleicht habe ich noch einen anderen Grund."

Candido lachte und stellte seine Axt hin. Er zündete sich eine Zigarre an. Dann lachte er wieder. „Brauchst nicht zu fragen, Bruder, Hermanito. Ich kann dir sagen, sie hat keinen Mann. Letzte Nacht haben wir darüber gesprochen. Sie hat mir gesagt, daß sie dich gut leiden kann. Was willst du denn weiter? Du weißt ja recht gut, daß so etwas unter uns nicht von heut auf morgen geht. Aber sie kann dich gut leiden, die Modesta."

„Der Name gefällt mir so gut." Celso sah vor sich hin. „Ich kann mir keinen schöneren Namen denken."

„Das hast du mir nun schon ein paarmal gesagt. Und ehe du es mir das erstemal sagtest, da wußte ich schon, was mit dir los ist. Du bist mir gut willkommen, und ich bin sicher, du bist mehr als gut der Modesta willkommen."

Candido nahm seine Axt wieder auf und ging an seine Arbeit.

Am Abend, nachdem er gegessen hatte, wickelte sich Celso ein paar Zigarren, schob sie in die Hemdtasche und kletterte zum Fluß hinunter. Er setzte sich in das Wasser und steckte nur den Kopf heraus, um rauchen zu können. Im Wasser saß er, damit die Zecken, die sich ihm in die Haut gebohrt hatten und die zu klein waren, um sie einzeln auszupicken, absterben sollten. Das Wasser kühlte gleichzeitig die glühenden Moskitostiche und die Bisse der großen Pferdefliegen, die er von der Tagesarbeit her am Körper fühlte. Sie waren besonders gefräßig in der Regenzeit, und, was schlimmer war, in tausendfach größerer Zahl vorhanden als während anderer Zeiten. Das Rauchen der Zigarre, während er im Wasser steckte, schützte ihn gegen die Moskitos, die hier am Flußufer in dichten Schwärmen summten und die den Abend ebenso liebten wie der Mensch, über den sie herfielen.

Celso war nicht der einzige, der im Fluß saß, um sich zu erholen. Zu beiden Seiten hockten die Burschen, allein oder in Gruppen.

Kaum hatte er fünf Minuten hier zugebracht, als sich Martin Trinidad neben ihm ins Wasser setzte.

„He, Celso", sagte er, „gib mir deine Zigarre zum Anzünden."

„Warum zündest du sie nicht an, ehe du ins Wasser gehst?"

„Sie ging mir aus."

„Wo kommst du denn her?"

„Du bist der einzige hier, Celso, dem ich es sage. Von Pachuca komme ich. Wo die Silbergruben sind. Ich war da Schullehrer."

„Schullehrer? Und jetzt hier in der Monteria?"

„Habe mein Maul zu weit aufgemacht. Oder richtiger, ich habe da unter den Bergleuten, meist Väter der Jungen, die ich in der Schule hatte, die Wahrheit verbreitet."

„Was für eine Wahrheit?" fragte Celso mißtrauisch.

„Die Wahrheit über den Diktator, und daß kein Mensch, so sehr er sich auch einbilde, der Lenker und Führer eines Volkes zu sein, das Recht habe, die Meinung, die Rede, den Willen der Menschen zu unterdrücken. Denn jeder Mensch hat das Recht, zu sagen, was er denkt; und jeder Mensch hat die Pflicht, alle anderen Menschen darüber zu unterrichten, daß sie schlecht und zu ihrem eigenen Nachteil regiert werden, wenn er weiß, wo das Übel zu suchen ist und wie es abgeändert werden kann. Auch wenn der Mensch irrt oder unrecht hat, so soll ihm dennoch das Recht bleiben zu sagen, was er denkt, und wie er sich denkt, daß es besser gemacht werden könnte."

„Das hast du dort in Pachuca den Bergleuten gesagt?" Celso sah ihn von der Seite an. Aber es war zu dunkel, um die Gesichtszüge des Sprechenden genau zu erkennen.

„Ich habe ihnen auch noch mehr gesagt. Ich habe ihnen gesagt, daß sie nicht zu den Minen gehen und nicht arbeiten sollten, damit die Minenbesitzer nichts verdienen. Sie sollten verlangen, daß man ihnen mehr Lohn zahle und daß ihnen erlaubt werde, Syndikate zu bilden, um ihre Forderungen als Gruppen zu erkämpfen, weil einer allein nichts tun könne."

„Und was haben die Mineros gesagt, als du ihnen das klarmachtest?"

„Sie sind nicht zur Arbeit gegangen. Dann kamen Soldaten und haben zehn totgeschossen. Und dann haben die Mineros wieder gearbeitet, weil sie keine Syndikate hatten, die alle Mineros hätten zusammenfassen können."

„Dich haben sie aber nicht totgeschossen? Das ist merkwürdig, denkst du nicht auch?" Celso war erneut mißtrauisch geworden.

„Nein, mich haben sie nicht erschossen. Sie haben mich in die Kaserne geschleppt, weil ein Minero so lange gepeitscht wurde, bis er sagte, wer ihnen solche Gedanken in den Kopf gesetzt habe. Da haben sie mich in die Kaserne geschleppt und gesagt, daß ich es nicht so gut haben solle, erschossen zu werden wie die zehn Mineros, die das nicht besser wüßten und nur verführt worden seien von mir. Drei Tage lang haben sie mich gequält und gepeitscht und gefoltert. Wenn der eine Sergeant müde war, kam ein anderer und fiel über mich her. Morgen bei Tag werde ich dir die tausend Narben zeigen, die ich über und über an meinem Körper habe. Ich sollte auch immer „Viva, Don Porfirio!" schreien. Das habe ich nicht getan, weil ich den Casiquen hasse und ihm den Tod wünsche. „Abajo, Perfirio!" habe ich geschrien, wenn ich nur das Maul aufmachen konnte und „Que muere el Tirano! Abajo los Aristocratas!" habe ich geschrien und „Viva la Revolucion de los Proletarios!" Immer, wenn ich so schrie, spuckten sie mir ins Maul oder hieben mir ihre Peitschen rüber."

Celso fragte: „Und dann bist du ausgerückt?"

„Nein, wie konnte ich ausrücken mit all meinen zerschlagenen Gliedern? Sie haben mich mit vielleicht hundert anderen Männern und Jungen, Lehrern, Studenten, Fabrikarbeitern und Bauern in die Eisenbahn geladen. Dann kamen wir alle in das Konzentrationslager nach Yucatan, wo wir auf den Henequen-Plantagen arbeiten und Straßen bauen mußten. Vierzig Mann vor den schweren Straßenwalzen, die kaum zwanzig Pferde durch den Schlamm geschleppt hätten, und dann wurde auf uns losgepeitscht unter der offenen Sonne, zehnmal heißer als hier unter dem Grün im Dschungel. Jeden Tag waren zehn tot. Starben rascher als Fliegen."

„Und wie bist du denn aus dem Konzentrations-Camp in Yucatan entkommen?" fragte Celso.

„Wir schlugen eines Tages vier von der Polizei tot, es waren alles nur Rotzjungen und Hosenschitter. Und als wir sie totgeschlagen hatten, da rannten wir wie die Teufel. Dreißig von uns. Die andern hatten zuviel Angst und liefen nicht mit uns. Von den dreißig wurde eine Anzahl wieder gefangen, einige wurden von den hinter uns herreitenden Rurales erschossen. Andere ertranken, als wir einen Fluß durchschwammen. Aber wir drei, Juan Mendez, Lucio Ortiz und ich, wir waren klug genug, uns von der Masse loszumachen und auf eigenen Wegen zu gehen. Wir kamen nach Campeche und dann endlich jener Gegend nahe, wo du her bist. Dort trafen wir Don Gabriel, den Enganchador, der uns wie ein Schutzengel erschien und uns mit in die Monteria nahm. Hier sucht uns niemand."

Celso lachte unterdrückt. „Das ist ein guter Witz, den du da machst, compañero. Hier sucht euch niemand. Gewiß nicht! Wer sind denn die beiden, die mit dir kamen?"

„Juan Mendez war Sergeant bei der Infanterie in Merida. Nun ist er Deserteur."

„Warum Deserteur?"

„Ein Hauptmann war betrunken und kam nachts in die Kaserne. Juan hatte einen jüngeren Bruder in derselben Kompanie, diente im ersten Jahr. Er war auf Stallwache bei den Mules der Maschinengewehrabteilung. Der Hauptmann hatte im Stall nichts zu suchen. Er kam rein, torkelte herum und schimpfte. Dann glitschte er aus über nasse Mule-Äpfel und fiel in den Schitt. Er rief die Wache herbei, den Bruder des Juan, backpfeifte ihn und zerrte ihn zu einem gefüllten Wassereimer. Dort steckte er dem Jungen den Kopf so lange ins Wasser, bis der arme Junge tot war. Der Hauptmann kam vor das Kriegsgericht. Alles, was ihm geschah, war, daß er als Strafe einen Monat Gehalt verlor. Als er zwei Tage später an einer Stalltür vorüberkam, sprang Juan Mendez auf ihn los und schrie: ‚Du hast meinen Lieblingsbruder ermordet. Da dich das Gericht nicht bestraft hat, werde ich dich bestrafen, damit wieder Gerechtigkeit auf Erden ist.' Und ehe sich der Hauptmann wehren konnte, hatte ihm Juan Mendez die Kehle durchgeschnitten. – Lucio war Cabo, Unteroffizier, im selben Bataillon, und ein dicker Freund des Juan Mendez, weil beide zusammen als Freiwillige in das Regiment eingetreten waren und beide durch Gutes und Böses immer miteinander gingen. Lucio ließ ihn nicht im Dreck, als Juan sich auf den Weg machen mußte. Er sagte: ‚Ich hätte den Capitan so gut abgemurkst wie du, wenn ich dazu Gelegenheit gehabt hätte. Darum bin ich genau so schuldig wie du, und ich gehe mit dir.' So sind sie beide zusammen desertiert, wie sie zusammen eingetreten waren. Unzertrennlich wie Jesus und das Kreuz. Ich traf sie in Tabasco, und als wir fanden, daß wir dieselben Ideen hatten, beschlossen wir, zusammen zu reisen."

„Warum erzählst du mir denn das alles? Was geht mich denn das an?"

„Einfach. Es geht dich ebensoviel an wie uns. Das ist es, warum ich dir das alles erzähle. Ich weiß, daß du dieselben Gedanken hast wie wir. Und ich denke, daß wir nicht so weit mehr davon entfernt sind."

„Entfernt von was?"

„Von dem Tage, wo wir aufräumen werden. Wo wir einmal damit anfangen werden zu henken und damit aufhören, gehenkt zu werden. Denke nicht, daß ich allein in Pachuca war. Und was mir an Kenntnis fehlte, das gewann ich in Yucatan. Ich weiß auch recht gut, obgleich alle Zeitungen das abstreiten, daß es im Norden schon flammt und brennt und daß El Caudillo, der alte Knacker, der sich Retter und Schutzherr der Nation nennt, die Hosen bis an die Strippen voll hat. Er wagt sich gar nicht mehr auf die Gasse, ohne daß er mit einem halben Hundert besonderer Leibgardisten umgeben ist. Wer weiß, ob nicht schon jetzt, wo wir hier darüber reden, der Unersetzliche, wie er sich nennt, abgesetzt ist und sich unterm Bett verkrochen hat. Je grausamer so ein Tyrann ist, desto mehr ist er ein jämmerlicher Angsthase, wenn er einmal einen Genickstoß wegbekommt. Ich habe Bücher gelesen, eine Menge Bücher, Celso, das kannst du mir glauben. Und ich habe viel über Revolutionen und Aufstände gelesen. Es ist immer dasselbe. Tyrannei währt eine Zeitlang, immer nur eine begrenzte Zeitlang; und wenn sie sich am brutalsten gebärdet, dann ist sie ihrem Sturz am nächsten."

„Schade, Martin, daß ich nicht lesen kann", sagte Celso. „Ich kann nur gerade meinen Namen schreiben, und das schlecht genug."

„Vielleicht kann ich dir und noch ein paar Muchachos helfen, lesen und schreiben zu lernen."

„Gewiß könntest du das. Und wie gern ich das wohl möchte, das kann ich dir nicht sagen. Man fühlt sich so dumm in der Welt, wenn man nicht lesen und schreiben kann."

„Aber ich will dir noch etwas ganz Neues sagen, Celso, etwas, das ich nur ganz allein weiß und niemand sonst."

Celso versuchte wieder, die Gesichtszüge seines Nachbarn, neben ihm im Fluß sitzend, zu erforschen. Es war jedoch zu dunkel. Er zog heftig an seiner Zigarre, die aufleuchtete und einen raschen Schein auf das Gesicht Martins warf. Martin sah sich um, ob etwa ein anderer Bursche zu nahe sei und hören konnte, was er sagen wolle. Er rückte näher an Celso heran. „Was die da oben in der Oficina über den Unglücksfall des Don Acacio sagen, ist gelogen."

„Was meinst du, gelogen?"

„Die Geschichte ist eine andere. Sie wollen nur nicht, daß wir die Wahrheit wissen. Sie haben entsetzliche Furcht, daß wir das nachmachen könnten."

„Was nachmachen? Rede schon los. Es hört uns niemand, und wenn einer hört, schlage ich ihm eins ins Maul, daß er es für eine Woche nicht aufmachen kann."

„Pascasio und Urbano flohen, das weißt du. Aber was du nicht weist, ist, daß Pascasio, als er eingefangen werden sollte, den La Mecha mit einem Stein erschlug, und daß dann El Faldon ihn niederschoß, weil Pascasio mit einem Revolver auf ihn losging. Urbano hat das alles der Frau des Kochs erzählt, als er hier saß und warten mußte, damit ihn Don Acacio auspeitschen konnte. Und was dann Urbano tat, als Don Acacio hier runterkam, das habe ich gesehen und niemand sonst. Als sich Don Acacio nicht vorsah, sprang Urbano auf ihn los, knebelte ihn an jenen Baum da drüben fest und stach ihm beide Augen aus, mit einem Dorn."

„Du, ist das sicher?"

„Ich habe es gesehen von hier oben, als ich kam, meine Axt in der

Bodega umzutauschen. Und nachdem das geschehen war, hat sich der Urbano einen großen Stein in die Hose gebunden und ist in den Fluß gegangen, wo er sofort ertrank. Das wissen sie oben nicht. Die denken, er ist aufs neue geflohen und zwei sind hinter ihm her. Don Acacio ist wie verrückt geworden, weil er keine Augen mehr hatte, und hat sich dann selbst totgeschossen."

„Hast du das auch gesehen?"

„Nein, aber Epifanio, der Junge, der in der Oficina und in den Bungalows Dienst tut, hat es gesehen, durch einen Spalt, nicht wie sich Don Acacio totschoß, aber er lief gleich, als er den Schuß hörte, zu dem Spalt und sah Don Acacio vor dem Bett kauern mit dem Revolver in der Hand. Dann brachen sie die Tür durch, weil er die Tür mit einem Balken festgemacht hatte."

Celso pfiff einige Male. Dann sagte er: „Das ist lustig. Das gefällt mir."

„Ist noch nicht alles, was ich weiß." Martin rückte noch dichter heran und sprach nun ganz leise weiter. „Die da oben denken, daß Urbano dem Don Acacio den Revolver und Gürtel mit den Patronen abgenommen hat und damit geflohen ist. So ist das nicht. Urbano hat den Revolver rausgezogen und hingeworfen. Aber er hat ihn liegenlassen, weil er sicher nicht wußte, wie er ihn gebrauchen könnte. Er war zu dumm. Als Urbano in den Fluß gegangen war, bin ich runtergesaust, habe den Revolver aufgehoben und dem Don Acacio, der ja nicht mehr sehen konnte, den Gürtel mit den Patronen abgenommen."

„Du hast den Revolver?" fragte Celso aufgeregt und heiser.

„Ja, ich habe ihn und die Patronen dazu. Alles eingegraben. Weißt du, Celso, mit diesem Revolver können wir, du, ich, Juan Mendez und Luzio Ortiz, viel machen."

„Wissen die beiden, daß du den Revolver hast?"

„Kein Wort. Du bist der erste, dem ich es sage. Wir könnten nun entwischen."

„Das könnten wir recht gut. Aber ich habe hundertmal darüber nachgedacht. Würde mir nichts helfen, wenn ich wegrenne. Würde auch dir nichts helfen. Wir müssen alle wegrennen, alle am selben Tage, und alle müssen wir schwören, uns nie mehr zurücktreiben zu lassen und lieber zu sterben, als wieder hierherzukommen. Am besten wäre es, alle hier, die keine Obreros sind, zu erschlagen. Wenn wir sie leben lassen, dann wird nichts geändert. Dann bleibt alles beim alten, und eines Tages haben sie uns alle wieder fest. Nur eine ganze und richtige Sache hilft. Der einzelne kann nichts ändern und nichts machen. Wir müssen das alle machen, und zugleich, oder gar nicht. Ich hätte hundertmal weglaufen können, allein, oder mit Andrés, Santiago, Fidel und Matias, alle die richtigen. Aber wir haben uns immer wieder gesagt, daß wir mit allen Monterias ein Ende machen müssen, alles zerstören, alles niederbrennen, alle Patrones und Capataces erschlagen, sonst hat es keinen Zweck. Wenn wir allein gehen, dann würden wir später nur traurig sein, daß wir alle die Muchachos, die schwachen, und die kleinen, und die dummen, hier in ihrem Elend zurückgelassen haben. Wir sind die Starken, du und ich und Andrés und dein Juan und dein Lucio. Wir müssen den anderen helfen, die nicht so stark sind. Mit Hilfe der Schwachen und Ängstlichen und Furchtsamen und Gehorsamen können sich die Patrones wieder aufrichten, und wenn sie sich wieder aufgerichtet haben, können sie dann auch wieder uns, die wir uns so stark glaubten, aufs neue beherrschen, und schlimmer als zuvor."

„Bist viel klüger, als ich gedacht habe, Celso."

„Denke nicht, daß ich das alles ganz allein ausgedacht habe. Ich bin kräftig, aber mit dem Ausdenken geht es schwierig. Das haben wir alle zusammen so ausgedacht, der Andrés, der Pedro, der Santiago und alle die, die mehr von der Welt gesehen haben als nur ihr Dorf und die Finca, wo sie geboren wurden. Und nun kommst du noch dazu, ein Schullehrer und zwei Soldaten, die ebenso denken wie wir. Ihr habt uns gefehlt. Jetzt müssen wir nur darüber nachdenken, wie das anfangen und wann. Schade, daß Urbano sich ertränkt hat. Verflucht noch mal, der war ein richtiger Rebell, einer, wie wir sie brauchen. Das hat bis jetzt keiner von uns gewagt, sich an einen Patron heranzumachen und ihm die Augen rauszubohren. Ich weiß nicht, ob ich den Mut dazu aufgebracht hätte. Aber vielleicht doch. Kommt darauf an, ob du genau den Punkt erreicht hast, wo du dir sagst, das war alles, was ich gerade noch ertragen konnte, jetzt aber ist es um einen Hieb zu viel geworden, und nun gehe ich drauf los, ganz gleich, was es mich kostet, nur um endlich ein Ende zu machen."

Martin Trinidad kaute den Rest seiner Zigarre auf, spuckte ihn aus und erhob sich ächzend aus dem Wasser.

Celso steckte seinen Kopf tief in das Wasser, sprudelte laut, spuckte um sich herum, wischte sich das triefende Wasser aus dem langen Haar und aus dem Gesicht, stand auf, reckte sich, streckte die Arme weit von sich, ließ sie wieder fallen, strampelte noch einige Male im Wasser herum, dann ging er auf das sandige Ufer los. „Ganz schwammig von dem langen Sitzen im Wasser. Aber ich bin sicher, keine einzige Zecke ist mehr am Leben; alle Moskitostiche abgekühlt, und was von der letzten Henkung an Striemen übrigblieb, ist wieder zugewachsen."

Als beide die Böschung hinaufstrauchelten, flüsterte Martin Trinidad: „Du sagst natürlich niemand etwas von dem, was ich dir erzählt habe, Celso, nicht einmal Andrés. Ich habe Juan und Lucio auch nichts erzählt. Nur du weißt es. Laß alle Muchachos hierherum glauben, daß wir drei Landstreicher oder Sträflinge sind, oder was sie sonst denken mögen. Ich wollte nur, daß du wissen sollst, was mit uns los ist, und daß wir genau dasselbe denken und wollen, was ihr denkt und wollt. Ihr geht eure Wege und wir unsere, und wir kennen uns nicht. Und wenn es losgeht, weißt du, daß ich die Rükkendeckung halte, wenn du die Front hast, und ich die Front nehme, wenn du die Rückendeckung innehast. Und wenn wir drei, Juan, Lucio und ich, so tun, als ob wir die Seite der Patrones nehmen, dann wisse, daß ich die Rückendeckung halte und die Falle aufstelle. Vielleicht dauert es zwei Monate, vielleicht sechs. Aber ich weiß, es wird keine zwölf dauern. Draußen im Lande glimmt es, und überall lecken schon die ersten Flammen hoch. Das war das Wichtigste, was ich dir sagen wollte. Der Kriegsschrei heißt: Tierra y Libertad! Erde und Freiheit! Oder auch: Abajo la dictadura! Zur Hölle mit der Diktatur!"

„Nicht so laut, Manito", sagte Celso leise. „Nicht so laut jetzt. Jetzt noch nicht. Doch wenn wir erst einmal aus vollen Kehlen Libertad schreien, dann darf kein einziger Mann uns fehlen."

Und ebenso leise erwiderte Martin Trinidad: „Wir brauchen nicht Fahnen und keine Standarten. Was wir nur brauchen, ist Mark in den Schwarten. Tierra y Libertad!"

„Tierra y Libertad!" antwortete Celso als Gute-Nacht-Gruß.

10

Es war am nächsten Abend, als Don Felix zur Hütte der Leute kam. Die Hütte bestand nur aus einem Palmendach, auf Stämmen errichtet. Tische und Bänke hatte dieser Speisesaal nicht. Die Arbeiter hockten auf der Erde und hatten ihre Kaffeekännchen und Eßnäpfe zwischen den gekreuzten Beinen stehen. Daß die Obreros, die Arbeiter, vielleicht besser auf Bänken und an Tischen sitzen würden, darüber nachzudenken verschwendeten die Patrones keine Zeit. Wäre ein Zeitungsmann durch Unglück hierher verschlagen worden, was freilich in tausend Jahren nicht vorkam, und hätte er diesen Speisesaal gesehen, in dem die Indianer aßen, die all das schöne Mahagoniholz liefern, das in den Salons und in den Konferenzsälen der Banken so guten Eindruck macht, und würde der Zeitungsmann sich darüber gewundert haben, daß so herrliches Mahagoniholz in Beziehung stehen könnte mit dem Jammer und dem Elend der Männer, die es erzeugten, so würde Don Severo gesagt haben, was alle anderen Caoba-Produzenten vor ihm gesagt hatten: „Die? Die verlausten Indianer? Diese Dreckschweine, die so stinken? Die wollen das so haben. Die sind daran gewöhnt, von der nackten Erde zu fressen wie die Schweine. Und Wände braucht der Speisesaal erst recht nicht, weil die Ventilation besser ist, wenn keine Wände da sind."

Don Felix blickte sich unter den Leuten um und sagte endlich: „Du, Candido, und du, Tomas, und du, Castulo, und du und du —", dabei auf mehrere Burschen deutend, „ihr macht euch auf, jetzt gleich, und rüber auf die andere Seite des Flusses, wo ihr, zwei Meilen abwärts, morgen früh in der neuen Region zu arbeiten beginnt. Hurtig mit eurem Fraß, und eure Packen genommen! Die Canoeführer können euretwegen nicht die ganze Nacht aufbleiben."

Die aufgerufenen Muchachos schluckten ihr Essen hastig hinunter und trotteten hinüber zu den Schlafhütten, ihre Packen zu ordnen und sich für die Überfahrt zu rüsten.

Candido schickte seine beiden Jungen auf die Suche nach den Schweinen, die hier im Camp frei herumliefen und sich ihr Futter selbst suchen mußten. Don Felix hatte bereits mehrere Male erwähnt, daß er die Schweine, eines nach dem andern, für sich schlachten lassen würde, weil sie sich auf seinem Gelände gemästet hätten und darum sein Eigentum wären.

Modesta half ihrem Bruder, die Packen zu schnüren.

Don Felix schlenderte zur Hütte, wo sich Candido und Modesta befanden.

„He, du, Muchacha!" rief er das Mädchen an, „warum bleibst du denn nicht hier im Hauptcamp? Kannst bei mir im Hause arbeiten. Drüben im neuen Campo ist alles Wildnis. Tiger und große Schlangen. Noch nicht eine Hütte gebaut. Mußt heute und morgen im Freien schlafen, oder wenigstens jetzt, noch in der Nacht, Dächer bauen, denn es wird sicher wieder stark regnen. Du bleibst besser hier, Mädchen."

„Muchas gracias, Patroncito", antwortete Modesta höflich, „yo prefiero quedar con mi hermanito, ich möchte doch lieber bei meinem Bruder bleiben. Vielen Dank."

„Wie du willst, Muchacha. Ich wollte dir nur etwas Besseres anbieten. Wenn du dir das morgen überlegst, magst du kommen. Aber lange warte ich nicht." Don Felix ging zurück zum Bungalow. Als er am Koch vorüberkam, sagte er übel gelaunt: „Wenn man den Drecksäuen etwas Gutes anbietet, dann wollen sie es nicht; sie ziehen vor, in ihrem Schitt zu leben. Nichts Besseres gewöhnt."

„Es cierto", bestätigte der Koch, „so ist es. Er hatte gelernt, daß man es am leichtesten in der Welt hat, wenn man dem, der die Macht besitzt, in allen Dingen recht gibt. Dann kann man nie einen Fehler machen, und man hat immer sein Brot. Er wurde auch nie gehenkt und nie gepeitscht, bekam nur gelegentlich eine saftige Backpfeife von Don Felix aufgeklebt, die er aber hinnahm, als wäre sie eine Freundschaftsgeste.

Celso kam von seiner Arbeit zum Speisesaal. Er sah sich um. Als er Candido nicht fand, ging er in dessen Schlafhütte.

„So, ihr seid vom Patron rübergeschickt, auf die andere Seite?"

„Ja", antwortete Candido müde. „Was können wir dagegen tun."

„Es ist verflucht wild da drüben. Alles neu. Nichts gereinigt. Werdet die erste Nacht im dicken Gebüsch liegen müssen. Zieht nur die Moskitonetze gut über euch zu. Warte, Modesta, ich werde das zuschnüren."

Die beiden Jungen brachten die Schweine herbei, die entsetzlich lärmten, weil sie glaubten, ihre Stunde sei nun gekommen, Schinken und geröstete Schwarten zu liefern.

„Ich werde euch rüberhelfen", sagte Celso.

„Das wird sehr spät für dich werden", erwiderte Candido. Aber er war doch froh, daß er diese Hilfe bekam.

„Vielleicht komme ich nach der Flößung auch rüber in das neue Camp", meinte Celso. „Würdest du das nicht gern sehen, wenn ich wieder mit dir im selben Camp wäre? Es war doch so schön hier, wo wir uns beinahe jeden Tag sehen konnten."

„Gewiß wäre es gut, wenn wir im selben Camp sein könnten. Denkst du nicht auch, Hermanita?" fragte Candido seine Schwester.

Modesta sagte nichts.

Celso nahm sich ein Herz. „Du würdest doch ganz gern sehen, wenn ich auch drüben wäre?"

„Ja. Sehr gern." Sie sagte es kurz und beugte sich tief über den Packen, in dem sie ihr Kattunkleid, sorgfältig zusammengelegt, in diesem Augenblick tief unter andere Sachen schob, um es trocken zu halten, wenn es während der Überfahrt regnen sollte.

„Das wollte ich hören, Modesta", sagte Celso und lachte.

Die erste Ladung von Leuten war am andern Ufer angelangt. Und die beiden Canoes, mit denen jene Burschen hinübergebracht worden waren, kamen zurück. Den Fluß abwärts ging es rasch, aber die Canoes wieder stromaufwärts zu bringen, dauerte lange, denn der Fluß befand sich im steten Schwellen und rannte verteufelt rasch und heftig.

Die Canoes, oder wie die Muchachos sie nannten, Cayucos, waren lange, ausgehöhlte Baumstämme, nichts weiter. Nur der Cayuquero, der Canoemann, stand, während alle übrigen, die sich im Canoe befanden, auf dem Boden des Stammes hockten. Der Cayuco schaukelte seitlich unsicher genug, weil er ja die Form als Stamm behalten hatte. Der Cayuquero mußte ein sehr geübter und gewandter Bursche sein, ein solch primitives Fahrzeug über einen rasch dahinfließenden und angeschwollenen Strom zu bringen, ohne daß es sich um sich selber rollte und alles, was darin war, ins Wasser schüttete.

Candido, Modesta, die beiden Jungen und Celso warteten am

Ufer auf das Zurückkommen des Cayuco, mit dem sie über den Fluß gebracht werden sollten. Die Packen lagen neben ihnen, und die Jungen hielten die Schweine an Lassos fest. Candido und auch Celso, jeder hatte seine Arbeitslaterne brennen, um dem zurückkehrenden Cayuquero die Stelle am Ufer zu zeigen, wo er zu landen habe. Die Laternen, offene Petroleumfunzeln, rauchten heftig und gaben nur ganz wenig Licht. Es war Vollmond. Aber er kam nicht durch die dicken Wolken. Jetzt rieselte es auch noch in dünnen Strähnen. Kaum zwei Schritte weit konnten die Wartenden vor sich sehen.

Der erste Cayuquero kam plötzlich mit seinem wackeligen Baum aus dem Fluß hervorgeschossen, unerwartet wie ein Geist.

Candido sprang hinein und rief Celso und den Jungen zu, die Packen herüberzuwerfen.

Da kommandierte der Cayuquero: „Ihr geht nicht in diesen Cayuco. Ihr fahrt mit Felipe, der gleich kommt. Er ist dicht hinter mir. Er ist zwar mächtig angepfeffert und ziemlich schief auf den Beinen, aber er fährt den Cayuco rüber im Schlaf und mit beiden Augen zugebunden. Viel besser als ich. Ich habe hier zwei andere Muchachos zu fahren und muß mein Canoe auch noch vollpacken mit Äxten, mit verfluchtem Geschirr, mit Schleifsteinen, und was weiß ich, was mir El Faldon noch sonst alles aufladet. Ola, da kommt ja Felipe schon angesaust wie der Satan hinterm Pfaffen."

Felipe war bei weitem mehr angesoffen, als Celso nach der Rede des ersten Cayuqueros vermutet hatte. Er torkelte im Canoe herum, bald nach rechts, bald nach links, und konnte es nicht einmal dann ruhig halten, als der Schnabel bereits im Sande steckte.

„Por Dios!" rief er. „Was für ein gottverfluchtes Wetter! Oben naß und unten naß und keinen Faden trocken." Er hatte einen kleinen Jungen mit sich, dessen Aufgabe es war, beim Anlegen aus dem Cayuco zu springen und es auf den Sand zu ziehen. „Renne rauf und bringe mir die Flasche", rief er ihm zu. „Ich muß mir einen heftigen einschwenken, oder ich erfriere hier."

„Du willst uns doch nicht etwa, besoffen wie du bist, rüberfahren?" fragte Celso. „Du kannst ja nicht mal auf den Beinen stehen."

„Wer ist besoffen? Und du, ein dreckiger Chamula, willst auch noch einem alten Cayuquero sagen, daß er besoffen ist? Besoffen, ich? Wer fährt denn hier Cayucos, du oder ich?"

Candido nahm allen seinen Mut zusammen. Er sagte zu Celso: „Warte hier, ich gehe zum Patron und frage ihn, ob wir nicht mit dem andern Cayuco fahren dürfen."

„Ihr fahrt mit dem Cayuco, den ich für euch bestimmt habe", herrschte Don Felix Candido an, als er demütig an der Tür des Bungalow stand und erklärte, Felipe sei so besoffen, daß er sich kaum auf den Füßen halten könne. „Wer gibt denn hier Befehle, Chamula?"

„Usted, Patroncito!"

„Hab nur keine Angst, der Felipe kann noch so besoffen sein, er ist der beste Cayuquero, den wir hier haben. Der andere, Pablo, säuft nicht so sehr; aber er kennt den Rio nicht halb so gut wie Felipe."

„Patroncito, mit Ihrer Erlaubnis, können wir nicht morgen früh übersetzen?" Candido versuchte es noch einmal, die Fahrt mit Felipe zu vermeiden.

„Geht nicht. Verlieren wir einen halben Tag Arbeit. Du fährst jetzt und Schluß damit. Pablo hat die Geschirre und Äxte und andere Muchachos rüber zu bringen. Wozu schleppst du denn ein ganzes Dorf mit dir herum? Das ist es ja eben, daß ich für dich einen ganzen Cayuco allein gebrauche. Los jetzt und raus! Ich bin morgen früh drüben. Komm her, hier, nimm einen tüchtigen Schluck."

Candido nahm das Glas und kippte es hinunter. Es tat ihm wohl im Magen. Er sagte: „Gracias!" Dann: „Con su permiso!" und ging.

„Nichts zu machen, Celso", sagte er, als er am Ufer ankam.

„Wußte ich vorher. Setz dich hinten 'rein. Alles schwimmt hier drin herum. Die Jungen haben geschöpft, aber wie soll es trocken werden, wenn es ewig regnet." Celso hatte alles Gepäck im Cayuco verstaut. Modesta saß in der Mitte, die Jungen ihr nahe. Sie hielten die Schweine an den Lassos fest. Modesta hielt den Packen, der ihr Kleid und ihre paar Stückchen Wäsche enthielt, auf ihrem Schoß.

Candido stieg ein, kletterte über die Packen und Schweine hinweg und hockte sich hinten auf den Boden des Stammes. Er hielt seine Laterne hoch. Nahe seinen Füßen stand Felipe, die lange Ruderstange in der Hand haltend. Er war übelgelaunt, einmal, weil der Junge mit der Flasche hingefallen war und von dem Viertel, das drin war, beinah die Hälfte verschüttet hatte, und zum andern, weil das Verladen ihm zu lange dauerte. Es war die letzte Fahrt für heute, und er wollte sie schnell zu Ende haben. Bei jedem Packen, den Celso einlud, und bei jedem Schwein, das in den Cayuco kam, grölte er, daß er nicht darum Cayuquero sei, um Schweine zu fahren, und was das überhaupt für eine Wirtschaft sei, daß ein Obrero hier seine ganze Familie, Schweine, Kühe, Hühner, Kinder und Weiber mit sich schleppe.

Celso gab dem Cayuco-Jungen seine Laterne. „Spring du nur schon hinein, ich werde abstoßen. Für dich ist es zu schwer mit der Ladung."

Celso stemmte sich mit seinen Schultern gegen den Cayuco und schob ihn, auf dem nassen Sand hingleitend, in das Wasser.

Felipe schlang seinen Arm um die lange Stange, setzte an, und während Celso mit einem Satz in den Cayuco sprang, flitschte das primitive Fahrzeug hinaus in die gurgelnde Finsternis.

Felipe brauchte nur hier und da ein wenig mit der Stange in den Grund zu spießen, um den Cayuco in der Mitte des Stromes zu halten.

Plötzlich jedoch und augenscheinlich ohne zwingenden Grund

stieß er den Cayuco mitten in die heftigste Strömung, so daß er dahinschoß gleich einem Motorrennboot. Die gewöhnliche Fahrt dauerte etwa eine halbe Stunde; er gedachte offenbar zu beweisen, daß man die Fahrt auch gut in zehn Minuten machen könne.

Aber das Canoe war viel schneller, als daß er mit seiner schweren Stange den Bug in der Längsströmung hätte halten können. Die rasende Fahrt währte nur drei Minuten, da schoß der Bug, gegen Geröll anprallend, herum. Dicht zur Seite des flachen Gerölls war die Strömung eingeengt durch die steinige Stromschnelle, doppelt so heftig als vor dem Geröll. Und so, während der Stern des langen Canoes, das Hinterteil, noch über das Geröll schrammte, stieß die heftige Strömung, die am Rande des Gerölls mit doppelter Kraft dahinschoß, den Bug rascher herum, als die flache Bank dem Stern zu folgen gestattete.

Mit einer ungemein geschickten Bewegung der Stange vermochte Felipe den Stern von der Geröllbank abzuheben. Aber er tat es, infolge seiner Trunkenheit in seinem Urteil getrübt, mit mehr Kraft als nötig war. Darum schoß der Stern um die Hälfte weiter nach links, als gut war, um ihn in dieselbe Richtung zu bringen, die der Bug, vom Strom erfaßt, bereits angenommen hatte.

Felipe, als erfahrener Cayuquero, sah voraus, was nun unvermeidlich folgen mußte. Sofort warf er die Stange hinüber nach Backbord, um den Stern wieder in die Strömung zu bringen. Aber er erreichte den Boden eine Viertelsekunde zu spät. Der Stern kam nicht rechtzeitig herum; die heftig fallende Strömung schlug hoch gegen die Breitseite des Canoes und füllte das Fahrzeug bis an den Rand mit Wasser. Felipe, nicht fest auf den Beinen, schwankte und fiel über Bord. Unglücklicherweise stieß das quirlende Canoe nun auch noch gegen einen mächtigen Urwaldbaum, der sich kreuz und quer im Fluß tummelte, und kugelte nun herum.

Felipe konnte zwar schwimmen. Aber er war lediglich auf sich bedacht. Schrie: „A la orilla! Zum Ufer!"

Candido, Celso, Modesta, die Jungen und die Schweine, alle schrien, und alle strampelten im Wasser. Die dicke Finsternis ließ nicht genau erkennen, wo das Ufer war. Aber sowohl Candido als auch Celso hatten, als ihre Laternen noch schwelten, bemerkt, daß sie näher dem rechten als dem linken Ufer waren.

Als Candido seinen Mund genügend über Wasser bringen konnte, rief er seine Jungen. Der Kleinste antwortete ihm dicht an seiner Seite, und Candido konnte ihn am Hemd fassen.

Celso rief nach Modesta und Candido. Er haschte Modesta an ihrem Rock, und zerrte sie hinter sich her, Candido zurufend: „A la derecha! Zum rechten Ufer!"

Die Gegend, wo Candido und Celso her waren, bot wenig Gelegenheit, um schwimmen zu lernen. Es gab dort weder Seen noch tiefe Flüsse. Aber ein Indianer, stets sehr leicht gekleidet, wenn er in tiefes

Wasser fällt, plätschert sich heraus wie die Hunde es tun, denen er diese Art des Schwimmens abgelernt hat.

Sie erreichten das Ufer, jeder freilich an einer anderen Stelle. Durch lautes Rufen fanden sie sich zusammen. Auch Felipe kam endlich an. Da er nun so ziemlich nüchtern geworden war, verstand er nicht, wie das geschehen konnte.

„Bei der Heiligen Jungfrau", rief er immer wieder aus, „das ist mir in meinem ganzen Leben nicht geschehen. Ich habe zwar hin und wieder einmal einen gottverfluchten Cayuco umgeschmissen, aber das war an den langen Fällen, niemals hier. Der Teufel muß dahintergesteckt haben. Oder einer von euch gottverdammten Chamulas hat mir etwas Böses angehext."

Sie waren nun alle versammelt. Selbst die vier Schweine waren hier, alle noch ihren Lasso an dem Hinterbein nachschleifend. Auch das Hündchen, das Candido von seinem Dorfe her gefolgt war, bellte herum und schüttelte sich vergnügt das Wasser aus dem Pelz.

Freilich, die Packen waren verloren.

Modesta, ihren Wollrock auswringend, sah sich plötzlich um und fragte: „Celso, hast du Angelito bei dir? Unsern kleinen Angelo?"

„No, ich habe ihn nicht hier. Ist er denn nicht bei Candido?"

Candido antwortete aufgeregt: „Ich glaubte, er ist mir dir, Modesta, oder mit Celso."

Sofort begannen sie alle zu schreien: „Angelito! Angelito! Donde estas? Wo bist du? Angelito!"

Vom Fluß her kam nur das Gurgeln und Quirlen des sich überstolpernden Wassers.

Als Felipe nicht zurückkehrte zum Camp, wußte Don Felix, daß etwas geschehen sein mußte. Er sandte am frühen Morgen Pablo mit dem Cayuco aus. Pablo fand die Schiffbrüchigen am Ufer, lud sie auf und brachte sie zum neuen Camp, wo einige Muchachos bereits begonnen hatten, neue Hütten zu errichten.

Celso fuhr mit Pablo zurück zum Hauptcamp, wo ihn Don Felix empfing.

„Was hattest denn du da drüben zu suchen? Nun kommst du an, einen halben Tag verloren. Dich habe ich nicht in das neue Camp geschickt."

„Ich half Candido, seiner Packen wegen, Patroncito, weil er die Familie hat."

„Und hier hast du deine Arbeit, und die wird nicht gemacht. Candido ist doch groß genug, allein die paar Schritte in das neue Camp zu gehen."

„Er hat auch noch seinen kleinen Jungen verloren", sagte Celso.

„Hätte er besser aufpassen sollen. Und überhaupt, niemand hat ihm angeordnet, seine Kinder hierher mitzubringen. Sind zu nichts zu gebrauchen. Los, an deine Arbeit! Und du machst deine vier Tonnen wie gewöhnlich. Wenn du spazieren fährst — dafür bezahle ich nicht. Ich bezahle nur, was du schaffst. Und was du zu schaffen hast, das sind vier Tonnen."

„Si, Patroncito."

Don Felix setzte sich nieder zum Frühstück und sagte zu den beiden Capataces, die mit am Tische saßen. „Da war ich doch wieder einmal im Recht, daß ich Pablo mit den Geschirren und den Äxten rübergeschickt habe. Wäre es der versoffene Coyote, der Felipe, gewesen, dann lägen unsere Geschirre und Äxte jetzt im Fluß. Hundertfünfzig Pesos. Das hätte uns gerade noch gefehlt. Wo ist denn das versoffene Schwein, der Felipe?"

Einer der Capataces antwortete ihm: „Der ist mit Pablo losgefahren, seinen Cayuco zu fischen."

„Da werden sie drei Wochen fischen, und dann werden sie ihn immer noch nicht geangelt haben."

Candido arbeitete, aß, legte sich zum Schlaf nieder, stand auf, ging an seine Arbeit, aß, legte sich abermals nieder, stand wieder auf, fällte seine Bäume, kam zu den Hütten, hockte sich nieder und stierte vor sich hin.

Er sprach kaum.

Jeden Morgen und jeden Abend ging er zum Ufer hinunter und blickte den strömenden Wassern nach, die seinen Angelito hinweggeschwemmt hatten. Und immer, wenn er von der Arbeit zurückkam, sah er sich in der Hütte um und sah Modesta an, ohne zu sprechen. Modesta wußte, was er zu finden hoffte, wenn immer er in die Hütte trat, müde und ausgegeben von der harten Arbeit.

Vier Tage vergingen so. Da sagte er am Abend leise zu Modesta: „Schwesterchen, am Ufer ist Pablos Cayuco angelegt. Wenn es tiefe Nacht ist, werden wir fahren."

„Wohin fahren, Bruder?" fragte sie in einem Tone, als ob sie an der Gesundheit seiner Sinne zweifelte.

„Ich kann hier nicht mehr bleiben. Sie haben meinen kleinen Angelino ermordet. Wir gehen zurück. Ich habe Heimweh, Modesta. Nach meinem Feld, meinem Mais, meinem Hause, das ich baute. Ich kann hier nicht bleiben. Ich muß heim." Er sagte es, als habe er es in den vergangenen Tagen tausendmal zu sich gesagt, ewig wiederholend, ohne je den Gedanken zu ändern.

„Nehmen wir die Schweine mit, Bruder?"

„Freilich. Was denkst du dir, Hermanita? Wie kann ich denn die Schweinchen hier zurücklassen? Die haben auch Heimweh, wie das Hündchen. Auch du hast Heimweh, ich weiß es."

„Und Celso?" fragte sie.

„Celso weiß, wo ich daheim bin, und wo er dich findet. Er hat mir gesagt, aber ich sollte es dir nicht wiedererzählen, daß, wenn das Mädchen, das ihm versprochen war, einen anderen Mann genommen hat, wie er glaubt, daß er dann gern möchte, daß du ihn nimmst. Er kommt uns nach, Schwesterchen."

„Sie werden uns wieder einfangen."

„Vielleicht", sagte Candido. „Aber ich kann hier nicht bleiben. Ich muß gehen. Und wenn sie mich fangen, ich werde immer wieder gehen, immer wieder. Ich kann nicht mehr hierbleiben. Hier haben sie meinen Angelino ermordet, meinen Erstgeborenen."

„Er fiel ins Wasser, Bruder."

„Ja. Aber es war nicht der Wille der Madre Santisima. Es war der Wille des Patrons, dieses Teufels. Warum ließ er uns nicht am Tage fahren? Warum ließ er uns nicht mit Pablo fahren? Weil er die Jungen haßte und sie töten wollte. Ich weiß es. Er hat mir hundertmal gesagt, daß sie arbeiten sollten oder sonst kein Recht hätten, hier mit mir zu sein, die Kinder der Marcelina, die vom Doktor ermordet wurde, weil ich nicht gleich das Geld hatte."

„Wie du befiehlst, Bruder. Wir gehen."

„Warte, bis alle Muchachos schlafen. Treibe mit Pedrito die Schweine schon jetzt hinunter. Die Muchachos denken, daß wir ihnen nur Wasser geben wollen."

In derselben Nacht fuhren Candido, Modesta, der kleine Pedro, die Schweine und das Hündchen ab. Es hatte die beiden letzten Tage nur wenig geregnet. Der Fluß war gesunken und seine Strömung leicht.

Später in der Nacht kam der abnehmende Mond herauf. Wolken zogen nur vereinzelt über den Himmel hin, und es war Licht auf dem Flusse.

Die Stange zum Lenken des Cayucos hatte Pablo mit sich hinauf in die Hütte genommen, in der er mit dem Capataz und dem Koch schlief. Candido wußte, daß er mit der ungelenken Stange das Canoe nicht hätte führen können. In langer Übung mußte das gelernt sein. Er hatte darum am Nachmittag drei kurze Pfähle zugehackt, von denen der eine breit und schwartig war, um wie eine Paddel gebraucht zu werden. Die Pfähle, nur acht Fuß lang und nicht sehr dick, waren leicht zu handhaben in der Weise, wie er sich das gedacht hatte. Er ging mit dem Cayuco nicht weit in den Strom hinaus, sondern hielt sich dicht an den Ufern, wo er mit den kurzen Pfählen immer Grund fand und das Canoe führen konnte, wie er es sich gedacht hatte.

Mit wenig Mühe glitten sie den Fluß hinunter. Viertelstundenlang beleuchtete der Mond ihren Weg; an beiden Ufern bauten sich die dichten, dunklen Wände des Dschungels auf. Von den Ufern her kam das Singen und Zirpen, das die Nacht belebte. Pedrito schlief mit dem Kopf im Schoß der Modesta. Gegen ihren Rücken drängte sich der warme Körper eines der Schweine.

„Bruder", sagte Modesta halblaut zu Candido, „wie lange werden wir mit dem Cayuco reisen?"

„Ich weiß das selbst nicht, Schwesterchen. Weiter unten am Fluß kommen die hohen Fälle. Da müssen wir beide den Cayuco aus dem Wasser zerren und an den Fällen vorbeischleppen. Dann kommen wieder Fälle, wo wir der Felsen wegen den Cayuco nicht schleppen können. Von dort müssen wir wandern nach Sonnenuntergang zu, um heimzukommen. Alles das hat mir ein Muchacho erklärt, der den Fluß kennt, weil er im vorigen Jahr mit den Flößern gearbeitet hat."

„Weißt du, Bruder, was ich nicht verstehe? Wenn das so leicht ist, mit einem Cayuco zu entfliehen, warum bleiben die Muchachos alle in der Monteria?"

„Weil sie keinen Cayuco haben, oder weil sie Furcht vor dem Fluß haben, oder weil sie glauben, sie können kein Canoe fahren."

„Vielleicht ist das so, Bruder", sagte Modesta. Aber was sie wirklich dachte, sagte sie nicht.

Am Morgen rief Don Felix El Chapapote und El Guapo: „Schluckt euren Kaffee runter, und dann etwas Feuer dahinter! Ihr geht rüber in Las Champas, in das neue Camp. Nehmt die Gäule mit. Reitet die Region ab, kreuzt die Stämme an und zählt sie mir aus, wieviel wir da drüben haben. So ungefähr. Felipe fährt euch rüber."

Die Aufseher nahmen ihre Sättel und Packen und luden sie in den Cayuco. El Guapo nahm seine Schrotkanone mit sich, denn er sagte, es gäbe im neuen Camp sicher etwas Gutes zu jagen, weil da nie geschlagen worden sei. So lange die Muchachos nicht tief im Dschungel drin seien, und mit ihrem Jagen und Schreien alle Antilopen und Tabalis verscheuchten, sei da eine gute Beute, die sie wohl brauchen könnten, denn das Futter finge an, gottverflucht knapp und langweilig zu werden, weil der gottverdammte Heide von einem Türken mit seinem faulen Kramladen nicht durchkomme. Er, der Türke, werde vielleicht auch ein paar alte Schrullen mitbringen. Wenn sie auch verhurt seien, so sei es doch etwas Neues.

Es waren vergnügliche Erzählungen, mit denen sich beide unterhielten, als sie in dem Cayuco hinfuhren. Ihre Pferde, abgesattelt, schwammen an langen Lassos gehalten hinterher, an jeder Seite des Cayucos eines.

Einige fünfzig Meter vom Landeplatz des neuen Campo entfernt, sahen sie Pablo hin und her schwirren, schimpfend und mit den Armen um sich fuchtelnd. „Mein Cayuco ist gestohlen! Verflucht, wer hat meinen Cayuco gestohlen? Wenn ich den Hund kriege, ich schlage ihn zu Brei. Mein Cayuco ist fort."

Felipe stieß sein Canoe in den Sand und sagte: „Du hast ihn nicht raufgezogen, deinen Cayuco, und er ist in der Nacht fortgeschwemmt. Deine Schuld!"

„Meine Schuld? Rede keinen Unsinn, wenn du nichts weißt. Hier siehst du, wo es in der Nacht festlag. Kannst es im Sande sehen. Das Wasser ist niedrig, wie kann denn das gottverfluchte Stück von einem verhurten Cayuco allein fortschwimmen." Darauf, sich an die beiden Capataces wendend, rief er: „Und, verflucht noch mal, ich weiß auch, wer es hat. Der Chamula, der hier ist mit seiner ganzen verlausten Familie und dazu auch noch eine Herde Schweine hat, der ist damit abgefahren."

„Rede keinen Kehricht", erwiderte El Chapapote. „Wie kann denn der Chamula mit deinem dreckigen Cayuco absausen. Er weiß ja nicht einmal, wie Wasser inwendig aussieht."

„So, wenn du das besser weißt, dann suche dir doch einmal den Chamula und seine Mula. Wo sind sie denn? Hier im Campo sind sie nicht, und nicht vor den Bäumen. Auch der Junge ist nicht da, auch nicht seine Schweine. Hat alles mitgenommen. Suche ihn dir nur. Wenn du ihn am Kragen hast, wirst du auch meinen Cayuco nahebei sehen."

Die beiden Capataces kletterten am Ufer hoch, ihre Pferde nach sich zerrend. Oben trafen sie El Faldon. „Richtig!" sagte der. „Der Chamula ist abgereist, mit dem Dampfschiff. Und ohne gültige Fahrkarten. Glaube es oder glaube es nicht. Aber er ist fort. Und ihr kommt gerade zur Zeit, ihn zu holen."

„Da bleibt uns also nichts anderes übrig." El Chapapote stieß seinen Genossen an. „Was sagst du, Guapo? Hinter ihnen her! Wir können später die Bäume auszählen gehen. Wollen erst was in den Magen keilen. Ist der elende Hundefraß nun fertig, oder wann?"

„Heben wir erst einmal einen, damit die Bohnen besser geschmiert sind." El Faldon zog eine Flasche hervor, und alle nippten einen guten Lutscher, um den schönen Morgen zu feiern.

„Du kommst hinter uns her mit deinem Cayuco, Felipe", sagte El Chapapote. „Ich und El Guapo, wir reiten am rechten Ufer runter."

„So geht das nicht", meinte Felipe. „Mit dem Cayuco holen wir sie nie ein. Die sind eine ganze Nacht voraus. Mein Cayuco ist doch kein Kanonenboot. Ihr reitet viel schneller, als ich mit dem Cayuco folgen kann. Der Fluß macht lange und unzählige Windungen. Alle diese Windungen könnt ihr leicht abschneiden und kommt dem Chamula weit voraus. Er versteht gar nicht, mit dem Cayuco umzugehen. Das Ding rennt ihm sicher alle zehn Minuten auf einer Geröllbank oder an flachen Stellen im Sande fest. Und überhaupt, ich kann mit meinem Cayuco gar nicht den Fluß runterfahren. Ich muß zurück zu Felixchen. Er will den Fluß rauf rudern, sich die Abschwemmen ansehen."

Das war richtig. Don Felix hatte Felipe den Befehl gegeben, mit dem Cayuco sofort zurückzukommen. Aber in einem solchen Falle, wenn Flüchtlinge eingeholt werden sollten, hätte Felipe schon einmal gegen den Befehl handeln können. Sein wirklicher Grund, nicht mit dem Cayuco zu fahren, war, daß er fürchtete, Candido im Fluß zu treffen, während die Capataces zu weit waren, ihm beizustehen. Candido, wie jeder andere Flüchtling, würde nicht zögern, ihn zu erschlagen, um nicht gefangen zu werden.

Für die Flucht des Candido war es günstig gewesen, daß in den letzten drei Tagen kein Regen gefallen war. Dadurch war der Fluß weniger reißend und weniger tief. In einem reißenden Fluß wäre Candido, unerfahren im Lenken eines Cayucos wie er war, nicht weit gekommen. Aber so günstig wie das Fehlen des Regens für Candido war, so günstig war es nun auch für seine Verfolger.

Hätte es in dieser Woche so schwer und anhaltend geregnet, wie es gewöhnlich in dieser Zeit geschah, dann wären alle Pfade im Dschungel versumpft gewesen. Die Pferde wären an vielen Stellen nicht nur bis zu den Knien, sondern gleich bis zum Sattel eingesunken; lange Strecken hätten die Verfolger zu Fuß gehen und die Tiere nachziehen müssen, weil das Gewicht auf dem Rücken der Pferde sie zu tief in den Schlamm sinken ließ und sie sich nicht herausarbeiten konnten. Weite Umwege wären nötig gewesen, um den überschwemmten Ufern und den weiten Sümpfen nahe des Flusses auszuweichen. Die Hälfte der Windungen des Flusses hätten nicht abgeschnitten werden können.

Nun aber war der Boden, wenn auch nicht frei vom Morast, doch an seiner Oberfläche genügend verkrustet, so daß die beiden Capataces auf langen Strecken ziemlich rasch dahinreiten konnten. Sie wußten, wo Candido den allgemeinen Pfad früher oder später erreichen mußte, um die Seen und Sümpfe zu umgehen und die Furten in den Flüssen aufzusuchen. Die Verfolger brauchten an diesen Einmündungsstellen in den Reisepfad der Karawanen nur zu warten, bis er ankam. Alles das waren Dinge, die Candido nicht kannte. Und alle diese Dinge waren es, die eine Flucht aus den Monterias so hoffnungslos machten.

Es fehlten noch zwei Stunden bis Sonnenuntergang, als El Guapo sagte: „Hier ist ein Bach und ein schattiger Baum und hier könnten wir von der erhöhten Böschung den Fluß übersehen. Laß uns hier eine halbe Stunde rasten, unsern Posol anrühren und eine Zigarre drehen."

„Ist auch gut für die Caballos", erwiderte El Chapapote. „Die Pferde müssen mal zu Atem kommen."

El Chapapote hatte den Necknamen Pech deshalb, weil die Haut seines Gesichtes und seines Körpers große schmutzige, wie graues

Pech aussehende Flecken aufwies, wodurch sich seine Herkunft aus den Küstengebieten am Pazifischen Ozean im südlichen Mexiko verriet.

Beide rührten noch mit dem Zeigefinger den Posol in den Fruchtschalen um, als plötzlich El Guapo, den Fluß hinaufblickend, ausrief: „Caray, ya viene la Familia Santa! Da kommt ja die Heilige Familie auf dem Ozeandampfer angefahren!"

In der Tat, der Cayuco kam langsam den Fluß heruntergeglitten; der Bug, unsicher geleitet, schwänzelte im Wasser hin und her, als wäre der Steuermann nicht sicher, wohin er mit seinem Schifflein zu fahren wünsche.

Candido, Modesta und der Junge saßen auf dem Boden des Fahrzeuges. Nur wenig mehr als Kopf und Hals der drei lugten über dem steilen Rand des Cayucos hervor.

El Chapapote und El Guapo setzten ihre Schalen auf den Boden, vorsichtig genug, daß ihnen vom Inhalt nichts verlorengehe. El Guapo nahm die Schrotbüchse vom Sattel. El Chapapote zerrte seinen Revolver aus dem Halfter und spannte den Hahn.

Aus irgendeinem Grunde wieherte eines der beiden Pferde, das mit den Füßen im Bach stand, der hier in den Fluß einmündete.

Im selben Augenblick bemerkten die Insassen des Cayucos die beiden Capataces.

Candido wollte nun rasch den Cayuco herumreißen und zum gegenüberliegenden Ufer lenken. Aber die Rinne des Flusses, vertieft durch den einmündenden Bach, lag näher dem Ufer, wo die beiden Reiter standen.

Noch ehe das Canoe in gleicher Höhe mit den Verfolgern war, schrie El Guapo: „Bring den Cayuco hier heran, Chamula, oder ich schieße!"

Ob Candido es versuchte und ihm das Steuern nicht glückte, oder ob die Strömung es ihm nicht erlaubte, konnten die Verfolger nicht wissen: das Canoe kam nicht näher, sondern glitt weiter in den Fluß hinaus.

El Guapo schoß seinen Schrot ab. Er hatte den Schuß vor den Bug richten wollen, als Warnungsschuß. Aber der größere Teil der Ladung traf den Cayuco.

Pedrito winselte gleich darauf kläglich, daß er getroffen sei. Er stand halb auf und ließ den linken Arm gleich einer Flosse herunterhängen.

Nun schoß auch El Chapapote seinen Revolver ab, und El Guapo schob eine neue Patrone mit schwerem Löwenschrot in den Lauf. Er richtete die Flinte wieder auf den Cayuco und rief: „Komm heran, Chamula, oder ich schieße euch alle in Fetzen!"

El Guapo lief die paar Schritte der Böschung hinunter und stand mit den Füßen weit im Wasser, den gespannten Revolver auf den Cayuco richtend.

Der blutende Arm seines Jungen nahm Candido allen Mut, einen letzten verzweifelten Versuch zu machen, seine Fahrt fortzusetzen. Er rief: „Vengo. No mas balazos, Jefecitos, por la Virgencita! Ich komme schon. Keine Schüsse mehr, um der Heiligen Jungfrau willen!"

Es gelang ihm, den Cayuco auf eine Sandbank im Fluß zu lenken, wo sich das Fahrzeug festrannte. Er stieg aus, hob den Jungen heraus, und dann kam er, mit dem Jungen auf dem Arm, gefolgt von Modesta, bis an die Hüften im Wasser watend, auf das Ufer zu. Seine vier Schweine trippelten grunzend hinter ihm her, und am Ufer angelangt, pflügten ihre Schnauzen sofort den Boden auf, während das Bastardhündchen, nachdem es sich das Wasser aus dem Fell geschüttelt hatte, fröhlich und spielend um die Gruppe herumsprang.

11

„Nicht nur ausrücken wolltest du, Chamula, du hast auch noch den Cayuco stehlen wollen!" gellte Don Felix den Candido an, als er zur Verurteilung vor ihn gebracht wurde. Don Felix hatte befohlen, daß Candido, sein Junge, seine Schwester und alles, was er habe, zum Hauptcamp gebracht werden sollten, damit er einmal selbst an einem Beispiel zeigen könne, wie Kontraktbrüchige zu bestrafen seien.

„Das wird nun schon hier eine ständige Gewohnheit, das Ausrücken und dann noch Widersetzen", brüllte er erbost auf Candido los, der demütig vor ihm stand. „Rebellion und Meuterei hier in der Monteria? Ist das so?" schrie er.

Nahe bei ihm standen vier Capataces. Aus den Hütten kamen die Handwerker hervor, und in den Türen der Branntweinschenken standen Burschen und Weiber. Aber niemand wagte sich heran.

„Und du, mein Hürchen, du wolltest mir auch entwischen?" Don Felix trat näher an Modesta heran, ihr Kinn hochreißend. „Du entgehst mir nun nicht mehr. Ich brauche etwas Junges und Grünes."

„Perdonenos, Patroncito, por Dios Santo!" flehte Candido. „Vergib uns, Väterchen, wir werden es gewiß nicht wieder tun. Ich hatte so vieles Heimweh, meines lieben Jungen wegen, der tot im Fluß ist, wo er sich gerettet haben mag. Aber ich fand ihn nicht. Vergib uns, liebes Väterchen!"

Pedrito, der Junge, seinen Arm mit einem Fetzen verbunden, den sich Modesta abgerissen hatte, begann zu weinen, als er seinen Vater zum Herrn flehen hörte. Er kniete nieder und hob seine Hände hoch, sie flach gegeneinander pressend, so wie er von seiner Mutter gelernt hatte, in der Kirche vor dem Muttergottesbilde zu beten. „Vergib uns, liebes süßes Herrchen, wir werden es gewiß und wahrhaftig nie wieder tun. Wir waren nur so sehr traurig, meines armen Brüderchens willen.“ Er verwirrte sich in den Worten, und sprach teils in seinem heimatlichen Tsotsil, und teils in einem ungelenken Spanisch.

„Halt deine Fresse, Chamaco!“ sagte Don Felix und hieb ihm mit der Peitsche, die er bis jetzt mit der rechten Hand in die Hüfte gestemmt gehalten hatte, quer über das Gesicht, so heftig, daß sich über das Gesicht ein dicker Blutstreifen bildete.

Candido, seinen Kopf schüttelnd, als könne er einen auf ihn zueilenden Schrecken nicht erfassen, kniete und hob seine Hände betend auf, wie es Pedrito getan hatte. Er dachte nicht mehr an sich. Er dachte nur daran, seinen Jungen zu schützen.

Nun sank auch Modesta auf die Knie. Sie neigte ihren Kopf tief und bewegte in der Höhe ihrer Stirn die lang und flach aufeinander gepreßten Hände auf und nieder, als bete sie, ohne laut zu sprechen, mit aller Inbrunst vor der Figur eines Heiligen. Endlich schien sie Worte gefunden zu haben; denn sie begann zu murmeln: „Misericordia, Patroncito!“ Sie sprach aber so leise, daß wohl nur Candido es vernahm.

Sie war barfuß und hatte sonst nichts an ihrem Körper, als einen heimgewebten Rock aus schwarzer roher Wolle. Ihre Beine waren nackt bis zu den Knien hinauf, und ihre Arme bis über die Ellenbogen. Aber sie kauerte jetzt so in sich zusammen, in ihrer Demut und in ihrem Flehen und Erbarmen, daß nur ihr Kopf mit dem langen und zerzausten schwarzen Haar aus dem zerlöcherten Wollhaufen vorlugte.

„Auch noch Vergebung wollt ihr, ihr verlausten Drecksäue?“ rief Don Felix und riß Candido einen heftigen Hieb über, der ihn aber nur auf den tiefgebeugten Rücken traf.

Candido nahm es hin, ohne zu zucken. Er erwartete die weiteren Schläge.

„Jeden Tag Meuterei hier, jeden Tag Rebellion!“ Don Felix brüllte sich in Wut. Er versetzte Candido einen zweiten heftigen Hieb. „Frecher alle Tage. Rebellenlieder hinter mir hersingen in der Nacht. Das hätte mir gerade noch gefehlt. Noch bin ich der Herr hier. Und ich bleibe es auch, wenn ich dabei verrecken und meinen eigenen Schitt fressen muß. Ich bin der Herr. Und euch verlausten Schweinen werde ich beibringen, ob ihr hier weglaufen könnt, wann es euch gefällt. Mir läuft keiner mehr weg, das schwöre ich euch bei Todos Los Santos.“

Er sah sich um und suchte unter den Capataces: „He, Gusano!“

„A sus ordenes, Jefe!“ El Gusano kam mit langem Schritt angesprungen.

„Zieh dein Messer!“

El Gusano trug in einer rohledernen Scheide an seinem Gürtel ein starkes Weidmesser.

Mit einem Ruck hatte er es in der Hand.

„Schneide dem Hund von einem Chamula die Ohren ab!" kommandierte er.

Forschend und zögernd sah El Gusano Don Felix ins Gesicht.

„Hörst du denn nicht, du Coyote, wenn ich dir etwas befehle, oder soll ich dich zuerst vornehmen!" Don Felix warf seine Hand mit der Peitsche hoch in die Luft.

El Gusano sprang auf Candido los und gleich darauf schleuderte er dessen Ohren mit einer Geste des Ekels weit von sich.

Candido, immer noch auf den Knien und tief gebückt, wehrte sich nicht. Als ihm das dicke Blut am Halse hinunter lief, bewegte er nur den Kopf, um zu vermeiden, daß er das Blut schlucke.

„Warum frißt du denn deine eigene Jauche nicht?" rief Don Felix. Er stieß Candido heftig mit dem Fuße, so daß der auf seinen Knien umkippte. Langsam richtete er sich wieder auf und versuchte, ein Stück zurückzukriechen.

„Gusano!" rief Don Felix wieder. „Wo bist du denn?"

„Aqui, Jefe, a sus ordenes." El Gusano kam näher und trat an die Seite seines Herrn.

„Kannst wohl dein Messer nicht schnell genug wieder einstecken?" fuhr ihn Don Felix an.

„Auch dem Jungen die Ohren runter!" kommandierte er kurz. „Ich will doch sehen, ob ich hier nicht wieder Ordnung und Ruhe in das Camp bringen kann. Vorwärts, los, schneide dem Bastard seine langen Löffel runter, zum Andenken."

Wie ein Tiger sprang da Candido auf und preßte seinen Jungen in die Arme.

„Gehst du Dreckhund auf deine Knie runter", heulte Don Felix, „oder soll ich dem Jungen auch noch die Nase abschneiden und die Finger abhacken lassen. Das wird wohl endlich einmal helfen."

Candido hielt seinen Jungen noch immer umschlungen: „Patroncito, Jefecito, por la Santisima, nicht meinem Jungen, schneiden Sie mir Nase und Hände ab, nicht meinem kleinen Jungen."

„Deine Hände? Das würde dir gefallen? Dich hinsetzen und andere arbeiten lassen? Deine Krallen brauche ich, aber nicht die Ohren deines Hurensohnes. Los, Gusano, oder weiß Gott im Himmel, ich lasse dir deine Lappen auch noch runterfetzen!"

El Gusano stieß Candido mit aller Macht seine Stiefel in den Magen, so daß der Indianer hinstürzte und seinen Jungen für eine Sekunde losließ. El Gusano griff mit langer Hand zu und erwischte den Jungen beim Arm.

Mit einem Satz war Modesta auf, packte den Jungen und davonrennend zerrte sie ihn hinter sich her.

Aber El Pulpo, einer der brutalsten unter den Capataces, hatte hinter ihrem Rücken gestanden. Er riß ihr den Jungen aus ihren Händen und stieß ihn El Gusano zu, so daß er lang zu seinen Füßen hinstolperte.

Im Augenblick war Modesta auf dem Jungen, ihn in seiner ganzen Länge überdeckend.

Don Felix bückte sich, packte brutal ihren Nacken und riß sie zu sich empor.

„Hab' nur keine Angst, mein wildes Hürchen, dir schneide ich keine Ohren und keine Nase ab. Die gefallen mir zu gut. Kommst zu mir, mein Hürchen."

„Alles, Patroncito, alles, was Sie wollen. Ich bin zu Ihren Diensten. Ganz zu Ihren Diensten, Patroncito. Aber nicht den armen Jungen. Nicht den armen, kleinen Jungen." Sie fiel auf ihre Knie und umklammerte Don Felix.

„Früher hättest du das sagen sollen, Hürchen. Es ist nun zu spät. Und was ich von dir will, nehme ich mir auch ohne dein Angebot."

Modesta sah sich um, als sie Don Felix sagen hörte, daß es nun zu spät sei.

Auf den Knien kroch sie hin zu dem Jungen, hob ihren Wollrock auf, daß ihr Leib nackt wurde bis zu den Hüften und stillte das Blut, das Pedrito über die Backen strömte.

„Und so", schrie Don Felix nun so laut, daß es weit über das ganze große Feld der Oficinas schallte, „und so geht es in Zukunft einem jeden hier, der zu fliehen versucht oder zu meutern, oder nachts Rebellenlieder singt und freche Reden spuckt. Ich bin der Herr hier, und ich bleibe der Herr, und hier wird gearbeitet und nichts als gearbeitet. Dazu seid ihr da. Zum Arbeiten und zu nichts anderem. Das Huren, Saufen und Kommandieren kann ich allein besorgen. Dazu brauche ich von niemandem irgendwelche Hilfe. Vergeßt das nicht!"

Er zog sich den Patronengurt um ein Loch fester um den Bauch, rückte das Halfter mit dem Automatic einen Strich weiter vor, näher zu seiner rechten Hand, und ging mit langsamen und zufriedenen Schritten zum Bungalow, sich auf dem Wege eine Zigarette anzündend, während er vor sich hinträllerte.

Am Abend rief er den Koch. „Du kennst doch den Chamula, den mit den abgeschnittenen Ohren, der ausrücken wollte und einen Cayuco stahl. Sagst ihm, er hat kein Recht mehr an den vier Schweinen. Die Schweine werden in der nächsten Woche geschlachtet, um die Kosten zu zahlen, die mir sein Einfangen verursacht hat. Was braucht er Schweine? Ist selber Schwein genug."

„Dann kann ich Ihnen endlich einmal was Gutes vorsetzen, Patron", erwiderte der Koch lachend.

„Komm her, da nimm dir einen guten Schluck." Don Felix schob ihm die Flasche zu.

„Mil gracias, Patron. Sie sind zu gütig, wirklich sehr gütig. Tausend Dank."

Candido war wieder zum neuen Camp geschickt worden. Modesta jedoch und der Junge mußten auf Befehl des Don Felix im Centralcamp zurückbleiben. Don Felix erklärte es damit, daß die Schwester Candido zur Flucht verführe. Wenn sie nicht bei ihm sei, laufe er nicht weg, sondern komme erst hier zum Haupt-Camp zurück, um sie zu holen. Er ordnete nun an, Modesta habe dem Koch zu helfen. Ferner wurde sie beauftragt, den Bungalow, in dem Don Felix hauste, täglich zu säubern. Für alle diese Arbeit sollte Modesta zwei Reales täglich erhalten und das Essen, weil hier niemand zu leben und zu essen erlaubt werde, der nicht arbeite. Auch der Junge sei nun groß genug, um als Ochsenjunge angelernt zu werden und sich seinen Fraß zu verdienen. „Er wird ja nun rascher lernen", fügte Don Felix hinzu, „und besser lernen, weil er nun besser hören kann, seit ihm die Ohren aufgeklappt worden sind. Er soll überhaupt froh sein, daß ihn nun niemand mehr daran zerren kann."

Celso arbeitete vor den Bäumen. Die Region, wo er mit noch acht anderen Schlägern schaffte, war etwa eine und eine halbe Stunde Weges von den Oficinas entfernt. Die Länge dieses Weges nahm zuviel von ihrer Zeit fort. Darum hatten die Burschen hier notdürftig kleine Hüttchen errichtet, wo sie schliefen, und von wo sie nun zweimal in der Woche zum Haupt-Camp gingen, um sich neuen Proviant zu holen, Äxte auszutauschen oder sie neu aufzuschleifen.

Die schweren Septemberregen standen nahe bevor.

Es wurde ungemein heiß und drückend. In dem dichten Dschungel, wo Celso und seine Genossen jetzt arbeiteten, war die Luft feucht, schwer und erstickend. Je näher es gegen Mittag ging, um so schwerer war es für die Leute, sich aufrecht zu halten und dabei noch hart zu arbeiten. In den offenen Prärien ist die Regenzeit die schönste und erfrischendste Jahreszeit. Im Dschungel jedoch, je länger die Regenzeit dauert, und je näher die Periode von drei bis vier Wochen heranrückt, in der innerhalb vierundzwanzig Stunden sechsmal ein Wassersturz herniederschießt, der den Boden mit zwei oder drei Fuß Wasser bedeckt, wird das Dasein zu einer Höllenqual. Die Qual ist schon groß genug, wenn man unter einem Dach und mit offenen Türen an allen vier Wänden, sich in einer Hängematte schaukeln und vor sich hindösen kann. Wenn aber der Mensch, selbst wenn er Indianer ist, und auch wenn er als Indianer an den Dschungel gewöhnt sein sollte, während dieser Wochen im Dschungel hart zu arbeiten hat, dann ist die Qual seines Daseins um das Vielfache vergrößert.

Jedoch damit sind die Qualen nicht erschöpft. Je tiefer sich die Natur in der Regenzeit befindet, um so zeugungskräftiger werden alle diejenigen Reptilien und Insekten, für die die Regenzeit das Auferstehungsfest bedeutet. Moskitos schwärmen und stechen im Dschungel das ganze Jahr hindurch. Sie scheinen nie zu sterben oder zu vergehen. Jetzt aber, in der Regenzeit, kommen sie nicht in Schwärmen, sondern in Heerzügen.

Darum hatten die Leute es sich zur Gewohnheit gemacht, vor dem Morgengrauen, wenn sie auf ihre Arbeitsplätze zogen, nur Kaffee zu trinken und einige Tortillas dazu zu essen, während sie ein längeres Mahl um die Mittagszeit einnahmen. Dadurch vermieden sie ihre harte Arbeit in den unerträglichsten Stunden des Tages.

In dem Campecito, das die Muchachos, um es zu bezeichnen, El Palo Caido genannt hatten, weil hier ein mächtiger Urwaldriese vom Blitz gefällt worden war, hockten auf einer trockenen Stelle vor einem kleinen Feuerchen Celso, Martin Trinidad, Juan Mendez, Lucio Ortiz, Casimiro, Paciano, Encarnacion, Roman. Sie alle waren Hacheros, Fäller. Zwei saßen dicht am Feuer und wirtschafteten mit den Kaffeekännchen und den Näpfen herum, in denen sie Reis und Bohnen anwärmten. Die übrigen hockten in der Nähe, einige rauchend und andere lang ausgestreckt schlafend, auf das Essen wartend.

Es war Celso am Morgen gelungen, mit einem Stein eine gutausgewachsene Iguana zu erjagen. Lucio hatte sie abgehäutet, und sie kochte nun über dem Feuer, um das magere Mahl zu bereichern.

Celso lag auf allen vieren ausgestreckt, den Kopf auf einem dikken, frisch geschlagenen Stamm ruhend, einige Schritte vom Feuer weg, und schnarchte mit tiefem Wohlbehagen.

Mit einem plötzlichen Ruck fuhr er hoch, richtete sich halb auf, sah sich um und rief den Muchachos zu: „Da ruft mich jemand. Wer ist denn das?"

Paciano sah ihn an, blickte sich um, und sagte: „Da hat niemand dich gerufen. Ich hab' nichts gehört. Du träumst, Junge. Wer wird dich denn hier rufen? El Pasta, das Teiggesicht, war vor einer Stunde hier, um Bäume anzukreuzen. Der kommt vor dem Abend nicht wieder. Wenn er überhaupt kommt. Hast geträumt."

„Kannst noch eine halbe Stunde weiterschnarchen", sagte Lucio lachend, die nackte Eidechse am Stock wendend. „Die Iguana duftet bereits, aber sie scheint noch etwas zu ledern, denke ich. Werde dich rufen, wenn es so weit ist."

Celso war nicht zufriedengestellt. Mißtrauisch nach allen Seiten in das tiefe, saftige Grün des Dschungels blickend, sah er sich wiederholt um. „Ich wette, ich habe jemand meinen Namen rufen hören. Verflucht, ich habe es ganz deutlich gehört, als wäre es hier dicht bei meinem Ohr gewesen."

Er sah sich noch einmal um, rückte den Stamm bequemer zu sich, legte sich wieder aufs Ohr und versuchte, erneut einzuschlafen.

Kaum hatte er die Augen geschlossen, da fuhr er abermals hoch und sprang auf seine Füße. „Ihr könnt sagen, was ihr wollt, mich hat wieder jemand gerufen. Celso! Celso! Celso, wo bist du? Ich bin doch nicht verblödet. Und ich glaube, es war eine Frau, die mich rief."

Lucio und Paciano lachten nun laut heraus. „Eine Mujer. Seht doch einer an. Er hört eine Mujer seinen Namen rufen. Wirst eine brauchen. Darum hörst du nun schon die Weiber dich im Schlafe rufen. Warum gehst du denn nicht zur Tia? Kannst dann wieder schlafen und hörst keine Weiberrufe, wenn du schläfst."

Celso blieb stehen, nahm seine Zigarre auf, die er neben den Stamm hingelegt hatte, ging zum Feuer, zündete sie an, tat ein paar Züge, trat vom Feuer zurück und ging einige Schritte in das Grün hinein.

Plötzlich nahm er die Zigarre aus dem Mund und lauschte. „Aber Muchachos, da habe ich es nun ganz deutlich gehört. Es ist eine Frau, die meinen Namen ruft."

Paciano reckte sich aus seiner hockenden Lage auf und sagte: „Du, Celso, ich glaube, ich habe es jetzt auch gehört. Da ruft jemand. Und ich glaube wahrhaftig, es ist wirklich eine Muchacha. Da! Da ist es wieder."

Auch Paciano sprang nun auf seine Füße.

„Es mußte von da drüben kommen, da hinter dem Dickicht her", sagte Celso, wieder angestrengt lauschend. „Komm, laß uns da mal hintraben."

Beide, Celso und Paciano, liefen in die Richtung, von der sie gemeint hatten, daß von dort her die Rufe gekommen seien. Mit kräftigen, weit ausholenden Armen ruderten sie sich durch das dichte Untergebüsch.

Wohl nur hundert Schritte hatten sie getan, als sie beide stutzten. Deutlich, nun ganz dicht in ihrer Nähe, hörten sie die Stimme eines Mädchens: „Donde estas? Celso! Celso!"

„Aqui, aqui estoy!" rief Celso, seine Hände hohl um den Mund haltend und in die Richtung hinschreiend, aus der die Rufe kamen.

Dann liefen beide, so rasch, wie es das Dickicht nur irgend erlaubte, auf die Stimme zu.

Sie waren nicht weit gelangt, als sich das Grün vor ihnen öffnete, und Modesta vor ihnen stand, mit beiden Armen sich einen Weg durch das Gestrüpp bahnend.

„Modesta!" rief Celso erstaunt aus. „Was ist dir geschehen?"

Modesta verschwand sofort bis an den Hals im Grün, als sie Celso und Paciano nahe vor sich sah.

„No tengo vestido", rief sie ängstlich. „Ich habe kein Kleid an. Ich habe nur grüne Zweige umgebunden mit einer Liane."

Celso zog sich den Fetzen Hemd herunter, den er am Leibe hatte, und den er nur gebrauchte, wenn er rastete, weil ihn der Fetzen gegen Moskitostiche schützte. Er warf Modesta den Fetzen zu. Es war nicht viel von einem Hemd, aber es reichte aus, Modesta so weit zu bedecken, daß sie sich hervorwagen konnte.

„Gib mir auch deinen Fetzen, Pachi", sagte Celso zu seinem Genossen, und ohne lange darauf zu warten, zog er es ihm nach hinten über den Nacken weg. Was Paciano sein Hemd nannte, war freilich nur halb so viel, als was Celso besaß.

Celso geleitete Modesta zu dem Platz, wo die Muchachos rasteten und auf das Essen warteten.

„Seit wann irrst du hier in der Selva herum, Modesta?" fragte er, als sich das Mädchen niedergehockt hatte.

„Lange Zeit. Mucho tiempo. Ich wußte nicht, wo ich dich finden konnte, Celso. Ich sah einen Muchacho nahe einer Gasse für die Trozas, und der sagte mir, er denke, daß du am Palo Caido arbeitest. Aber er wußte nicht, wo dieser Campecito sei. Er gab mir nur so ungefähr eine Richtung."

„Sage doch nur endlich, was dir geschehen ist? Ist Candido abermals geflohen? Oder was ist es?"

„Heute morgen, es war noch sehr früh, da rief mich Don Felix aus der Küche, wo ich geschlafen hatte, und wo ich nun dem Koch und dessen Frau bei der Arbeit helfen sollte." Modesta wußte nicht recht, wie und wo mit ihrer Geschichte zu beginnen.

„Hat dich der Koch hinweggetrieben?" fragte Celso.

„Nein, nicht der Koch. Der war gut zu mir und hat mir zwei schöne Matten gegeben, auf denen ich schlafen konnte, weil ich keine hatte; unsere sind ja alle in das Wasser gefallen."

„Dann die Frau des Kochs?"

„Nein. Auch nicht. Ich muß mir das überlegen, wie es war. El Patroncito rief mich, ich solle kommen und sein Bett ordnen. Als ich dann kam, da packte er mich und warf mich über das Bett. Ich wehrte mich und zerkratzte ihm das Gesicht. Und da lag auf der Erde eine Flasche. Mit meiner rechten Hand, die er nicht festhalten konnte, weil er eine Hand an meinem Halse hatte und eine an meinen Beinen, konnte ich die Flasche packen, und als er sich mit einem Ruck auf meine Beine pressen wollte, da holte ich mit der Flasche aus und schlug sie ihm auf den Kopf. Da ließ er mich los; ich rutschte unter ihm fort und war raus zur Tür. Aber meinen Rock konnte ich nicht mitnehmen, weil er so alt war, daß er mitten durchriß, und der Patroncito mit seinem Knie auf einem Stück meines Rockes saß. Ich hatte nur noch ein Stückchen Hemd an, auch ganz zerrissen und sehr kurz. Aber ich lief doch davon."

„Der hat doch zwei Weiber, der Patroncito", sagte Roman.

„Die waren nicht da. Und als ich rannte, da kam er hinter mir her und stand unterm Dach und schrie: ‚Bleib stehen, ich schieße!' Ich blieb aber nicht stehen; da schoß er zweimal oder dreimal. Ich warf mich hin. Er traf mich nicht. Dann hörte ich ihn kommen, und ich sprang auf. Und dann schrie er: ‚Ich kriege dich, Hure. Dann binde ich dich auf dem Bett fest. Du wirst mich nicht mehr kratzen. Und wenn ich mich ausgehurt habe mit dir, schneide ich dir nicht die Ohren ab, sondern die Nase, por la Santisima.'"

„Das tut er", sagte Juan Mendez.

„Ich blieb stehen und bekam sehr Angst. Ich wollte umkehren und zu ihm gehen, damit er mir nicht die Nase abschneiden sollte. Aber er ging auf die Choza zu, wo die Capataces wohnen, und rief El Gusano, daß er mich fangen solle. Aber El Gusano war bei den Pferden. Und dann rief er hinter mir her: ‚Nicht nur die Nase schneide ich dir ab, du Bruja, ich lasse dich auch noch nackt hier an den Baum binden, für drei Tage und drei Nächte, hier mitten auf dem Platz. Du wagst nie wieder, mich mit der Flasche zu schlagen.' Da kam der Koch aus seiner Jacalito; er sagte zu mir: ‚Muchacha, corre, renne und renne, was du nur kannst. Laß dich nur ja nicht kriegen!' Ich fragte ihn rasch, wohin ich rennen könnte. Da sagte er, das sei ganz gleich, es sei besser für mich, daß mich die Tiger fressen, denn daß mich Felixchen fresse. Und so bin ich denn hierher gerannt."

Die Muchachos sagten nichts darauf.

„Celso, du wirst mir helfen, wirst du nicht?" fragte Modesta, als sie bemerkte, daß keiner der Burschen wußte, was nun getan werden könnte.

„Wir können sie verstecken", riet Encarnacion.

„Du bist dumm. Wohin können wir sie denn verstecken?" erwiderte Lucio.

„Du, Celso", sagte plötzlich mit unterdrückter Stimme Roman, „da kommt El Gusano durch das Dickicht geritten. Ich glaube, er hat uns schon gesehen."

„Celso!" rief da Modesta, die gehört hatte, was Roman sagte, mit höchster Angst aus, „Celso, beschütze mich. Hilf mir!"

Sie wartete nicht auf die erbetene Hilfe. Mit einem Satz war sie auf und lief gehetzt auf die andere Seite, in das dichte Gestrüpp hinein.

El Gusano war nun nahe gekommen und konnte gerade noch das Mädchen entwischen sehen, das zurückzubringen er von Don Felix ausgeschickt worden war.

Des dichten, ineinander verwachsenen Gestrüpps wegen gelang es ihm nicht, rasch hinterherzureiten. Aber er folgte ihr dennoch.

Die Muchachos sprangen auf, um zu sehen, ob er sie fangen könne. Modesta lief in ihrer Angst so hastig davon, daß sie in dem

Gestrüpp stolperte und sich verfing. Im Augenblick war El Gusano auf dem Pferde neben ihr und packte sie bei den Haaren.

„Stehen bleibst du. Ich werde dich festbinden, daß du uns nicht noch mal wegrennst." Er rollte den Lasso ab und band ihn um den Körper des Mädchens.

Modesta, nun völlig erschöpft, gab jeden Widerstand auf.

El Gusano zerrte sie hinter sich her und kam zu den Burschen. Hier hielt er sein Pferd für eine Weile an, zog Tabak hervor, drehte sich eine Zigarette und sagte zu Celso, der seinem Pferde am nächsten stand: „Feuer!"

Celso reichte ihm einen glimmenden Zweig hinauf.

El Gusano puffte wohlgefällig ein paar Wolken aus. „Was habt ihr denn da am Stecken braten?" fragte er.

„Iguana, Jefe", antwortete Lucio.

„Schweine! Wie kann denn ein Christ Iguana fressen, ohne sich vor Ekel zu kotzen. Säue, die ihr seid." Er puffte wieder einige Schwaden von Rauch aus, verzog den Mund zu einem breiten Grinsen, deutete mit dem Kopf nach hinten, wo er Modesta am Lasso hielt und sagte, die Zähne weit vorschiebend: „Gutes Fressen für Felixchen heute abend. Besser als Iguana. Und wenn er sie runtergearbeitet hat und sie rausfegt, werde ich sie vornehmen. Er hat mir schon versprochen — das, was er übrigläßt. Wird noch genug dran sein. Nehme sie auch ohne Nase."

Er lachte dröhnend. Nun kitzelte er die Seiten des Pferdes und das Pferd setzte an, um abzumarschieren. El Gusano zog heftig am Lasso, um das Mädchen aufzumuntern; er tat es absichtlich in einer Weise, als ob er ein Kalb hinter sich herzöge.

Modesta, der jener Ruck am Lasso unerwartet gekommen war, stürzte hin. El Gusano zog abermals an und heftiger als vorher.

Sie richtete sich halb auf. Als sie auf die Knie gekommen war, sah sie Celso an. Ihre Augen waren nicht anklagend. Sie wußte wohl, daß Celso, wie ihr Bruder, wie alle Menschen hier, ebenso hilflos waren wie sie.

Aber Celso sah in ihren Augen eine dumpfe Traurigkeit, die ihn mehr erregte, als Anklage oder Verachtung es je hätten tun können.

Verwirrt blickte er hinweg von ihr. Aber da trafen seine Augen die Gesichter seiner Genossen, die schweigend dastanden und starr auf ihn sahen.

Martin Trinidad kniff die Augen zusammen und gleichzeitig die Lippen, während er einen schnaufenden Atemzug durch die Nase tat, die sich ihm zuzupressen schien.

Alles das währte nur zwei oder drei Sekunden.

Celso schluckte hörbar. Dann duckte er sich wie zu einem mächtigen Sprung ausholend, und während er sich wieder aufrichtete, stieß er einen so schrill gellenden Schrei aus, daß das Pferd des El Gusano hochsprang und losfegte, als habe es einen Tiger hinter sich. Aber es setzte mit den Vorderhufen in eine morastige Stelle. Es versuchte, noch immer in Angst, sich herauszuzerren, wurde aber an seiner Freiheit gehindert durch den Lasso, an den Modesta geknüpft war und der, als Modesta gefallen war, unter den Stamm gerutscht war, auf dem Celso geruht hatte, als er schnarchte.

El Gusano hatte das Pferd sofort wieder in der Gewalt. Er riß es heftig am Zügel hoch. Das Pferd bäumte und wendete sich, um von dem Morastloch, in das es gestolpert war, fortzukommen und einen anderen Weg zu nehmen.

Als es sich wendete und El Gusano alle seine Gedanken auf das Tier gerichtet hielt, sprang Celso an dessen Seite hoch und umklammerte mit beiden Armen den Leib des Reiters, der, von der Last des Burschen nach unten gezogen, aus dem Sattel glitt.

Kaum hatte er den Boden berührt, als Celso auf ihm war und ihn mit den Fäusten ins Gesicht hieb. El Gusano schüttelte sich und versuchte, mit seinen Stiefeln hochzukommen, um sie Celso in den Magen zu stoßen.

Aber ehe er die Füße hochbekam, fiel Celso zur Seite, ohne sein Opfer, das er jetzt bei der Kehle hatte, loszulassen. Beide balgten sich nun auf dem Boden und kollerten bald auf die eine, bald auf die andere Seite.

El Gusano war blau im Gesicht vor Wut. „Laß mich los, du Hund!" ächzte er, die Worte mehr in sich hineinschluckend, als sie ausstoßend.

Celso suchte mit einer Hand auf dem Boden herum, irgend etwas zu finden, das er als Waffe gebrauchen konnte.

Juan verstand, was Celso wollte. Er ergriff einen dicken Ast, und mit einem heftigen Hieb schlug er damit El Gusano über den Kopf. Die Hände des Capataz wurden unsicher und begannen, nach einem Halt suchend, in der Luft herumzufegen. Juan aber verlor keine Zeit. Er hob den Ast wieder hoch und ließ ihn abermals auf den Kopf des El Gusano niedersausen. Und dann folgten die Hiebe so rasch und so heftig, daß, als Celso sein Opfer endlich losließ und wegsprang, der Schädel des El Gusano in Stücke zertrümmert war.

„Ich habe es dir ja lange genug gesungen, Gusano", sagte Celso, sich nun völlig aufrichtend und ausreckend. „Hundertmal habe ich es dir gesungen. Ich halte, was ich sage. Und ich tue, was ich singe."

Mit breiter Hand wischte er sich über das Gesicht, Schweiß und Blut herunterwischend.

Dann wandte er sich, ging auf Modesta zu, knotete sie los und fragte sie weich und leise: „Hast du dich verletzt, Modesta?"

„Nein", sagte sie, dicht bei ihm, „ich bin nicht verletzt. Es bluten mir nur die Beine und Füße vom Gestrüpp. Aber ich habe so große Angst, Celso."

„Fürchte dich nicht mehr, Modesta. Jetzt können wir nicht mehr zurück. Von nun an müssen wir immer weiter vorwärts gehen. Jetzt räumen wir auf, hier und überall. He, Muchachos, was sagt ihr?" fragte er laut die Burschen.

„Überall!" rief Roman.

„Auch auf den Fincas? Auch die Peons?" fragte Paciano, der von einer Finca, einer Domäne, in die Monteria verkauft worden war.

„Auch die Peons", bestätigte Martin Trinidad. Dann rief er laut aus: „Tierra y Libertad!"

Und mit einem einzigen Schrei antworteten alle Muchachos: „Tierra y Libertad!"

Celso stieß den Körper des El Gusano mit dem Fuß um, so daß er auf dem Gesicht lag.

Er bückte sich nieder und schnallte ihm die Facha, den Gurt mit den Patronen ab, an dem der Revolver hing.

„Martin", rief er, „du hast ja schon einen Revolver und Patronen. Nun habe ich auch einen. Komm her und zeig mir, wie er schießt und wie man ihn ladet."

„Das lehre ich dich in fünf Minuten."

„Wir müssen den Hund nun wohl eingraben", riet Roman.

„Nichts wird hier eingegraben!" rief Juan Mendez. „Laßt die Schweine das Aas fressen." Dann wandte er sich an Martin: „He, wirst du den Gaul reiten oder ich?"

„Du bist ein Sergeant und du reitest ihn. Haben wir erst einmal auch die andern Pferde und Mules, dann können wir alle reiten."

„He, her mit euch, alle!" rief nun Celso. „Wir wollen mal überdenken und besprechen, was nun zu tun ist."

Die Muchachos hockten sich in einen Kreis, wie sie es zu tun gewöhnt waren, wenn sie daheim in ihren Dörfern oder auf einer Finca oder auf dem Hofe der Hütte eines befreundeten Stammesmitgliedes zusammenkamen, um ihre Angelegenheiten zu besprechen.

Celso ergriff gleich das Wort: „Nun hat es angefangen. Jetzt können wir nicht mehr zurück. Der henkt uns alle, schneidet uns allen die Ohren ab, wegen Meuterei. Seit der Cacho so schön von dem Urbano abgeleuchtet wurde, sind sie alle verrückt geworden. Die Wahrheit ist, Muchachos, die haben jetzt eine ganz verfluchte Angst im Ursch. Und weil sie solche Angst haben, schlagen sie nun rechts und links aus und werden so brutal, daß sie nicht mehr wissen, was sie tun sollen. Wollt ihr alle eure Ohren abgeschnitten haben? Und vielleicht auch noch eure Nasen? Oder gar die Finger? Und dann auch noch gehenkt werden?"

„Das brauchst du Esel uns doch nicht zu fragen", lachte Lucio.

Alle Muchachos fielen in das Lachen ein.

Auch Celso lachte, als er weitersprach. „Das weiß ich. Aber wollt ihr alle heimgehen? Zu euren Frauen, euren Vätern, euren Feldern?"

„Ja, das wollen wir!" riefen die meisten Burschen aus.

Da schrie Martin Trinidad, aufspringend und die Arme in die Luft flitzend: „Nein, ihr Ochsen, das wollt ihr nicht. Und das sollt ihr nicht. Eher schieße ich jeden einzelnen von euch über den Haufen. Und auch dich noch, Celso. Brauchst mich nicht so anzustieren, weil ich das sage. Huren könnt ihr später. Und eure Felder gehen euch nicht verloren. Niemand von uns geht heim. Niemand von euch. Und niemand von allen, die hier in den Monterias heulen und wehklagen. Niemand geht heim, solange ich auf meinen beiden Beinen stehen kann. Wir gehen jetzt auf die Fincas los, erschlagen die Finqueros und die Mayordomos. Und wir erschlagen die Rurales und die Federales, die uns in den Weg kommen. Jetzt räumen wir auf. Alle Peons müssen frei werden. Alle und alle. Und alle sollen sie ihr Land haben, das sie in Frieden und für sich selbst bebauen können. Tierra y Libertad! Erde und Freiheit."

„Bravo!" schrien Celso und Paciano zugleich aus. Und „Bravo, Martin, du sagst, was wir denken!" schrien begeistert die übrigen Burschen aufspringend.

„Dann auf, Muchachos!" rief Martin Trinidad. „Laßt das Feuer nicht erlöschen. Viva la Rebelion! Viva los Rebeldes!"

„Viva la Rebelion!" und „Que viven todos los rebeldes!" riefen die Muchachos.

Sie ergriffen ihre Äxte und Machetes und gedachten sofort loszuziehen auf die Administracion zu, um aufzuräumen.

„Halt, halt, Muchachos!" sagte da Celso mit lauter Stimme. „Erst laßt uns hier noch ein paar Minuten darüber reden, was wir tun und wie wir es tun. Wenn wir jetzt alle so wild auf die Oficinas losrennen, machen wir mit denen, die da sind, ein rasches Ende. Aber in allen Winkeln der Selva sind Capataces bei den Muchachos, die nichts von uns wissen. Die Capataces können sich versammeln und von hinten auf uns loskommen. Die alle haben Pistolen und Pferde und reiten hinüber zu den anderen Monterias und holen Hilfe. So geht das nicht. Da können wir nicht gewinnen, sondern wir werden alle erschlagen. Das nützt uns nichts. Wenn wir Land und Freiheit haben wollen, müssen wir leben und die andern erschlagen."

Martin Trinidad rief: „Oiga, Muchachos, hört, der Celso hat recht. Laßt uns wieder hinsetzen und beraten. Was wir hier jetzt gut beraten, brauchen wir später nicht mit Reue zu beklagen. Sage, Celso, wie du dir das denkst."

Celso schlug vor, daß alle Burschen sofort zu den Boyeros gehen sollten, die nahebei am Arroyo Mono Trozas schleppten. „Da sind unsere besten Jungen mit den besten Herzen und Seelen, da ist Andrés, da ist Fidel, der diesem Aas hier einmal eins in die Fresse gehauen hat, da ist Santiago, der sich weder vor dem Teufel noch vor dem Felix fürchtet, da ist Matias, der nur auf die Gelegenheit wartet,

El Doblado die Kehle abzuschneiden, weil er ihm seine Muchacha so gemein verführte, und da sind Cirilo, Pedro, Sixto, Procoro. Mit diesen Boyeros zusammen brauchen wir niemanden zu fürchten. Mit denen können wir den ganzen Dschungel erobern und alle Fincas. Wären alle Hacheros, die wir hier in den Monterias haben, wie die Boyeros, Jungens, Jungens, da könnten wir das ganze Land für uns erobern, und kein Tyrann könnte uns daran hindern."

„Dann los zu den Boyeros!" kommandierte Martin Trinidad. „Du, Juan, kletterst auf den Gaul und galoppierst voraus, und wenn du einen Boyero triffst, die sind ja alle zerstreut, dann schicke ihn zum Tumbo des Arroyo Mono."

„Und wenn ich einen Capataz auf dem Wege antreffe, und er mich hier auf dem Pferde sieht, was sage ich dann?" fragte Juan.

„Da sagst du, daß dich der Patron schickt, und du solltest Andrés und Santiago suchen; die sollten zur Administracion kommen."

„Was denn nicht noch?" rief Celso. „Auch noch Entschuldigungen machen? Hier, nimm den Revolver. Halte ihn vor dir am Sattelknopf, und wenn dir ein Capataz begegnet und dich anhält, knipse ab. Los, voran, Juan! In einer halben Stunde sind wir drüben am Arroyo."

12

Als die Burschen am Arroyo Mono ankamen, warteten bereits die Boyeros und deren Jungen, die Gañanes. Die Jungen benahmen sich ängstlich. Sie wirtschafteten an den Ochsen und den Geschirren herum, denn sollte nun ein Capataz erscheinen, konnten sie den Eindruck erwecken, daß sie unschuldig seien. Sie fürchteten die Hiebe, die sie erhalten würden, wenn die Sache, die sie nur halb verstanden, fehlschlagen sollte.

Ohne die Jungen zu rechnen, waren hier jetzt mehr als zwanzig Muchachos beieinander. Aber in jeder Viertelstunde kam ein Ochsenzug mit einer neuen Troza zum Tumbo, und der neuankommende Boyero wurde unterrichtet von dem, was sich inzwischen ereignet hatte.

Es wurde beschlossen, zur Administracion zu marschieren; jedoch einen genügend weiten Umweg zu machen, um auf dem Wege so viele Arbeitsfelder zu besuchen wie nur möglich, damit alle Schläger und Boyeros, die angetroffen wurden, sich dem Zuge anschließen konnten.

Die Schläger trugen als Waffen ihre Äxte, einige außerdem noch Machetes. Die Boyeros hatten nur Machetes. Aber sie nahmen noch die eisernen Haken, die sie von den Zugketten lösten, mit sich, um auch allen den Burschen, die sonst nichts hatten, ein Stück Waffe in die Hand zu geben.

„Das ist nur für den Anfang", tröstete Juan Mendez die Muchachos. „Für den Anfang genügen sogar Knüppel, Steine und Schleudern. Wenn es erst einmal losgeht, dann machen wir es, wie die Campesinos und die Peons in Morelos es machten, als sie das erste Mal auf die Zuckerplantagen und die Zuckerfabriken losgingen. Sie lachten sich eins, wenn die Rurales und die Federaltruppen kamen."

„Warum denn lachten sie?" fragte Cirilo.

„Du bist mir auch ein Urschhinker, das bist du, so dumm zu fragen. Je mehr Soldaten auf sie loskamen, desto mehr Waffen bekamen sie. Denn jeder Soldat und jeder Landjäger und jeder Polizist hat doch einen Karabiner, jeder Offizier auch noch einen Revolver. Einfach, du erschlägst den Soldaten und den Polizisten, und dann nimmst du ihm seinen Karabiner oder seinen Revolver ab. Und natürlich auch alle Patronen, die er hat, und die Stiefel und überhaupt alles, was er auf dem Ursch trägt. Es ist doch sehr einfach. Auf diese Art wird Rebellion gemacht, und auf diese Art werden die Rebellen bewaffnet."

„Haben die Campesinos von Morelos die Revolution denn gewonnen?" fragte Santiago.

„Natürlich nicht. Damals nicht", antwortete nun Martin Trinidad an Stelle des Juan Mendez. „Aber sie haben den ersten Sturm geläutet. Sie und die Campesinos von Tlaxcala, geführt von Juan Cuamatzi, dem Indianer. Jetzt wissen alle Peons und alle Bauern, daß es gemacht werden kann und daß Tyrannei und Diktatur verwundbar und besiegbar sind. Wartet nur, das nächstemal gewinnen auch die Peons von Morelos und auch die von Tlaxcala erst recht."

„Wer weiß", sagte Juan Mendez, „ob sie nicht in dieser Stunde, wo wir hier stehen und uns noch alles überlegen, vielleicht schon den ganzen Staat Morelos in hellem Aufruhr haben. Wir hören ja nicht, was draußen im Lande geschieht."

„Und zur Hölle noch mal, was ist denn hier für eine Versammlung?" schrie da erbost El Doblado, der in diesem Augenblick mit El Tornillo hier zum Tumbo geritten kam.

Die Muchachos, oder bestimmt der größere Teil von ihnen, wandten sich erschreckt um. Aber sie blieben stehen und machten auch nicht die geringste Miene, zu den Ochsengespannen zu gehen und sie umzukehren, um neue Trozas heranzubringen.

„Habt ihr nicht gehört, ihre Schweine, was ich euch gefragt habe?" schrie El Doblado abermals. „Was für eine Versammlung ist das hier? Faulenzen und ausruhen am hellen Tage, wo wir in der nächsten Woche mit dem Schwemmen anfangen sollen. Los, an die Arbeit!"

Die kleinen Jungen und zwei zaghafte Boyeros gingen auf die Ochsen zu und begannen, sich an den Gespannen zu beschäftigen.

„Hiergeblieben, ihr Cobardes, ihr lausigen Angstschlucker!" rief Celso. Die paar Leute blieben auf halbem Wege unschlüssig stehen.

„Ja, was ist denn das hier?" brüllte nun El Doblado, die Peitsche, die er in der Hand hielt, fest umklammernd. „Huelga? Streik? Oder gar etwa eine Meuterei, un Motin?"

„Richtig, Coyote", schrie Santiago Rocha als Antwort, „richtig geraten, das hier ist ein Motin und ein Mitin, eine Versammlung von Rebellen, damit du Hund das auch weißt und keine falsche Meinung hast."

El Doblado wurde blaß. Er hackte in den Leib seines Pferdes und versuchte, es einige Schritte zurückzubringen. Das Pferd verstand die Bewegung nicht. Es tänzelte rechts und links vor den Muchachos herum. El Doblado wurde unsicherer. Mit weiten Augen stierte er auf die Burschen, die drohend herumstanden und offenbar auf eine Geste warteten, die ihnen das Signal zu einer Tat geben sollte.

El Tornillo, der andere Capataz, war nicht so eingedrängt zwischen den Burschen wie El Doblado. Er hätte mit einem Satz des Pferdes aus der eingezwängten Lage heraus sein und sich davonmachen können. Aber er überlegte rasch, daß er besser daran sei, wenn er in der Nähe des El Doblado bliebe, denn seinen Compañero hier allein zurückzulassen und seine eigene Haut zu retten, konnte für ihn eine unangenehme Wendung nehmen, wenn es herauskam und die übrigen Aufseher die Wahrheit erfuhren. Letzten Endes kam es auf dasselbe heraus, ob er jetzt hier geschlachtet wurde oder später von den erbosten Capataces.

Während das Pferd des El Doblado noch herumtänzelte und nicht wußte, was zu machen, bekam sein Reiter plötzlich eine panische Angst. Er wollte den Revolver ziehen, aber er hatte in der Rechten die Peitsche an einem Riemen um das Handgelenk. Dieser kleine Riemen verfing sich am Revolverkolben und El Doblado zerrte und zerrte noch mal. Da warf Matias dem Pferde einen Ast gegen die Vorderbeine. Das Pferd bäumte auf, und während es bäumte, sprang Fidel von hinten auf El Doblado zu, packte die Hand, die der am Revolver hatte, hing sich daran und riß El Doblado aus dem Sattel.

Nun sah El Tornillo, daß es sehr ernst wurde. Er riß das Pferd herum, um zu entfliehen. Aber die Bewegung war von Cirilo bemerkt worden, der einen Haken in der Hand hielt. Er schwang den Haken aus und riß das Pferd an einem Hinterbein hoch. Das Pferd schlug aus, kam mit den Beinen ins Gestrüpp, stolperte und fiel. Es richtete sich jedoch sofort wieder auf, mit El Tornillo noch immer im Sattel.

Sixto bückte sich nach einem Stein. Er fand nicht rasch genug einen.

Aber er fand das Stück eines zerbrochenen Jochbalkens, sprang dicht an das Pferd heran und schmetterte den Kolben mit aller Kraft gegen die Schulter des El Tornillo. Der wandte sich, um abzuwehren oder um auszuweichen.

Da sprang ihn von der anderen Seite Pedro an, der mit einer Hand den Zügel herumriß, mit der andern Hand El Tornillo an den Leibriemen packte und mit drei kräftigen Rucken auf dem Boden hatte.

Eine viertel Minute später waren beide Capataces zu Ende. Fidel, der El Doblado vorhatte, nahm einen Ast und schlug damit so lange auf dessen Gesicht los, bis es völlig unerkennbar war. Als wäre er wahnsinnig geworden, schrie er dabei unausgesetzt: „Dir gebe ich es, dir gebe ich es, du quälst keine Frau mehr, du quälst keine Frau mehr."

Als Fidel sich endlich aufrichtete und mit einem letzten Tritt in das Gesicht des Erschlagenen seine Rache beendete, sagte Martin Trinidad: „Die Pistole und die Patronen gehören dir, Muchacho, du hast sie dir verdient."

Dann wandte er sich zu den Burschen und, mit der einen Hand auf den Leichnam des El Tornillo, mit der andern auf den toten El Doblado deutend, rief er: „Da! Da seht ihr es! So kriegt ihr eure Waffen, Muchachos! Jeder Revolver, den ihr euch auf diese Weise holt, ist zwei für euch wert. Denn er fehlt eurem Feinde und ihr habt ihn. Packt die Hunde meuchlings, wenn ihr nicht anders könnt. Packt sie von hinten oder von vorn. Wenn ihr Revolution machen wollt, dann macht Revolution, und macht sie ganz, oder sie richtet sich gegen euch selbst und zerschmettert euch."

Pfeifend, johlend, rufend, singend, marschierte der Haufe, den geplanten Umweg durch die in der Region gelegenen Arbeitsfelder nehmend, auf die Hauptstadt der Monteria zu.

Drei Burschen ritten auf Pferden. Drei andere trugen Revolver. Zwei der Reiter ritten dem Haufen voran, und ein Reiter folgte dem Zuge als Rückendeckung.

An einen Plan, wie sie die Administracion angreifen wollten, hatte niemand gedacht.

Sie verließen sich auf die revolutionäre Tatkraft, die, wenn nicht verwässert von bleichsüchtigen Politikanten, noch nie in der Weltgeschichte einen echten Revolutionär im Stich gelassen hat.

Der Haufen war auf den Umwegen zu den andern Camps inzwischen auf sechzig Mann angewachsen.

Es fehlte noch eine Stunde bis zum Sonnenuntergang, als sie in Hörweite der Administracion anlangten. Die zahlreichen Hunde, die sich in der Stadt herumtrieben, bellten und heulten los.

Don Felix war vor einer halben Stunde von einem Inspizierungsritt zurückgekehrt und fand in den Oficinas Don Severo vor, der gekommen war, um die letzten Einzelheiten für das Abschwemmen mit seinem Bruder und den Capataces zu besprechen.

Als sie das heftige Bellen der Hunde hörten, sagte Don Felix: „Teufel, was ist denn da los? Hat man denn hier gar keine Ruhe, um etwas reden zu können? Die ganze Horde sollte ersäuft werden. Zu nichts nütze."

Die Hunde gebärdeten sich lauter, und Don Felix stelzte in den Portico, nahm einen Knüppel und warf ihn dem Rudel, das der Oficina am nächsten war, zwischen die Rippen. Die Hunde heulten jämmerlich und verkrochen sich, ohne aber ihr Knurren und Bellen einzustellen.

„Wahrscheinlich kommt der Türke mit seiner Karawane an", meinte Don Severo, als Don Felix wieder in die Oficina trat.

„Undenkbar", sagte El Chapapote, „der würde in den Flüssen ersaufen. Die sind zu hoch angeschwollen. Wahrscheinlich haben sich Ochsen von der Weide auf den Weg gemacht und kommen hierher, der Beißfliegen wegen."

„Kann sein", meinte Don Felix und nahm sich einen Schluck.

„Du hast den Capataces allen gesagt, Chapapote, daß sie für heute abend hier zur Administracion kommen sollen?" fragte Don Severo.

„Seguro, Jefe."

Don Severo und Don Felix machten sich über die Listen her und studierten, um einen Überblick zu gewinnen, die ungefähre Zahl der Stämme, die an jeder der zahlreichen Abschwemmstellen aufgehäuft waren.

„Morgen kriegst du hier einen verflucht eleganten Schweinebraten", sagte da Felix zu Severo.

„Wo hast du denn Schweine her?"

„Von dem Chamula, dem ich sie abgenommen habe."

„Den mit den Jungen und dem Weibe?"

„Den meine ich. Er ist im neuen Camp. Die Muchacha ist mir heute morgen ausgebrannt. Das Luder. Ich kriege sie schon noch."

Don Severo seufzte. „Diese Weiber, gottverfluchtes Gezücht. Was einem die für Scherereien machen. Die drei bei mir da schlagen sich jeden Tag fünfmal. Die eine hat kaum noch ein Büschel Haar übrig, so viel haben ihr die andern beiden ausgerupft. Gib die gottverdammte Flasche rüber. Hast sie die ganze Zeit am Halse und ich kann hier vertrocknen und nach Luft schnappen."

Die Muchachos hielten in ihrem Anmarsch inne, als sie die ersten Hütten des weiten Platzes der Administracion durch die Bäume erspähen konnten. Einzelne Hunde der Ciudad, die sich besonders tapfer dünkten, kamen auf sie losgesprungen. Die Hunde, obgleich an die Leute gewöhnt, fühlten in ihrem Instinkt, daß die Burschen etwas Ungewohntes umgab.

„Wartet hier auf mich", sagte Martin Trinidad zu den Muchachos, die ihm am nächsten standen. „Ich werde mir meinen wunderschönen Automatic ausgraben und die Patronen und die eleganten Magazine. Wir werden das liebliche Ding wohl jetzt gleich brauchen."

Nur wenige Minuten währte es, da war er zurück. Er hielt die Pistole hoch und zeigte sie stolz herum. „Ich könnte das kleine Maschinengewehrchen küssen wie ein Frauenzimmer, so verliebt bin ich darin. Und, por Jesu Cristo y la Virgencita, ich kann nicht anders." Er schmatzte auch wirklich den schweren Fünfundvierziger ab, als ob er ihn auffressen wollte.

„Ich möchte jetzt nur wissen, ob alle Capataces hier in der Administracion sind?" fragte Celso. „Der Koch sagte mir heute früh, daß Don Severo mit seinen Aufsehern gekommen ist. Die wollen heute und morgen hier die Pläne für das Schwemmen machen. Was denkt ihr?"

„Ich glaube nicht, daß sie schon alle versammelt sind", antwortete Andrés. „Die vom neuen Camp sind sicher nicht hier."

„Mir scheint, die kommen da unten; ich habe von der Böschung aus den Cayuco heranrudern sehen. Und wenn ich gut gesehen habe, so saßen die drei Capataces vom neuen Camp drin", sagte Martin Trinidad und fügte hinzu: „Kannst dich nie irren, ob es Capataces sind oder Muchachos, der Hosen und Hemden wegen, die sie anhaben."

„Vicente!" Andrés rief den Jungen herbei. „Du bist flink auf den Beinen und klein und gewandt. Du schleichst dich hier ein Stück voran und paßt auf, wann die Capataces ankommen; und wenn sie in den Oficinas verschwunden sind, kommst du hierher und meldest es."

Der Junge war fort wie eine Katze, die von einem Hunde gehetzt wird. Martin Trinidad sagte: „Laßt uns Kriegsrat halten. Du, Juan, und du, Lucio, ihr habt Übung als Soldaten. Ihr nehmt euch hier zehn Muchachos, und sobald der Vicente zurückkommt mit der Nachricht, beginnt ihr, die Haupt-Oficina von der Seite des Flusses aus zu umgehen, so daß nach jener Richtung hin niemand entweichen kann. Schießt gleich drauflos, wenn einer flüchten will, und schießt so, daß er auf dieser Erde keinen Schritt mehr macht. Wir übrigen besetzen die Mitte des Platzes vor den Oficinas. An jedem Pfad, der in den Dschungel geht, es sind nur drei, stellen sich zwei Mann auf, gut versteckt im Dickicht. Sobald ein Capataz ankommt, schnappt ihr ihn euch. Mit dem Machete drauflos. Stellt euch so, daß, wenn er entwischt, er auf die Oficina lostraben muß, wo er meint, Hilfe zu finden. Er weiß ja nicht, was hier vor sich geht. Und alle Muchachos, die jetzt zum Essen heimkommen, gleich aufgefangen, und hier auf die Mitte des Platzes geschickt, wo wir sind."

Vicente kam angesprungen: „Die Capataces sind hier. Sie gehen jetzt gerade rüber zur Oficina."

„Dann los mit euch!" kommandierte Martin Trinidad der kleinen Gruppe, die den Auftrag hatte, das Entweichen der Belagerten zum Fluß hin und vielleicht gar ein Fliehen mit Cayucos zu verhindern.

Die Hunde, die in der Nähe waren, hatten aufgehört zu kläffen; einige folgten dem auf Posten ziehenden Trupp.

Die Muchachos dieses Ufertrupps kletterten hier noch in Entfernung von den ersten Hütten die Böschung hinunter und gingen am Ufer entlang bis zur Höhe der Haupt-Oficina. Dort kletterten sie die Böschung wieder hinauf, sich auf eine lange Linie ausbreitend. Sie krochen bis an den oberen Rand, wo sie die Köpfe nur gerade so weit über die Böschung steckten, daß sie den Platz und die Gebäude sehen konnten. Als sie in Stellung waren, ließ Secundino den klagenden Ruf eines Coyote hören – und so geschickt, daß auf dem Platze ein paar Hunde sich verführen ließen, wie die Teufel loszuflitzen, um auf den vermeintlichen Coyote Jagd zu machen.

„Die sind auf Posten", sagte Celso. Er sagte es ohne besondere Erregung, aber seine Augen und seine Nasenflügel bewiesen, daß ihm so gut wie allen andern hier das Herz heftig pumpte.

Was nun hier geschah, und was unter gleichen Verhältnissen überall auf Erden geschieht oder geschehen muß, kann nicht auf Rechnung der Rebellen gesetzt werden, sondern auf Rechnung derer, die jene Verhältnisse schufen und deren Wohlergehen diese Verhältnisse günstig waren. Jeder Peitschenhieb auf einen Menschen ist ein Glockenschlag, der den Untergang der Macht ankündigt, unter der jener Peitschenhieb ausgeteilt wurde. Wehe den Gepeitschten, die Hiebe vergessen können! Und dreimal Wehe denen, die nicht darum kämpfen, die Hiebe zu vergelten!

13

Obgleich allen Muchachos plötzlich die Beine schwer wurden, als sie fühlten, daß jetzt das Wort zum Vormarsch kommen würde, so waren sie dennoch alle einig, daß es kein Zurück mehr geben könne. Die Brücken waren hinter ihnen abgebrochen. Die Ermordung der drei Capataces ließ für keinen mehr irgendeinen anderen Weg offen als den, den sie nun gehen mußten.

Im Augenblick, als Celso laut ausrief: „Adelante, Rebeldes! Vorwärts, Rebellen! Tierra y Libertad!", da gingen sie nicht mehr, sondern sie sprangen voran wie eine Herde wilder Pferde, aber nicht, als würden sie gehetzt, sondern vielmehr als jagten sie, von Durst getrieben, auf das Wasser zu, das die vordersten in derselben Sekunde gewittert hatten.

Ohne es zu wissen, und ohne es zu wollen, gewannen sie durch dieses heftige Anstürmen die halbe Schlacht. Wären sie langsam herangekommen, so würden Don Severo und Don Felix geglaubt haben, die Muchachos kämen, weil sich etwas Ungewöhnliches ereignet habe, vielleicht ein Erddurchbruch mit dem Verschwinden einer Anzahl von Leuten oder das Auftauchen einer Gruppe von Tigern in einem der Camps. Die Montellanos würden dann angefangen haben zu reden und zu fragen, was los sei. Die Muchachos, nicht gewohnt im Reden, noch viel weniger geübt in Unterhandlungen oder gar Beratungen mit den Patrones, wären verwirrt geworden und hätten nicht gewußt, was zu sagen, was zu fordern und wie zu fordern. Ob das Ende sich anders zugetragen hätte, darf freilich bezweifelt werden. Sie waren in einer Lage, wo nichts Geringeres angenommen werden konnte als die ganze Freiheit.

Don Severo stand in der Tür, den Rücken zum freien Platz gewandt, und sprach zur Oficina hinein. Als die Muchachos rufend und schreiend auf den Platz stürmten, kehrte er sich ihnen zu, verstand aber, da sie meist indianisch sprachen, nur einzelne Worte und Phrasen.

„Por Dios, was ist denn da los?" Er rief das nicht zu den Muchachos, sondern zu seinem Bruder und den Capataces in der Oficina, die gerade ihre erste Ölung vor dem Abendessen vornahmen und noch die Gläser in den Händen hielten.

Don Felix und alle Capataces waren mit einem Satz im Portico.

Don Severo trat dicht an das Geländer und rief: „Was ist denn? Wozu kommt ihr denn alle her? Hättet noch eine Stunde arbeiten können. Noch lange nicht finster."

„Perro! Hund!" rief einer aus dem Haufen.

„Cabron! Hurenjunge!" schrie ein anderer.

„Que chinguen todos sus madres, Cabrones!"

Dann wurde das Schreien und Rufen allgemein, ohne daß noch bestimmte Worte zu verstehen waren. Aber was aufgeschnappt werden konnte, war immer ein gräßliches Schimpfwort der bösesten Sorte.

Don Severo wandte sich halb um zu den Aufsehern und fragte: „Was haben sie denn?"

„Hundefucker! Schweinefucker, Eselfucker!" Die Rufe sausten nur so los. Die Muchachos kamen bis dicht heran an das Hauptgebäude, wo die Männer jetzt alle zusammengedrängt am Geländer des Portico standen.

„Hast du denn hier etwas Neues angerichtet?" fragte nun Don Severo seinen Bruder mißtrauisch.

„Gar nichts. Was soll ich denn getan haben? In den letzten Tagen ist keiner gehenkt und auch keiner gepeitscht worden. Seit dem Begräbnis Cachos, wo du sagtest, wir sollen für die nächste Zeit ein wenig langsamer vorgehen, haben wir hier niemandem etwas getan."

Darauf sagte El Faldon: „Con su permiso, Jefe, was denn mit dem Chamula und seinem Jungen, ich glaube er heißt Candido oder so?"

„Der? War ausgerückt. Aber ist nicht gehenkt worden. Auch nicht gepeitscht. Überhaupt ist er gar nicht hier. Er ist im Campo Nuevo."

„Da ist aber seine Schwester", sagte El Faldon.

„Was geht mich denn seine dreckige und verlauste Schwester an? Der habe ich nichts getan. Die ist heute morgen weggerannt. Gut. Aber was kümmert mich denn das?"

„Dann weiß ich um aller Heiligen willen nicht, was die hier alle wollen."

Don Severo stand eine Weile und sah sich um. „Verflucht und gepfiffen, Sack und Klöten noch mal, da im Rücken haben wir ja noch eine Bande."

Er hatte die Burschen erblickt, die von der Böschung herkamen und den Rückweg abschnitten.

„Ich glaube, Jefe", sagte El Chato, „da ist etwas nicht in Ordnung."

„Halt's Maul, du Eseldösel, das sehe ich selber, daß etwas nicht in Ordnung ist. Wenn doch die Säue nicht so blöde durcheinanderbrüllen wollten und endlich einer etwas sagen möchte, was ein Christenmensch verstehen kann. Ich höre nur immer Cabrones und Chingados."

„Das ist eben das Verdächtige", unterbrach ihn Don Felix. „Sie müssen hier ein paar der Capataces meinen. Zu uns würden sie nie in dieser Weise sprechen. He!"

Er drehte sich um zu den Aufsehern. „Heraus mit der Sprache! Wer hat denn da sein Süppchen gekocht? Hunderttausendmal haben wir euch gesagt, laßt deren Weiber in Ruhe, wenn sie Weiber haben."

El Faldon suchte unter den Capataces herum. „Wo ist denn El Doblado? Den sehe ich nicht."

„Laß nur den in Ruhe. Der wird auf dem Wege hierher sein", antwortete El Chato.

„Warum fragst du nach El Doblado so verdächtig?" Don Severo wandte sich an El Faldon.

„Der hat da mit einem Mädchen, das ein Muchacho mit hierher gebracht hatte, was vorgehabt. Er hat sie rübergekantet. Mit Gewalt."

„Dann geschieht's dem Schwein ganz recht, wenn sie ihm den Schwanz kürzen. Sollen die Weiber in Ruhe lassen. Es sind ja genug Huren hier herum, daß jeder leicht auf seine Rechnung kommen kann."

Don Severo hob die Hand und erwartete, daß die Muchachos schweigen sollten, weil er reden wolle.

Aber seine schöne Geste des Handhochhebens hatte ihre magische Wirkung verloren. Die Muchachos brüllten nur mit größerer Kraft:

„Hundesohn. Hurensohn. Schweinefucker. Mangozockler. Cotoreiter."

Don Severo fühlte seine Geste lächerlich werden. Sie erschien ihm jetzt kindisch und albern. Er stützte beide Hände in die Hüften und warf dabei seine Brust vor, als ob er zu einer gewaltigen Rede ausholen wolle.

Ein einziger brüllender Schrei tönte ihm entgegen. „Abajo los Cachupines! Al Infierno los Ladinos! Zur Hölle mit den Spaniern und den Patrones!"

Don Severo verlor nun zum ersten Male die Farbe im Gesicht. Er sah seinen Bruder an, der langsam zur Wand des Hauses zurücktrat. Er sah nach rechts, und er sah nach links und bemerkte, daß alle Capataces sich wanden und rekelten und alle versuchten, zu einer der beiden offenen Türen zu gelangen, die das Haus an dieser Seite aufwies.

Don Severo aber ging nicht zurück. Er blieb dicht am Geländer stehen, das in Höhe seines Gürtels abschloß. Einige Male öffnete er den Mund, als wolle er sprechen. Dann wußte er plötzlich nicht mehr, wozu er seine Arme und Hände habe; denn er fegte mit ihnen an seinem Körper entlang, ohne zu wissen, wo er sie lassen sollte. Endlich brachte er beide Hände vor, und hielt sie übereinandergelegt, in der Mitte vor dem untersten Zipfel seines Unterleibes. Es sah aus, als ob eine Venus etwas beschützen wolle, was ihr der Künstler nicht anheften konnte, weil ihm die Gabe fehlte, es der Natur gleich zu machen. In dieser Geste sah Don Severo, weil er ja Mann war, ungemein lächerlich aus – wie ein verlegener Schüler, der auf einem Einsamkeitsvergnügen ertappt wurde. Don Severo fühlte abermals, wie unbeholfen er in dieser Geste wirke, als einer der Burschen schrie: „Halt ihn fest, du Hurensohn, daß er dir nicht wegfliegt."

Ein brüllendes Gelächter der Muchachos folgte; einer überschrie es mit der Bemerkung: „Fliegt dir nicht fort, Cachupin. Brauchst ihn nicht mehr heute nacht." Und ein anderer brüllte auf der Spitze seiner Stimme dazwischen: „Brauchst ihn nicht mehr. Bist dann zu kalt."

Endlich gelang es Don Severo, eine offene Stelle in dem Durcheinanderschreien der Muchachos zu erhaschen. Er rief: „Was wollt ihr denn, Muchachos?"

„Wir gehen heim! Wir arbeiten nicht mehr! Wir wollen Freiheit! Wir machen alle Peons auf den Fincas frei und alle Muchachos in allen Monterias! Tierra y Libertad!" Alles das wurde wild durcheinander gerufen. Nur auf den letzten Ruf vereinigten sich alle Stimmen.

Nun wurde Don Severo völlig bleich. Er ging einen halben Schritt zurück, wandte den Kopf zu seinem Bruder und sagte: „Nun weiß ich, was los ist. Das ist der Schrei, den die Revolutionäre aufgenommen haben. Tierra y Libertad! Es steht in den Briefen, die wir bekamen. Teufel noch mal, wen haben wir denn hier, der alles aufgewühlt hat? Keiner von unseren Muchachos hat das vorher gehört,

Die kriegen keine Briefe, auch keine Zeitungen. Da muß einer sein, der lesen kann."

„Wahrscheinlich der Andrés, einer von den Boyeros", sagte halblaut El Chato.

„Der ist es nicht", widersprach El Faldon. „Der ist ruhig und arbeitet für seinen Vater die Schulden runter. Ich glaube, es ist der, der das Chamulamädchen an seiner Seite hat. Celso heißt er. Er ist der Frechste hier. War kaum zu verprügeln. El Gusano hat mir gesagt, er glaube, Celso sei der, der nachts immer hinter ihm und El Picaro her singt. Wo ist denn überhaupt El Gusano?"

Alle drehten sich um, einer den andern suchend.

Don Felix sagte heiser: „Da fehlen ja zwei von den Capataces."

„Drei", berichtigte El Faldon.

„Oiga, Muchachos!" rief nun Don Severo, alle seine Atemkraft in die Worte legend: „Hört her, Jungens, ihr schwemmt mir alle Trozas ab, und wenn sie alle abgeschwemmt sind, dürft ihr heimkehren. Palabra de honor! Ehrenwort!"

„Schitt in dein gottverdammtes Ehrenwort! Daß du daran erstickst, du Hund!" schrie Celso, mit seiner kräftigen Stimme den Tumult überschreiend. Es kam wie ein Trompetenstoß über den Platz gefegt. Er holte tief Atem und trompetete: „Zum Schitt deine gottverdammten Trozas! Mit deinen verfluchten Trozas werden wir dir die Hölle heizen, du Bestie, du Tiger. Vier Tonnen? Vier Tonnen? Kratze sie dir mit deinen verhurten Krallen heraus, verhurter Gachupin und Hundebrut einer verfilzten Hure!"

Das war zuviel für Don Severo. Wäre es möglich gewesen, so wäre er aufgeplatzt, so grimmig rot wurde er im Gesicht, als er schrie: „Du verlaustes Dreckschwein von einem läusefressenden Chamula, das sagst du zu deinem Patron? Auf deine eitrigen, vom Knochenfraß zerfetzten Knie, du Hund!"

Während er noch den letzten halben Satz herunterrasselte, Wort für Wort herausschreiend, um jedem Laut die denkbar höchste Wirkung zu geben, zerrte er gleichzeitig den Revolver hervor und schoß auf Celso. Celso duckte sich wie gefällt. Gleichzeitig aber krachten wohl ein Dutzend Steine auf Don Severo los. Mehrere Steine trafen ihn eine halbe Sekunde früher, als er seine Maschinenpistole abzuknipsen vermochte, und der Schuß ging hoch über dem Haufen der Muchachos hinweg, in die Kronen der Urwaldriesen hinein, die den weiten Platz umsäumten.

Don Severo lag, von dem Anprall der Steine lang hingeworfen, auf dem Boden des Portico. Aber er war nicht betäubt. Noch viel weniger gab er den Kampf auf. Er zog erneut ab und schoß durch die Latten des Geländers.

Ob er jemanden getroffen hatte, oder ob er mit den weiteren Schüssen, die er feuerte, jemand traf, wußte er nicht.

In den wenigen Sekunden, die dem ersten Schuß folgten, vollzog sich alles so ungemein rasch, daß er nur eins genau wußte: er feuerte sieben Schuß aus seinem Automatic. Und selbst das wußte er nur, weil er sieben Schuß im Magazin hatte und dann die Kammer plötzlich runterfiel.

Aber als das geschah, waren die Muchachos auch schon in der Oficina. Sie kamen in Haufen hereingestürmt, vom Platze aus und von der Böschung her. Keiner von denen, die Revolver hatten, feuerte auch nur einen Schuß. Mit Schüssen hätten sie ihre Erregung nicht kühlen können. Sie schlugen die Capataces mit Steinen, mit Knüppeln, mit Fäusten zu einem Klumpen zusammen. Und sobald einer niederbrach, sprangen sie auf ihn und traten ihn mit ihren Füßen ins Gesicht und in die Rippen, bis der Körper keine Bewegung mehr zeigte.

Als die Muchachos auf die Oficina losstürmten, war der einzige, der seine Pistole zog, Don Felix. Die Capataces gehorchten treulich der alten Weisheit: „Wenn er die Macht besitzt, läßt bestialisch er die Hiebe spritzen; doch wenn der Wind sich dreht, die Macht sein Opfer hat, läuft ihm der Schitt aus allen Hosenritzen!" Wie gehetzte Ratten verkrochen sie sich in der Oficina, brachen Türen durch und versuchten, ohne ihre Revolver auch nur anzutasten, mit den Pferden zu entkommen. Sie versuchten es. Aber keiner entkam. Keiner fand auch nur einen Muchacho, der ihm geholfen hätte. Sie wurden zerstampft und zertreten, bis ihre Körper wie Brei waren. Was übrigblieb, zerrten und schleiften die Muchachos zurück in die Oficina.

Dann ging eine Anzahl der Muchachos umher und trieb Hunde und Schweine in die Oficina, wo die zermanschten Capataces lagen. Als sie genügend Hunde und Schweine darinnen hatten, verrammelten sie die Türen, damit die Tiere nicht entkommen und ihren Hunger außerhalb stillen konnten.

Don Felix zog seine Pistole, und es gelang ihm, einen Schuß abzugeben, der einen Muchacho ins Bein traf. Aber der Bursche hatte ihn auch schon angesprungen, ihn umklammert und zu Boden gerissen. Der zweite Schuß ging hoch in die Decke. Und das war der letzte Schuß. Denn gleich darauf hatte der Muchacho ihm den Automatic entwunden. Der Sieger sprang auf, schwenkte die Pistole über sich in der Luft herum und rief: „Jetzt habe ich auch einen, und einen der schönsten."

Don Felix versuchte, sich langsam aufzurichten und kroch dabei dem Winkel zu, den eine kurze Wand des Portico mit der Wand des Hauses bildete.

Aber der Muchacho, der ihm die Pistole abgenommen hatte, sprang mit einem Satz abermals auf ihn los, so daß Don Felix in den Winkel gepreßt wurde, wie eingestopft.

Mit seiner Linken hatte der Muchacho Don Felix an der Gurgel und mit seiner Rechten, die die Pistole umkrallte, holte er jetzt zu einem mächtigen Schlage aus, um Don Felix damit auf den Schädel zu knallen.

Der erste Hieb traf nicht gut, weil Don Felix mit einem Arm, den er freibekam, den Hieb auffangen konnte.

Als der Muchacho aber jetzt zum zweiten Male ausholte, schrie hinter ihm jemand: „Hermano mio, Manito! O Bruder, mein Bruder, erschlage ihn nicht!"

14

Der Bursche wandte sich um und sah Modesta einige Schritte hinter sich stehen.

Im selben Augenblick kam Celso, der soeben dabei geholfen hatte, die Türen der Oficina zu verrammeln, wo die Hunde und Schweine zu rumoren begannen. Er trat dicht hinter Modesta. Nur für eine Sekunde zeigte sein Gesicht einiges Erstaunen. Dann verstand er. Sie war ja seiner Rasse und seines Stammes. In seinem Blute fühlte er, daß Modesta handelte, wie es ihr Urinstinkt von Gerechtigkeit und Harmonie alles dessen, was auf Erden ist und was auf Erden geschieht, ihr zu tun gebot.

„Bruder, mein Bruder! Schlage mir diesen Mann nicht tot!" rief sie wieder, als der Muchacho immer noch auf seinem Opfer kniete und zu zögern begann. In dem Schrei des Mädchens lag ein starker Tonfall von Ekstase, so wie ihn diese Männer selten, wenn überhaupt jemals, hörten.

Mehr und mehr Burschen, zu Ende mit anderen Aufräumungen, kamen inzwischen in den Portico, der sich so rasch füllte, daß die nachkommenden Muchachos außen herum bleiben mußten, weil hier kein Platz mehr war.

Zwischen Modesta und dem Winkel, in dem Don Felix zusammengeklumpt kauerte und der Muchacho auf ihm kniete, befand sich niemand sonst. Alle anderen Muchachos hatten sich hinter ihrem Rücken zusammengedrängt oder standen in dichten Haufen außerhalb des Portico ihr zur linken Seite.

Modesta trug noch immer weiter nichts am Leibe, als die beiden zerfetzten Hemden, die ihr Celso hatte geben können. Sie war barfuß. Die Hemden hatte sie so um ihren Leib gewürgt, daß sie ihre Beine bis dicht an die Hüften hinauf nackt ließen; denn um die Hemden als Kleid gebrauchen zu können, mußte sie diese Fetzen in gleicher Weise legen und falten, wie es die Nachbarn ihres Stammes tun, die Indianer von Vitstan.

Ihre Füße und Beine waren aufgeritzt und von blutverkrusteten Schrammen bedeckt, die sich das Mädchen auf seinem wilden Rennen durch den Dschungel geholt hatte. Ihre Arme, nackt bis zu den Schul=tern, waren ebenso zerrissen, zerkratzt und verschrammt wie ihre kräftigen Beine, deren Fleisch fest war wie harter Kork. Die Hemd=fetzen waren oben um die Brust gewürgt, so daß sie nur gerade ihre jungen, kleinen Brüstchen bedeckten, jedoch die Schultern bis zu den ersten verstohlenen Ansätzen ihrer Brüste frei ließen.

Ihr langes, tiefschwarzes, hartsträhniges Haar hing ihr wirr um den Kopf. Mit den Packen, die bei der traurigen Cayuco=Überfahrt verlorengingen, waren auch ihre Kämme und Haarbänder abhanden gekommen.

Modesta war nicht hoch gewachsen; sie hatte nur die übliche Größe der Frauen ihrer Rasse. Aber ihr Körper war wohlgeformt, harmonisch und ebenmäßig in seinen Gliedern. Darum erschien sie höher, als sie wirklich war; und wenn sie unter den Frauen ihres Stammes stand, gehörte sie zu den größten.

Hier unter den Burschen freilich erschien sie auffallend mädchen=haft. Aber als sie jenen Ruf hinausschrie, wuchs sie in merkwürdiger Weise. Es mochte sein, daß, um ihrem Schrei volle Wirkung zu geben, damit der Muchacho an seiner Tat gehindert würde, sie sich un=gewollt auf die Zehen erhoben hatte. Und mit jedem weiteren Satze, den sie nun rief, hob sie sich erneut und gab so ihrer Gestalt eine wirkungsvolle Erscheinung, der sie sich freilich nicht bewußt war.

Alles, was nun Modesta sagte, und wie sie es sagte, war so dra=matisch, daß es auf einen Nicht=Indianer, der diesem Vorgang bei=gewohnt hätte, tief erschütternd gewirkt haben würde. Um so er=schütternder, um so dramatischer und eindrucksvoller, weil sowohl Modesta, als erst recht allen Muchachos, die hier versammelt waren, auch das geringste Gefühl für dramatische Wirkung fehlte, und noch viel mehr darum, weil ihr und ihnen allen selbst auch nur die kleinste Absicht abging, irgendwelche dramatische Wirkung zu erreichen.

Die Rede Modestas war aber nicht nur wohlgesetzt, sie wurde auch hinausgeschmettert ohne ein einziges Stocken. Keiner der Mucha=chos freilich konnte wissen, daß Modesta diese Rede in sich, in ihrer Seele und in ihrem Herzen, Wort für Wort eingegraben hatte seit jener Stunde, die sie als die traurigste ihres jungen Lebens betrach=tete, und immer als ihre traurigste betrachten würde, so lange sie lebe. Aber nicht mit einem Gedanken hatte sie daran gedacht, daß die Gelegenheit, wo sie diese Rede halten könne, so rasch und un=erwartet kommen würde.

Modesta war sich der Rede und der Wirkung, die sie auf die Muchachos ausübte, ganz unbewußt. Sie redete, weil sie nicht länger schweigen konnte, weil die Empfindung in ihr überströmte und sie über sich selbst hinaus hinwegriß.

„Erschlage mir diesen Mann nicht!" rief sie zum dritten Male. „Ich muß ihn lebendig haben. Lebendig muß ich ihn haben, damit ich weiterleben kann!"

Der Muchacho, der auf Don Felix kniete, stand auf, trat von seinem Opfer zurück und kam zögernd, Schritt um Schritt, rückwärts gehend bis dicht an Modesta heran. Er blickte ihr starr in die Augen. Aber Modesta sah ihn nicht. Sie stierte nur auf Don Felix, der, als erwarte er von dem Mädchen einen Angriff, sich noch tiefer in den Winkel hineinquetschte. Er kroch ganz in sich zusammen, so daß man nur noch seinen Kopf und seine breiten Schultern sehen konnte.

Der Muchacho schlich sich an Modesta vorbei und mischte sich unter die übrigen, die sich dichter und dichter um den Portico drängten, jedoch in Armeslänge vom Rücken des Mädchens entfernt blieben.

Modesta hob ihren rechten Arm, streckte ihn aus in der Richtung auf Don Felix, und mit dem Zeigefinger deutete sie auf sein Gesicht.

„Du! Du! Du! Daß du meinen Bruder und seine Jungen in der Nacht mit einem Besoffenen den Fluß hinaufgeschickt hast und der kleine Junge ertrank, obgleich dich mein Bruder bat, ihn am Morgen zu senden, das vergebe ich dir!"

Der Muchachos bemächtigte sich ein beklemmendes Schweigen. Sie verstanden nicht, was das Mädchen wollte. Einige wurden unruhig und tuschelten: „No, warum vergeben? Erschlagen!" Aber die ihnen nahestanden, hießen sie schweigen. Aus dem Ton, wie Modesta sprach, fühlten sie heraus, daß die Rede erst begonnen hatte und mehr folgen würde.

Nach einer Atempause von einigen Sekunden, ohne den auf das Gesicht des Don Felix gerichteten Zeigefinger zu senken, sprach Modesta aufs neue: „Daß du den kleinen Jungen ertrinken ließest, das vergebe ich dir, denn du bist der Herr und befiehlst, und wir müssen gehorchen!"

„No más Patrones, keine Herren mehr!" riefen einige Burschen dazwischen.

„Calma, Ruhe!" riefen andere.

Modesta hörte das nicht, was hinter ihr gesagt wurde. Sie hielt mit ihrem starren Blick die Augen des Don Felix fest, als wollte sie ihn verzaubern. Er bekam langsam, jedoch allen sichtbar, eine entsetzliche Furcht, die sich deutlich auf seinem Gesicht zu zeigen begann.

Ihre Stimme anhebend, sagte Modesta nun: „Daß du mich heute huren wolltest, mit Gewalt und ohne mich darum zu fragen, und mich nackt fortrennen ließest, allen Männern hier zu Gesicht, auch das vergebe ich dir; denn du bist ein Mann und ich bin eine Frau."

Celso, der ja ihr Schicksal besser kannte als sonst einer hier, begann nun zu verstehen, wohin Modesta zielte. Er lachte glucksend auf. Gleichzeitig fühlte er Stolz, daß Modesta ihn gewählt hatte, sie zu beschützen. Rasch und leise sagte er zu den Burschen, die ihm am nächsten standen: „Laßt sie reden, laßt sie nur reden, sie weiß ganz genau, was sie will."

Modesta hatte ihre Rede abermals unterbrochen. Wieder holte sie tief aus zu neuem Atem. Wieder streckte sie ihren Arm aus und deutete mit dem Zeigefinger auf den immer mehr in sich zusammenkriechenden Don Felix so heftig, als wolle sie ihn mit diesem Zeigefinger gegen die Wand spießen.

„Daß du meinem lieben Bruder Candido, der vor dir gefehlt hatte, die Ohren abschneiden ließest und ihn schändetest, selbst das vergebe ich dir; denn er war geflohen, hatte seinen Kontrakt gebrochen, und du, sein Herr, hattest das Recht, ihn zu bestrafen, hart und grausam wie die Strafe auch war."

Nun endlich verstanden alle Muchachos, daß der Höhepunkt ihrer Anklage nahe gekommen war. Zugleich überkam alle das Gefühl, das allen Menschen, gleich welcher Rasse und welchen Standes, in großen Momenten plötzlich ins Bewußtsein und zur Kenntnis kommt: daß sie einer Handlung beiwohnen, die eines Tages von weittragender Bedeutung sein wird, auch wenn sich diese Handlung nur auf das Leben und die Schicksale einer begrenzten Gruppe von Menschen beziehen sollte.

Modesta, bislang nur ein einfaches, schlichtes Mädchen ihrer Rasse, von den Muchachos bis heute kaum je richtig gesehen, weil sie so ganz wie alle übrigen Indianermädchen war, wuchs nun vor den Augen der Muchachos zu einer Heldin empor. Und weil solches Hervortreten einer Frau, hier sogar eines unverheirateten Mädchens, unter diesen Leuten so ungewöhnlich ist, daß es für sie unbegreiflich wird, fühlten die Burschen, daß sich ein Wunder vollzog. Es erschien für sie eine neue Heilige Jungfrau, ihren Gefühlen um so näher, nicht nur weil sie ihrer Farbe und ihres Fleisches war, sondern weil sie eine Anklägerin, eine Rächerin, ein Soldat der Rebellion wurde.

Daß dies geschah, geschehen konnte, gab den Männern bei weitem mehr als die blutige Überwältigung ihrer Herren und Peiniger die Gewißheit, daß eine neue Zeit über das ewige Erbland der Indianer dahinzusausen begonnen hatte.

Die Muchachos verfielen, als Modesta nun wieder innehielt, in einen Rausch des Taumels, eines Tumultes, der religiöse Begeisterung war. Sie sahen vor ihren Augen das Gelobte Land liegen. Sie sprangen herum, umarmten sich, tanzten, schrien und jauchzten: „Arriba, Muchacha! Viva, Modesta! Hoch, Chamulamädchen!"

Diesen Tumult versuchte Don Felix zu einem Fluchtversuch auszunützen. Zur Linken hatte er die lange Wand des Gebäudes, zur Rechten war nur eine kurze Wand, die als Schutz gegen einfallenden Regen und gegen Stürme angefügt worden war. Dieses Stück Wand war nun etwa zwei Meter lang, dann begann das Geländer, das nur wenig über einen Meter hoch war und leicht genommen werden konnte.

Geduckt schob er sich einige Zoll weit näher zum Ende der kurzen Wand hin. Aber dann sah er zwei harte, tiefbraune Hände auf dem Geländer, die einem Burschen zu gehören schienen, der einen klaren Kopf behalten hatte, offenbar zu keinem anderen Zweck, als ihn zu bewachen. Felix überlegte rasch und kam zu der Ansicht, daß es sicherer sei, noch zu warten. Das Mädchen hatte seine Rede noch nicht beendet. Sie stand immer noch an der gleichen Stelle, von wo aus sie begonnen hatte, ohne auch nur einen Schritt vorwärts oder zurück zu gehen.

Don Felix rechnete sehr gut, wenn er beschloß, auf das Ende der Rede warten. Er sagte sich, daß dann wahrscheinlich die Begeisterung am höchsten steigen würde, und er eine weit bessere Aussicht habe zu entkommen als jetzt, wo der Tumult bereits wieder abzuebben begann, weil die Muchachos sahen, daß Modesta zu weiteren Worten anhob.

Tief schöpfte sie Atem, als wäre sie unter dem Einfluß einer Macht außerhalb ihres Willens. Ihr Gesicht zuckte in den Muskeln, als kämpfe sie einen Anfall von Ohnmacht nieder. Das währte einige Sekunden, aber es dauerte lange genug, um die höchste Wirkung zu erzielen.

„Aber!" rief Modesta nun mit aller Kraft ihrer Stimme. „Aber daß du dem kleinen Jungen, der dir nichts zuleide getan hatte, dir, du Teufel, nichts zuleide tun konnte mit seinen kleinen, winzigen Händen und mit seinen unschuldigen Gedanken; daß du, obgleich ich vor dir auf der nackten Erde lag und mich dir zu allem anbot, obgleich ich, um der Gottesmutter willen, dich um Gnade anflehte aus der Angst meines Herzens heraus; daß du, Ladino und Gachupin, Bestie und Satan, obgleich der kleine Junge vor dir kniete und seine winzigen Hände aufhob zu dir und zu dir betete wie zu einem Gott, daß du ihm, um einen Fehler seines gepeinigten Vaters zu vergelten, seine kleinen Ohren abschnittest, ihm, der ein langes Leben vor sich hatte, und ihn schändetest für sein ganzes Leben, ihm ein Gesicht gabst, als wäre er der elendeste Sünder unter dem Himmel, das vergebe ich dir nicht! Und wenn ein gerechter Gott über uns wohnt und ein winziges Stückchen seines Mitleides und seiner Gnade auf uns, seine vergessenen Kinder, auszuschütten gewillt ist, und er meine inbrünstigen Gebete zu hören geneigt ist, so flehe ich ihn an, dir, Bestie, nie zu vergeben, so ewig lange auch die ewige Ewigkeit währen mag. Du sollst der verlorenste unter den verlorensten Sündern sein für alle Ewigkeiten, so wahr und so wahrhaftig wie ich mich in Andacht und Verehrung verneige vor der Allerheiligsten und Allerreinsten Jungfrau, die meine Schmerzen kennt und weiß, denn sie sah ihren Sohn leiden, wie ich den kleinen Jungen leiden sah, dessen Mutter ich wurde, als ich mit meinem freien Willen seinem Vater folgte, um ihm meine Liebe und meinen Schutz zu geben. Ich speie dich nicht an, weil du zu tief gesunken bist, als daß dich ein Weib anspeien könnte. Ich rühre dich nicht an, weil meine Hände stinken würden bis in die letzte Stunde meines Daseins. Ich verfluche dich nicht, weil mein Fluch dann keine Wirkung mehr haben würde, wollte ich jemanden verfluchen, der mich ärgerte. Ich lasse dich der

Hölle und der Verdammnis und der Rache eines gerechten Gottes so wie du jetzt bist. Denn so wie du jetzt bist, wird auch die gütige Mutter Gottes im Himmel dir das letzte, kleinste, winzigste Fünkchen von Mitleid in Ewigkeit versagen!"

Modesta stockte, als käme sie plötzlich zur Besinnung. Sie sah auf, sah sich um, und schien zum ersten Male zu bemerken, daß hier noch andere Leute waren als nur Don Felix. Sie ließ ihren Arm sinken. Es war, als ob sie fallen würde. Aber im selben Augenblick straffte sie sich in ihrem ganzen Körper und begann zu zittern.

Bisher hatten ihre Worte zwar laut und schallend geklungen, jedoch warm und volltönend, und es war angenehm, ihnen zuzuhören.

Jetzt aber, wie zu sich kommend und wie zurückkehrend auf die nüchterne Erde, warf sie mit einem heftigen Ruck beide Arme hoch und schrie, gellend und kreischend, mit weitem und häßlich sich formendem Munde: „Muchachos, ahora es suyo el tigre de las monterias! Jungens, jetzt gehört die Bestie euch! Nehmt ihn. Er ist euer. Er hat keine Seele, kein Herz. Ist kein Mensch und war nie ein Mensch. Eine Bestie. Laßt ihn jetzt die Ohren des kleinen Jungen bezahlen, Muchachos! Die Ohren muß er bezahlen, die er stahl. Bezahlen muß er! Bezahlen! Pagar! Pagar! Debe pagar las orejas!"

Modesta war, während sie das hinausschrie, herumgesprungen nach allen Seiten, um die Männer zur Handlung anzufeuern, als riefe sie alle zum Kriege auf. Die Burschen, immer noch wie gebannt dastehend, kamen in Bewegung und riefen: „Viva muchacha! Arriba Modesta! Viva la Chamulita! Arriba nuestra Heroina! Viva Modesta, la Rebelde! Viva la Rebelion! Tierra y Libertad!"

Infolge des wilden Schreiens der Männer wachte Modesta nun völlig auf. Sie schwankte und fiel gegen das Geländer, wo mehrere Burschen, die dort standen, sie auffingen. Sie richtete sich auf, schlug beide Hände vor ihr Gesicht, kauerte, zu Boden fallend, völlig in sich zusammen und begann laut und bitterlich zu weinen.

Die Muchachos waren verwirrt. Sie redeten aufeinander ein und schoben sich durcheinander, ohne aber Modesta nahe zu kommen und sie aufzurichten.

15

Diese Verwirrung war es, auf die Don Felix gewartet und die, wie er richtig geschätzt hatte, kommen würde.

Mit einem hastigen Ruck warf er sich neben die Wand und dicht an das Geländer. Beide Hände stützte er auf und hatte im selben Augenblick beide Knie hoch am Geländer. Es war so unerwartet geschehen, daß der Bursche, der dort stand, zur Seite gestoßen wurde, weil ihm Don Felix mit seinem vorgeworfenen Kopfe heftig gegen die Brust prallte.

Als er aber über das Geländer sausen wollte, sprang mit einem langen Satze, einer gejagten Katze gleich, Celso auf seinen Rücken und beide fielen, einige Male umeinander kollernd, zurück auf den Boden des Portico.

Celso zerrte ihn am Hemdkragen hoch und hieb mit seiner breiten, eisenharten Hand ihm einen so mächtigen Schlag quer ins Gesicht, daß dieses der ganzen Breite nach aufplatzte. Don Felix taumelte zurück gegen das Geländer. Celso ließ den Hemdkragen los und schlug ihm nun auch noch mit seiner linken Tatze einen gleichen Hieb mitten ins Gesicht. Das Gesicht verschwamm in Brei.

Nun brüllte Celso ein mächtiges, zufriedenes Lachen hervor. Er wischte eine Hand an der andern ab. Dabei sagte er: „Die muß ich mir jetzt mit Branntwein waschen gehen, damit ich deinen Dreck loswerde. Diese Hiebe sitzen, du Knäblein, he? Das sind Hiebe. Du hast mir die Hände so hart gemacht mit vier Tonnen Caoba im Tag. Nun weißt du, wie sie sich anfühlen. Das wollte ich dir nur einmal zeigen, du Schweinedreck."

Don Felix lag wieder in seiner Ecke. Mit einer hoffnungslosen Gebärde seiner Hände wischte er das Blut aus seinem Gesicht.

„He, Muchachos!" rief Celso die Burschen auf. „Ihr habt gehört, was die Muchacha uns gesagt hat. Die Ohren abgeknüpft — und mit einem sauberen und musikalischen Henken. Ihr wißt ja, wie gehenkt wird. Wir alle haben eine gute Bildung im Henken durchgemacht."

Er wandte sich an Modesta, die noch immer dahockte und bitterlich weinte und sagte zu ihr: „Weine nicht, Modesta, Muchacha querida! Wir holen jetzt, noch heute abend, Candido und Pedrito. Wir zerren die Cayuqueros an ihren Schwänzen herbei, wenn sie nicht gehorchen wollen."

Während Celso mit einigen Burschen zu den Hütten hinüberlief, wo die Handwerker und Cayuqueros mit ihren Familien wohnten, stießen andere Burschen Don Felix vor sich her und trieben ihn zu einem Baum mit langen, weit hinausragenden, starken Ästen. Es war nicht nötig, daß jemand den Burschen sagte, was sie nun tun sollten und wie sie es tun sollten. Sie alle waren Gehenkte und besaßen reiche Erfahrung als Gehenkte. Diese Erfahrung kam ihnen zu Hilfe.

Sie trieselten einen starken Faden aus einem Strick heraus. Den Faden knoteten sie fest um das rechte Ohr des Don Felix, dicht an der Backe. Dann warfen sie das Ende des Fadens hoch über einen der Äste. Darauf hoben drei Burschen, die Don Felix die Arme eng an den Leib geschnürt und ihm die Beine zusammengebunden hatten, ihn hoch, so daß er mit dem Kopf nur zwei Hände breit von dem Ast entfernt war. Hier hielten sie den Körper, bis andere Burschen den Faden so geordnet hatten, daß er die gewünschte Länge besaß, und dann banden sie das Ende um den Stamm des Baumes. Sie ziefen, als das fertig war: „Listo Muchachos!" Jetzt ließen die Burschen den Körper behutsam, sehr behutsam los, bis er frei an dem rechten Ohr baumelte. Nicht nur die Backe, sondern das ganze Gesicht des Don Felix zerrte sich weit heraus aus seinem Kopfe.

„Nicht das, Muchachos! Nicht das, Muchachos!" schrie er, soweit das völlig verrenkte Gesicht es zuließ. „Schlagt mich tot! Schlagt mich tot!" Dann, obgleich er sich alle Mühe gab, den Burschen seinen Schmerz nicht zu offenbaren, begann er in sich hineinzustöhnen. Aber je länger er hing, desto mehr quetschte sich seine Kehle zu, weil die Haut sich immer weiter zuzerrte und auch noch die Haut des Halses und der Schultern mit sich zog.

„Jetzt weißt du dreckiger, eitriger Hund, was Henken ist!" rief ein Bursche.

„Wir henken ein wenig anders als du und deine Brüder, diese Schweine, die jetzt in der Hölle sind", rief ein anderer. „Aber wir wollen dich ja nicht morgen mit neuen Kräften vor den Bäumen haben, um vier Tonnen zu machen. Wir henken nur dich allein. Du hast hundert von uns gepeitscht und gehenkt, wann immer es dir gefiel. Mußt du eben auch für hundert gehenkt werden."

„Laßt mich los, Muchachos! Ich gebe euch alle Caoba, die wir hier haben. Auch die ganze Tienda." Don Felix mußte nun doch endlich bitten, obgleich er sich in seinem Leben versprochen hatte, nie einen Muchacho zu bitten, auch wenn er ihm mit dem Messer an der Kehle sitzen sollte.

„Die Tienda nehmen wir uns auch ohne deine Erlaubnis. Und die Caoba, die wollen wir gar nicht. Schitt darauf, auf deine Caoba. Die mag hier verfaulen und vermodern. Was kümmert uns deine Caoba?"

„Laßt mich runter!" flehte er aufs neue. „Macht mit mir, was ihr wollt, nur das nicht. Laßt mich runter!"

Darauf antwortete ein anderer Bursche: „Höre, Gachupin, wir haben jetzt keine Lust mehr, hier noch weiter zu stehen und deinem Winseln zuzuhören. Wir haben Hunger. Haben den ganzen Tag für dich geschuftet, ohne zu fressen zu kriegen. Wir gehen jetzt in die Tienda, Büchsen aufmachen. Wollen sehen, wie ihr lebtet. Sardinen, eingemachte Aprikosen, gute Suppen, Leberpasteten, Schinken, Speck, Schokolade, Kaffee, wirklichen und keine gerösteten und dann gemahlenen Tortillas, die du Kaffee nanntest, gut genug für uns."

„Und", fiel ein anderer ein, „in einer Stunde kommen wir nachsehen, ob die Backe noch hält oder dein Dreckgesicht schon abgerissen ist von deinem Schädel. Und wenn du hier unten im Dreck liegst und die rechte Schwarte ab ist, dann kommt das linke Ohr dran und die linke Schwarte oder was noch davon übrig ist."

Höhnisch lachte ein anderer: „Es kommt auf die Güte deines Leders an, Felixchen. Wenn es gut und zäh ist — wir hoffen, daß es zäh ist —, dann kann es sechs Stunden dauern oder auch zehn, ehe die Schwarte runter ist und wir die zweite abledern kommen. Inzwischen viel Vergnügen! Ihr habt in euren Bungalows gesessen und euch in den Hängematten geschaukelt, wenn wir im Dickicht hingen und wimmerten. Diesmal bist du es, der wimmert, während wir in den Hängematten schaukeln und eure Vorräte fressen und deine Zigaretten rauchen und deine Weiber huren, wenn sie uns gefallen. Ob sie uns gefallen, müssen wir erst sehen."

Die Muchachos machten sich auf den Weg zur Oficina.

Inzwischen war es dunkel geworden. Die Nacht würde in einer Viertelstunde da sein.

Noch immer kamen Gruppen von Schlägern und Boyeros zum Haupt-Camp. Vielen war Nachricht gebracht worden von dem, was sich hier ereignet hatte, und sie kamen, obgleich sie andernfalls an diesem Tage hier nicht erschienen wären.

Andrés war zur Tienda gegangen, begleitet von Santiago, um zu verhindern, daß die Muchachos unbesonnen über die aufgespeicherten Vorräte herfielen. Bis jetzt hatte noch kein einziger Muchacho daran gedacht, sich über die Tienda herzumachen. Sie alle waren zu sehr mit Aufräumen in der Oficina beschäftigt. Von Andrés war, nachdem er mit Celso und Martin Trinidad darüber gesprochen hatte, der Vorschlag gekommen, alle Vorräte in gleicher Weise an alle Burschen zu verteilen, ein Vorschlag, der von allen angenommen wurde und den auszuführen Andrés, der lesen und schreiben konnte, als Verpflegungsmeister übergeben worden war.

Als er zur Tienda kam, war sie verschlossen. Der Mann, der sie verwaltete, hatte sich versteckt.

Andrés, Santiago als Wache bei der Tienda zurücklassend, ging hinüber zu den Hütten, wo die Handwerker wohnten und wo er sicher war, den Verwalter der Tienda zu finden, um von ihm die Schlüssel zu bekommen und das Aufbrechen zu vermeiden. Bei den Hütten traf er Celso und noch einige Burschen, die hier waren, um die Cayuqueros aufzuscheuchen, damit sie die Muchachos herfahren sollten, die in den verschiedenen Camps an den Ufern des Flusses verstreut arbeiteten und unter denen sich Candido mit seinem kleinen Jungen befand.

Die Handwerker, Schmiede, Geschirrmacher, Seiler, Köche, Cayuqueros waren die bevorzugten Arbeiter. Sie bildeten die kleine Mittelklasse. Sie alle hatten mit ihren Familien von ihren Hütten aus gesehen, wie die Muchachos die Oficinas stürmten. Mehrere der Handwerker und alle Branntweinhändler besaßen Revolver. Hätten die Patrones und die Capataces die Handwerker zur Hilfe herbeigerufen, als der Sturm begann, so wären die Handwerker gekommen, vielleicht zögernd und sich drückend so viel wie möglich, aber sie wären gekommen. Zu dieser Mobilmachung hatte jedoch Don

Severo keine Zeit und keine Gelegenheit gehabt. Zuerst glaubte er nicht, daß es sehr ernst sei. Und als er es wußte, war es zu spät, die Mobilmachungsbefehle auszugeben.

Wären die Patrones und die Capataces als Sieger hervorgegangen, so hätten die Handwerker jede Grausamkeit, die über die Besiegten als Strafe für den Aufstand verhängt worden wäre, als gerecht und verdient bezeichnet. Mit Begeisterung und Pflichteifer hätten sie dabei geholfen, Riemen, Seile und Pfosten zu liefern, um die Rebellen zu peitschen und zu henken.

Nun aber waren die Rebellen Sieger geworden. Und darum, sobald die ersten Muchachos zu ihren Hütten kamen, sagten die Artesanos: „Das haben wir jeden Tag hier gesagt, daß es einmal so kommen würde; man muß die Muchachos besser behandeln, haben wir hier immer gesagt, denn das kann ja kein Pferd aushalten, viel weniger ein Muchacho, der ja auch ein Mensch ist."

Celso, Andrés, Santiago, Fidel, Martin Trinidad, Juan Mendez, Lucio Ortiz und viele andere der Muchachos kannten freilich ihre neuen Freunde recht gut. Sie ließen sich nicht von ihnen das Hirn verkleistern und verweigerten jetzt die Annahme der Dienste, die rasch und billig angeboten wurden, um den Siegern gefällig zu sein und deren Gunst zu gewinnen. Die intelligenteren unter den Muchachos, die nicht nur infolge des raschen Sieges Aufständische geworden waren, sondern die in ihrem ganzen Charakter Insurgenten und Rebellen waren, wußten recht gut, was sie von diesen rückgratlosen Nachläufern und Verherrlichern der Patrones zu halten hatten. Sollte es geschehen, daß morgen die Patrones mit Hilfe der Rurales und der Federaltruppen wieder nach oben gelangten, so würden alle diese Handwerker und Branntweinschenker sofort auf seiten der Aristocratas und Herrschenden stehen. Jedes vertrauliche Wort, das ihnen am Tage vorher die Rebellen gesagt, würden sie den Rurales denunzieren.

Aus diesen Gründen waren die Muchachos unzugänglich für das dreckige, anschmeichelnde Gebaren der Handwerker, die sich jetzt, in kriechender Geste, jedoch zaghaft und unsicher, aus ihren Hütten hervorschlängelten, als Celso, begleitet von mehreren Burschen, auf deren Behausungen zukam.

„Das mußte so kommen, Muchachos! Das mußte so kommen, Muchachos! Das habe ich hier immer gesagt", ereiferte sich der Schmied. Er wandte sich zu zwei Geschirrmachern um, die nahe an ihn gerückt, ihm folgten: „Habe ich das nicht immer gesagt, Compadres, daß es so kommen würde?"

„Ja, das hast du immer gesagt, Compadre, und wir haben das auch immer gesagt, daß es so nicht lange weitergehen könne!"

„Halte deine gottverfluchte Fresse", rief Celso, „oder ich schlage dir eins rein, daß dir die Zähne in die Gedärme flitschen, Wanzen die ihr seid. – Wo wohnen die Cayuqueros?" fragte er dann barsch.

„Hier, Chamulito, komm, ich zeige dir den Weg", sagte der Schmied dienstbereit. „Da wo die Lampe funkelt, da wohnt Pablo, und gleich dabei Felipe."

Celso ging auf Pablos Hütte zu. Ohne in die Tür zu treten, rief er: „Pablo, komm raus hier!"

Der Cayuquero trat heraus. Die Knie wackelten ihm, so daß es aussah, als wollten sie zusammenknicken.

„Wieviel Kinder hast du?" fragte Celso.

„Drei, Muchacho."

„Raus damit!"

„Aber, bitte, por favor, Chamulito, du wirst doch meinen kleinen Kindern nichts zuleide tun", flehte der Cayuquero in steigender Angst.

„Her mit den Kindern, habe ich gesagt!"

„Die schlafen schon, Muchacho!" Pablo konnte kaum noch die Lippen öffnen vor Angst.

„Soll ich sie auf meinem Machete herbeiholen?" schrie Celso.

Im selben Augenblick kamen die Kinder an die Tür, aus Neugierde. Ihre Mutter war in einer kleinen hinteren Hütte, wo sie das Abendessen bereitete und nicht hörte, was hier vor sich ging, oder es war ihr von ihrem Manne anbefohlen worden, sich nicht sehen zu lassen, weil die Muchachos vielleicht imstande sein könnten, ein gewaltiges Notzüchten der Weiber zu veranstalten — als Vergeltung für die zahllosen Niederträchtigkeiten, die von den Handwerkern an den Frauen verübt worden waren, die manche Burschen mit in die Monteria gebracht hatten, weil sie sich von ihren Männern nicht trennen wollten.

Ein Muchacho hatte sofort die drei Kinder gepackt, die zu schreien begannen. Nun lief auch die Mutter herbei und warf sich auf die Knie.

„Schrei nicht, du alte Schrulle", sagte ein Bursche zu ihr, „wir fressen deine Hurenbrut nicht. Die Kleinste kannst du gleich hierbehalten, die wollen wir nicht."

Er schob den kleinen Wurm von einem Mädchen der Mutter zu, die das Kind ergriff, als habe sie es den Krallen erboster Tiger entrissen.

Dann sagte Celso: „Bring die beiden größeren Kinder auf den Platz, und du, Pablo, kommst mit."

Die Frau schrie wieder. Aber ein Bursche rief: „Du schreist besser nicht, wenn du deine Kinder wiederhaben willst."

Auf dem Platze angekommen, ließ Celso die beiden Kinder, ein Mädchen von zehn Jahren und einen Jungen von sieben, an einen Baum binden.

Die Kinder jammerten entsetzlich. Celso sagte: „Ruhig seid ihr, wir fressen keine kleinen Kinder. Wir tun euch überhaupt nichts, wenn euer Vater macht, was wir ihm befehlen. Lauf zur Tienda, Vicente, und laß dir vom Andrés ein Stück Schokolade für die Kinder geben. Und dann hältst du Wache hier bei den Kindern, damit sie nicht von einer Schlange gebissen oder von einem Skorpion gestochen werden, während sie hier angebunden sind." Vicente sprang fort, die Süßigkeiten für die Kinder zu holen.

„Pablo!" Celso wandte sich nun an den Cayuquero. „Du kennst alle Camps aufwärts und abwärts des Flusses. Du fährst jetzt sofort zu dem Camp Nuevo und bringst von dort Candido und seinen Jungen und alle anderen Muchachos, die dort im Camp sind. Du rufst Felipe, daß auch der mit dem Cayuco fährt, um alle Muchachos rascher hier zu haben, aus allen Camps."

„Aber Muchacho!" sagte darauf Pablo, „es ist Nacht, wie kann ich denn da mit dem Cayuco fahren?"

„Du dreckiger Hund konntest doch fahren in der schwärzesten Nacht, wenn es der Patron befahl? Und jetzt sind wir hier die Patrones, und du tust, was ich dir sage. Damit du nicht etwa ausrückst mit den Cayucos oder Felipe ausrückt, darum habe ich deine Kinder hier. Wenn du alle Muchachos aus allen Camps an beiden Ufern hier bei der Administracion hast, dann bindet Candido deine Kinder los. Du machst dich besser rasch auf den Weg. In der Nacht kommen die roten Ameisen, das weißt du, und es wird deinen Kindern nicht sehr behagen, von den Ameisen gebissen zu werden. Wir wissen, wie es tut. Wir wissen es nur zu gut. Es kann deinen Kindern für ihre Zukunft nichts schaden, am eigenen Leibe zu erfahren, wie ihr uns gequält habt. Los, rufe Felipe und wer sonst noch fahren kann, und dann abgerasselt und die Muchachos hergebracht. Sollen alle ihre Packen bringen, und ihre Machetes, Äxte und was sie sonst haben."

Celso winkte einige Muchachos herbei und sagte: „Jeder von euch setzt sich in einen Cayuco und ihr geht mit und paßt auf, daß die Schurken uns den Teig nicht versalzen. Abgehopst."

In zwei Minuten stießen vier Cayucos von dem Ufer ab.

„He, was wollt ihr denn da drüben?" rief Celso fünf oder sechs Burschen nach, die er zu den Branntweinbuden wandern sah. „Her mit euch!"

Die Muchachos kamen heran. „Wir wollen nur ein paar trinken gehen; die winkten uns rüber."

„Ihr werdet doch nicht das Gift saufen wollen. Wir sind nun frei. Aber damit ihr es wißt, der Aguardiente wurde erfunden, uns in Unfreiheit zu halten. Darauf werden die Aristocratas im ganzen Lande nur warten, daß wir uns vollsaufen und einen dummen Kopf bekommen. Dann haben sie uns wieder in einem Tage, und alles war vergebens. Vorwärts, ihr geht jetzt alle, die ihr hier seid, da rüber zu den Buden, nehmt die Äxte mit, und zerschlagt alle Fässer und alle Flaschen. Und das kann ich euch sagen, wenn ich morgen auch nur eine halbe Flasche mit Comiteco hier finde oder einen von euch besoffen sehe, dann hole ich mir Andrés, Santiago, Martin, Juan, Lucio, Fidel, und — ich verheiße es euch, por Dios Santisimo! — wir schlagen euch in Fetzen und noch ganz anders, als ich heute das Felixchen aufgeweicht habe."

Es waren nicht fünf Minuten vergangen, da hörte man aus den Branntweinbuden und Hurennestern Fluchen, Jammern, Kreischen, Krachen von Fässern, Splittern von Flaschen. Weiber flogen durch die Luft, und fette Branntweinhöker sausten kopfüber aus ihren Höhlen in Verrenkungen, die keinen Zweifel darüber ließen, daß ihnen von eisernen Füßen alter Carreteros mit aller Inbrunst in den Ursch getreten worden war. Und ehe sich jemand auch nur Zeit nehmen konnte hinüberzugehen, um zu sehen, was für eine Hölle dort ihre Vorstellung gebe, loderten vier Hütten in prasselnden Flammen hoch.

Durch diese Feuersbrunst wurde der Platz nun taghell erleuchtet.

Don Felix baumelte noch immer. Ob er noch am rechten Ohr zappelte oder schon am linken hing, war nicht klar zu sehen, weil sein Gesicht von blätterreichen Zweigen verdeckt wurde. Vier Burschen hockten dicht dabei, darüber wachend, daß nicht etwa einer von den Artesanos sich heranschliche, um Don Felix abzuschneiden oder ihm die größere Gnade zu erweisen, ihm einen Schuß zu geben.

Martin war schon vor einiger Zeit zum Koch gegangen, ihm befehlend, ein großes Abendessen herzurichten, verschönert mit einigen Dutzend Konserven aus der Tienda.

Erst jetzt, als die Branntweinbuden loderten und es ringsum hell war, dachte Celso an Modesta. Er rannte auf die Oficina zu und fand Modesta hingesunken am Geländer, wo er sie zuletzt gesehen hatte. Sie weinte nur noch leise und zuweilen stieß ein verlorener Schluckser in ihrer Kehle auf. Mit den Zipfeln der Hemden, die ihren Körper bekleideten, trocknete sie ihr Gesicht rasch und überhastig, als Celso auf sie zukam und sie an der Schulter tippte.

„Ist doch kein Grund mehr zu heulen, Chamaca", tröstete sie Celso und lachte fröhlich auf. „In zehn Minuten ist Candido hier und auch der Kleine, und dann wird heimmarschiert. Alle marschieren wir heim und bauen unsere Milpas und pflegen unsere Ziegen und Schafe und bauen uns schöne Häuserchen aus gutem Lehm. Sollen aussehen wie die Häuser der Patrones. Was sagst du dazu, Modesta?"

„Das ist wunderschön, sehr wunderschön, Celso, wenn du das so sagst." Sie sprach, von zwei neuen Schlucksern unterbrochen. Wieder trocknete sie in ihrem Gesicht herum. Dann sah sie ihn an, und nun lachte sie mit blitzenden Zähnen.

Sie schüttelte ihr Haar aus dem Gesicht und machte eine Gebärde, als ob sie sich an etwas erinnerte. Sie sah Celso aufmerksam in die Augen und sagte: „Ich muß geträumt haben. Ich habe etwas vom Patron geträumt. Er lag da in dem Winkel, und ich schrie ihn an, daß er mir die beiden kleinen Jungen wiedergeben solle, die er mordete und schändete. Es war ein ganz verworrener Traum, wie ich nie einen gehabt habe."

Celso streichelte ihren Kopf. „Solche bösen Träume hat man zuweilen. Jeder hat hin und wieder solche bösen Träume. Die muß man rasch vergessen und nicht mehr daran denken."

„Ja", antwortete sie. „Ich will nicht mehr daran denken."

„Und weißt du, was wir jetzt tun?"

„Wie kann ich das wissen, wenn du es mir nicht sagst?"

„Richtig. Wie kannst du es wissen. Aber damit du es nun weißt: wir gehen beide in die Tienda, wo du die schönsten Kleider haben sollst. Auch Schuhe und Strümpfe."

In der Tienda befanden sich Andrés, Santiago und noch einige Muchachos. Auch der Verwalter der Tienda war da.

In dem Augenblick, als Celso sich mit Modesta der Tienda näherte, hatte Andrés gerade eine wichtige Besprechung mit dem Verwalter.

„Nur nicht hier lange gezögert und den Revolver her!" sagte Andrés zu ihm: „Die Patronen auch her! Und daß du keine für dich zurückbehältst."

„Aber das ist mein eigener Revolver, der gehört nicht den Montellanos."

„Eben darum gibst du ihn her."

„Wie soll ich mich denn hier in dieser Wildnis ohne Revolver bewegen?" fragte der Verwalter.

„Genauso, wie wir uns bisher ohne Revolver hier bewegen mußten, Tiger herum oder nicht Tiger herum. Und raus nun!" Santiago sagte das und stieß den Verwalter in den Rücken.

„He, Andrés!" rief Celso, der in die Tür getreten kam. „Hier, gib der Modesta ein schönes Kleid. Das schönste Kleid."

„Mit Freuden", erwiderte Andrés lachend. „Wieviele willst du haben, Muchacha? Drei, sechs, zehn? Kannst auch zwanzig haben. Jedenfalls bleiben noch genug übrig, wenn alle Muchachas gut angezogen sind. Bekommst auch Hemden, und weißt schon, ich meine auch Calzones. Auch Schuhe kriegst du, und lange Strümpfe. Es sind sogar Ketten hier und Ohrringe. Por Dios Santo, was die hier alles haben. Aufgespeichert bis an die Decke hinauf, und wir immer in Fetzen und Lumpen. Alles nur für ihre Huren."

Der Verwalter platzte nun heraus: „Aber Muchachos, ich muß meine Bücher und Listen haben. Sonst wird man glauben, ich habe hier unrichtig Bücher geführt."

„Halt die Fresse!" sagte Celso. „Bücher, Listen. Was denn sonst noch? Alle Bücher und Listen werden verbrannt. Und alle Kontrakte, die wir morgen aufstöbern gehen, werden verbrannt. Es gibt keine Kontos mehr. Keine Schulden mehr. Keine Kontrakte mehr. Wenn wir aufräumen, dann räumen wird gründlich auf. Was sagst du, Andrés? Und du, Santiago?"

„Wir haben ja lange genug mit dem Aufräumen gewartet, haben wir das nicht?" sagte Santiago, sich eine Kiste mit Zigarren vorzerrend. „Und je mehr Bücher und Listen und Kontrakte und Dokumente wir jetzt verbrennen, desto freier sind wir. So", sich an den Verwalter wendend, „das weißt du nun. Und raus mit dir. Läßt du dich noch ein einziges Mal hier oder auch nur in der Nähe sehen, dann raucht es."

„Und wie es raucht", fügte Celso mit einem lauten Gelächter hinzu.

„Los, los, Modesta!" ermutigte Andrés das Mädchen. „Hier, suche dir den schönsten Lumpen aus, und dann gehst du da hinter die Kisten, da kannst du dir alles anziehen. Nur nicht zaghaft, Muchacha. Wir haben alles bezahlt, was hier ist, alles zehnmal verdient. Es gehört uns. Morgen wird alles hier verteilt. Alle Muchachos bekommen neue Hemden, Hüte, Sandalen, Patronen, Konserven. Was sie wollen. Und ihre Mädchen alle Kleider. Da sind Haufen von Kattunstoffen und Decken und, lieber Gott im Himmel, ich weiß ja gar nicht, was alles hier ist."

„Du, Celso", sagte Santiago, als der Verwalter, halb verärgert, halb verschüchtert, abgezottelt war, „wir gehen jetzt rüber zu den Artesanos und zu den Vergiftern und sammeln alle Kanonen und Gewehre ein, die sie haben. Auch alle Patronen. Dann wird gesucht. Und wer einen Revolver oder Patronen versteckt hat, kriegt einen Stein ans Bein und kommt in den Fluß."

„So viel Mühe mit diesen Schleichern und Halunken!" rief einer der Burschen, die hier herumstanden. „Das fehlt uns auch noch. Mit einem Knüppel werden sie totgeschlagen, wie sie es verdienen, wenn sie uns hier in den Weg kommen. Das verheuchelte Gesindel ist nicht einmal das Anspucken wert."

„Gut, Santiago, du nimmst dir einige zehn Muchachos und verschaffst dir alles an Pistolen und Gewehren, was die da haben", ordnete ihm Celso an. „Und nicht zaghaft. Schlage sie in die Fresse, wenn sie auch nur das Maul aufmachen."

Die Gruppe hatte sich kaum von der Tienda entfernt, als Modesta ihren Namen rufen hörte.

Candido, sein kleiner Junge und eine große Anzahl von Muchachos, die mit ihm im neuen Camp gearbeitet hatten, waren soeben angekommen.

„Siehst du, wie das geht, Andrucho?" sagte Celso protzend. „Die Cayuqueros sind in ihrem ganzen Leben nicht so schnell und so sicher gefahren wie heute. Ich bin ganz davon überzeugt, daß sie noch vor

Mitternacht alle Muchachos aus allen Camps an den Ufern des Flusses hergerudert haben. Sieh nur, wie geschickt sie mit den langen Fackeln umgehen, nur um keine Sekunde zu verlieren. Man muß diese Brüder nur richtig herankriegen."

In diesem Augenblick sprang Modesta, ein neues geblümtes Kattunkleid übergeworfen, nur einen Schuh an den Füßen, den andern in der Hand schwingend, hinter den aufgetürmten Kisten hervor und raus auf den Platz, wo sie ihren Bruder soeben hatte rufen hören.

Es war ein mächtiges Festmahl, das in dieser Nacht bei den Oficinas Generales gehalten wurde. Gewaltige Stöße von Holz loderten auf dem Platze. Da die Zahl der ankommenden Muchachos mit jeder Stunde größer wurde, genügte der Raum unter dem großen Dach bald nicht mehr; die Burschen saßen außen herum auf ihren Matten, auf Kisten, auf Stämmen, auf Bänken und Stühlen, die aus den Bungalows hergeschleppt worden waren.

Alle Mädchen, die zu den Caobaleuten gehörten, hatten neue Kleider an. Vielen waren die Kleider zu weit und auch zu lang. Sie machten sich nichts daraus und schleiften die Fetzen durch den Schlamm und die Regenlachen, weil sie nicht gewöhnt waren, richtige Kleider zu tragen. Den meisten waren die eleganten hohen Schuhe unbequem, und sie zogen es vor, mit bloßen Füßen herumzuwaten, wie es in ihrem ganzen Leben ihr Brauch gewesen war. Sie nahmen sich kaum Mühe, die Schuhe mit sich herumzutragen, um sie nicht zu verlieren, so wenig war ihnen an deren Besitz gelegen.

Die Muchachos besaßen neue Hemden und weiße, gelbe, braune und blaue Baumwollhosen, neue Hüte und kräftige Sandalen. Matten und Decken für die Nacht lagen bereits ausgebreitet in den Schlafhütten und in den Bungalows, die von den Leuten besetzt worden waren.

Martin Trinidad hatte inzwischen mit Hilfe einer Anzahl von Muchachos alle übrigen Bewohner der Ciudad, die Handwerker, die Branntweinhöker und Roulettedreher, deren Familien, die Wäscherinnen und Flickerinnen, gefällige Genossinnen beim Trinken, sowie die zahlreichen, nun verwitweten Frauen der Gebrüder Montellano und die der Capataces in einer der größten Schlafhütten, die zwei große Nebenhütten besaß, untergebracht, wo sie von einer besonders dazu bestimmten Gruppe gut bewacht wurden, um nicht zu entkommen und die Rebellion vorzeitig zu verraten. Da alle selbständigen Männer Familien hatten, so war freilich kaum zu befürchten, daß sie weglaufen und ihre Frauen und Kinder allein lassen würden. Aber Martin Trinidad sagte zu Celso: „Besser ist auf alle Fälle besser. Die Rurales und Federales werden es noch früh genug erfahren und sich mit Maschinengewehren auf den Weg machen, um uns zu empfangen, sobald wir die ersten Dörfer außerhalb des Dschungels erreichen."

Mehrere Muchachos besaßen Mundharmonikas. In der Tienda waren drei Dutzend mehr entdeckt worden, auch zwei Gitarren und ein Akkordeon. In den Bungalows der Capataces fanden sich zwei Trompeten, drei Gitarren und eine halbzerbrochene Klarinette. Freilich: nur eine Gitarre besaß ihre vollen Saiten. Aber es waren vier Burschen da, die gut und sicher das Akkordeon zu spielen verstanden. Wenn auch die gesamte Musik recht dürftig klang, ohne rechte Harmonie hinsichtlich dessen, was der eine und was der andere zu spielen gedachte, so störte das niemanden in seinem Genuß. Es war Musik da, und es ging fröhlich zu. Das war alles, was die Muchachos nach den Qualen der vergangenen Monate wünschten. Ein wenig Freude, ein schlichtes Essen, jedoch reichlich, kein Peitschen oder Henken, und die Hoffnung, heimkehren zu können und in Frieden ihr Feld zu bebauen – das war alles, was sie in der Welt und vom Leben erhofften. Es war nicht viel. Aber es war ihnen nie vergönnt gewesen.

„Alle Muchachos von den Ufer-Camps sind jetzt hier!" hörte Celso jemanden hinter sich sagen. Es war Pablo, der Canoeführer, der kam, um seine Meldung zu machen.

Der Bursche, der Pablo zur Bewachung mitgegeben worden war, bestätigte die Richtigkeit.

„Andrés!" rief Celso.

Andrés stand auf von seinem Essen und kam auf die Gruppe zu, bei der außer Celso auch noch Candido, sein Junge, Modesta und Martin Trinidad saßen.

„Du bist hier der Quartiermeister, auch für die Tienda."

„Richtig", antwortete Andrés mit einem gutmütigen Lachen.

„Dann geh dort rüber zu dem Baum und binde die beiden Kinder des Pablo los. Dann nimmst du sie beide rüber zu der Tienda und gibst ihnen ein großes Stück Schokolade oder was sie sonst haben wollen. Gib dem Mädchen ein paar Ohrringe und eine Halskette und dem Jungen ein Taschenmesser, und dann schicke sie fort mit ihrem Vater."

„Muchas gracias, Muchacho!" sagte Pablo erfreut. „Vielen Dank, vielen, vielen Dank."

„Laß nur den Dank ruhig beiseite", erwiderte ihm Celso trocken. „Wenn du deine Kinder hast, gehst du mit ihnen rüber zu jener Hütte, wo deine Frau ist und alle deine Mitbürger. Es geschieht euch allen nicht das geringste. Das verspreche ich. Wir gehen los, und ihr habt die ganze Ciudad für euch. Lassen euch genug übrig in der Tienda, und ihr habt auch genug Mais hier und Dutzende von Ochsen, die wir hinterlassen. Ihr könnt nicht verhungern. Zwei Wochen, nachdem wir hier abmarschiert sein werden, könnt auch ihr euch auf den Weg machen."

„Gracias, Muchacho!" sagte Pablo.

Dann begann Martin Trinidad zu reden. „Das bezieht sich auf eure Zukunft, Cayuquero, was dir hier gesagt wurde. Aber ich will dir etwas für die Gegenwart sagen. Daß mir keiner von euch versucht, zu entwischen und Nachricht nach Hucutsin zu bringen oder zu einem anderen Militärposten. Da warne ich euch alle. Celso hat euch etwas versprochen. Jetzt verspreche ich euch auch etwas. Sollte auch nur einer von euch hier die Administracion verlassen, heute oder morgen oder überhaupt einen Tag früher als zwei Wochen nach unserm Abmarsch, dann lasse ich allen, die hier von eurer Sippschaft zurückgeblieben sind, die Hälse abschneiden, Männern, Frauen und Kindern. Daß ich das tun werde, das schwöre ich euch. Wir haben nichts zu verlieren; jetzt nicht mehr."

16

„Wenn wir marschieren, auch nicht ein Mann darf uns fehlen!" sagte Martin Trinidad am nächsten Morgen, als die Muchachos zu einem Kriegsrat beisammensaßen. „Wir lassen keinen hier in den Monterias zurück, auch wenn wir sie unter Opfern herausschlagen sollten. Keiner darf uns fehlen, und keinen, der zu uns gehört, lassen wir hier zurück."

Es war noch früh. Die Sonne war auf, aber kein Strahl von ihr war zu sehen. Gegen Sonnenaufgang hatte es wieder heftig geregnet. Der ganze Platz war eingehüllt in dicken Nebel, über dem Fluß lagen die Wolken so dicht, daß man von der Böschung aus kein Wasser sehen konnte.

„Por Diablo, da sind ja auch meine schönen Schweine", rief Candido, als er Schweine auf dem Platz herumlaufen sah, hin und her gejagt von Rudeln von Hunden.

„Oye, Candido!" sagte Celso, „verkaufe sie an die Artesanos, die haben fette Schweine gern."

„Das werde ich tun. Es ist sicher zuviel Mühe, sie den ganzen Weg zurückzutreiben, und wie wir sie über die angeschwollenen Flüsse bringen sollen, weiß ich auch noch nicht."

Die Schweine und Hunde hatten sich in der Nacht durch den aufgeweichten Boden aus der Oficina, in der sie eingesperrt waren, hinausgewühlt.

Nach der kurzen Unterbrechung wurde weiterberaten. Man beschloß endlich, daß Juan Mendez und Lucio Ortiz mit zwanzig Burschen, alle bewaffnet und mit Pferden, sämtliche Monterias aufsuchen sollten, die im Umkreis von zwanzig Kilometern zu finden waren. Dort sollten die Muchachos in gleicher Weise aufräumen, wie es hier geschehen war, sollten sich mit Waffen und Vorräten versehen und alle hier ins Hauptquartier zu einer großen Versammlung kommen, um einen mächtigen Rebellentrupp von dreihundert oder vierhundert Männern formen zu können. Dann sollte dieser Trupp auf Hucutsin losmarschieren.

Auf dem Wege nach Hucutsin sollten alle Domänen zerstört, alle Finqueros und Patrones und Aristocratas und Ladinos erschlagen werden. Alle Muchachos, alle Peones und versklavten Landarbeiter sollten sich dem Trupp anschließen. Hucutsin sollte genommen werden, dann alle Dörfer und Städte bis nach Balun Canan und Jovel, um die Carretera, die wichtigste Verbindungsstraße mit der Regierungsstadt und der Eisenbahnstation, zu beherrschen.

Niemand dachte daran, was geschehen sollte, wenn alles zerstört worden sei. Selbst Martin Trinidad hatte nur eine ganz unbestimmte Idee, was dann folgen sollte und folgen würde. Rebellion hieß für die Muchachos nichts anderes als Zerstörung und Vernichtung alles dessen, was sie auf ihren Märschen fanden oder antrafen. Alle Tyrannen, Diktatoren, Patrones, Aristocratas mußten erbarmungslos erschlagen werden, und alle mußten vernichtet und ermordet werden mit ihrer ganzen Brut, die eines Tages wieder Feinde oder Tyrannen werden konnten.

Es war nicht die Schuld der Rebellen, daß sie zerstörungswütig und mordlustig waren. Nie hatten sie sich besprechen können, nie hatten sie sich beraten dürfen, nie kam jemand, der sie in politischen oder in wirtschaftlichen Dingen unterrichtete. Keine Zeitung durfte die Politik des Diktators kritisieren. Kein Buch gab es, das Arbeiter gelehrt hätte, wie sich ihre Lage verbessern ließe, ohne Mord und ohne Zerstörung.

Alle, die nicht zur Gruppe der Diktatoren gehörten, hatten nur zu gehorchen. Arbeiter und Bauern und kleine Leute hatten nur eine Pflicht, und die hieß Gehorsam. Keiner besaß irgendein Recht. Blinder Gehorsam wurde ihnen so lange und so grausam eingepeitscht, bis er ihre einzige Natur geworden war. Überall, wo die einen wenigen nur Rechte haben und die anderen vielen nur Pflichten, die nicht einmal dadurch erleichtert werden, daß der Betroffene sie kritisieren darf, ist der Ausgang immer unvermeidliches Chaos.

Selbst wenn die Muchachos versucht haben würden, die Patrones einzuladen, sich mit ihnen friedlich als Gleichberechtigte zu besprechen, die Patrones würden nur mit Maschinengewehren geantwortet haben. Denn es war ja schon ein Staatsverbrechen, auch nur einen Vorschlag zu machen, demzufolge vielleicht Arbeiter und Herren miteinander über bestehende Verhältnisse sprechen konnten, oder daß Arbeiter gar das Recht haben sollten, überhaupt einen Vorschlag zu machen. Der Arbeiter hatte nur zu gehorchen und hart zu arbeiten. Alles andere wußten der Diktator und seine Krippenfresser besser. Darum hatten sie ja auch das Recht, zu diktieren und zu befehlen.

Es war nicht die Wildheit der indianischen Arbeiter, daß sie zerstörten und mordeten, wo immer sich eine Gelegenheit fand, den Schutt wegzuräumen, der ihnen im Wege lag. Sie waren nur darum Wilde, weil sie Gegner und Unterdrücker hatten, die zehnmal wilder und hundertmal grausamer waren, wenn sie fürchteten, daß ihre Schinken angeknabbert werden konnten.

Zwei Wochen nach dem Ausbruch der Rebellion war der Trupp bereit, abzumarschieren. Zwei Postreiter waren von den Gruppen, die andere Monterias aufriefen, eingefangen worden. Aus den Zeitungen und Briefen, die jene Burschen eifrigst studierten, die lesen konnten, war zu ersehen, daß im Norden der Republik vier Regimenter in offene Rebellion gegangen waren, der Diktatur müde, und erst recht müde des alten Hanswursts, der, mit Orden bepflastert und ewig von seinen Kriegstaten fabelnd, so hirndefekt geworden war, daß er sich „Gott und Erlöser des mexikanischen Volkes" nannte und nennen ließ. Freilich war aus der Post auch zu ersehen, daß der alte Casique so rasch nicht vom Throne heruntersteigen würde, wie begeisterte Revolutionäre verkündeten. Hunderttausende waren durch ihre Pöstchen und Ämterchen mit der Diktatur auf Tod und Leben verbunden. Diese Patrioten verteidigten nicht den alten Caudillo, sie verteidigen ihr Brot und ihre Beefsteaks, und diese Verteidigung ist ernster zu nehmen als die eines Diktators, der gefürchtet und vielleicht bewundert, aber von niemandem als Freund geliebt wird. Diktatoren haben Lecker mehr als sie wollen, aber sie haben nie einen Freund.

Martin Trinidad sagte, als alle Post durchgelesen war: „Das alles kümmert uns nicht. Da draußen weiß niemand etwas von uns. Wir warten auf niemanden. Wenn wir Erde und Freiheit haben wollen, müssen wir sie uns verdienen und darum kämpfen. Selbst wenn von uns allen nur einer übrigbleiben sollte, und er besitzt seinen Acker in Frieden, und er hat keinen Tyrannen mehr über sich, dann ist unser Kampf nicht umsonst gewesen. Wir leben nicht auf Erden, um zu gehorchen, um untertan zu sein und noch dafür mißhandelt zu werden. Nein, Kameraden, wir leben auf Erden, um in unserer Person und als Mensch frei zu sein. Traut niemals einem Führer, wer es auch sein mag, was er euch auch versprechen mag, wo er auch herkommt. Frei bleibt nur der von euch allen, der sich selbst vertraut, selbst täglich neu um seine Freiheit kämpft und seine Freiheit niemandem zur Aufbewahrung gibt. Ihr alle seid frei, wenn ihr jeder frei sein wollt; und ihr alle seid Knechte, wenn ihr Knechte sein wollt und euch kommandieren laßt. Laßt euch nicht kommandieren und gehorcht niemandem. Sorgt euch nicht um die Freiheit eurer Nachbarn, sorgt euch um eure eigene Freiheit zuerst. Und wenn jeder von euch frei ist, sind auch alle andern frei, und kein Finquero und kein Politico und kein Cientifico kann euch in die Monterias schicken."

„Recht hast du, Camarada!" rief Celso. „Wir marschieren, und kein Heer von Federales oder Rurales soll uns zurückhalten. Übermorgen wird marschiert!"

„Übermorgen wird marschiert!" riefen die Hunderte von Muchachos, die hier versammelt waren, jubelnd aus.

Und durch den Dschungel hallte ein einstimmiger Kriegsschrei: „Tierra y Libertad!"

„Wir haben hier noch viel zu tun, ehe wir abmarschieren können", sagte Andrés, als die Muchachos alle beim Essen saßen. „Etwas sehr Wichtiges ist zu tun, daß ihr es wißt."

„So, und was ist es?" fragte Celso. „Alles wird gemacht, was notwendig ist, auch wenn wir hier das ganze Gelumpe erschlagen sollten, das Gesindel, das uns im Rücken bleibt und immer und ewig in den Rücken fallen wird."

„Die habe ich nicht gemeint." Andrés sah hinüber zu der Haupt-Oficina. „Da drüben ist es, wovon ich spreche. Alles, was Papier ist, muß verbrannt und die Asche in alle Winde geblasen werden."

„Gottverflucht nochmal, Andrucho, du hast recht", rief Martin Trinidad aus. „Das hätten wir vielleicht gar noch vergessen. Richtig, alle Rechnungsbücher müssen wir verbrennen, alle Kontrakte, alle Listen und Schuldschreibereien. Und wenn wir zu den Dörfern und nach Hucutsin kommen, brennen wir den ganzen Cabildo, das ganze Stadtgebäude, nieder."

„Wozu?" fragte Pedro, „da haben wir keine Schulden."

„Vielleicht nicht", berichtigte ihn Martin Trinidad. „Aber da sind Abschriften aller Dokumente und Kontrakte und Schuldverschreibungen. Überhaupt, ich muß euch sagen, wenn ihr gewinnen wollt, und wenn ihr die Gewinner bleiben wollt, müssen alle Dokumente, die ihr irgendwo seht oder antrefft, verbrannt werden. Alle Revolutionen, die Unterdrückte und Tyrannisierte je unternommen haben, sind daran zugrunde gegangen, daß die Dokumente nicht verbrannt wurden. Ihr könnt alle Finqueros erschlagen, wenn ihr wollt und wenn ihr sie kriegt. Aber eines Tages kommen ihre Söhne oder Töchter oder Vettern oder Onkel an mit Dokumenten und Registern und Katastern, und wenn ihr nun schön in Ruhe und Frieden eure Milpas bebaut und an keine Rebellion mehr denkt, dann kommen sie alle wieder langsam hervorgekrochen aus ihren Höhlen und Verstecken und kommen mit Polizisten und Federales und Rurales, mit Richtern und dicken Gesetzbüchern auf euch los und zeigen euch die Dokumente. Und die Dokumente sagen, daß eure Milpas nicht euch gehören, sondern Don Aurelio oder Don Cornelio oder Doña Rosalia oder Doña Regina und was weiß ich, wer sonst noch kommt. Und dann sagt man euch: Muchachos, die Revolution ist nun schon lange vorbei, und wir leben alle wieder in Frieden und Ordnung, in Zucht und Sitten und in Zivilisation, und da müssen alle diese Papierchen mit Stempeln und Unterschriften respektiert werden, denn ohne Dokumente und Stempel ist keine Zivilisation möglich."

„Was sind wir doch für gottverfluchte und verlauste Hurensöhne", rief Santiago aus. „Daran hätte ich nicht gedacht. Aber recht hast du, Martin. Das ist so, wie du sagst. Alles, was Papier ist und bestempelt und beschrieben ist, muß verbrannt werden."

„Wissen möchte ich nur, wo du das alles her hast?" fragte Gabino, einer der Hacheros. „Du weißt ja mehr als unser Cura, Mensch, wahrhaftig, du weißt viel mehr."

„Hat er alles aus den Büchern herausgelesen. Das ist eben die Sache, man muß lesen können, wenn man sich nichts mehr gefallen lassen will", sagte ein anderer der Burschen.

„Natürlich habe ich alles aus Büchern herausgelesen, was denkt denn ihr?" Martin goß sich Kaffee in seine Schale. „Aber das mit den Papieren und Dokumenten, das habe ich in keinem Buch gelesen, das habe ich mir selbst so ausgedacht."

„Mensch, hombre, das ist ja aber das Beste von allem", schrie Pedro über die ganze Gruppe hinweg. „Wenn du dir das selbst ausgedacht hast, dann weißt du ja viel mehr, als was in den Büchern steht."

„He, du burro, du alter Esel", rief ihn Celso an, „natürlich weiß er mehr als alle Bücher, die es gibt. Und er kann sich noch viel mehr ausdenken, wenn er will, und was man überhaupt gar nicht in Bücher hineinbringen kann. Er ist ja ein Professor, ein richtiger Lehrer. So, damit ihr das nun auch endlich alle wißt, ihr Ochsen. Keiner von euch wird je in seinem Leben ein Lehrer sein. Höchstens vielleicht der Andrés, der sich was gelernt hat, weil er Verstand hat. Wir sind viel zu dumm. Ein Professor ist er, der Martin Trinidad, ein richtiger, der in großen Schulen eine Menge Kinder einstudiert hat."

„Un profesor?" fragte ein Dutzend Burschen gleichzeitig, und halb ungläubig sahen sie sich gegenseitig an.

„Celso hat es gesagt. Ich habe es ihm vorher erzählt. Es ist richtig, ich bin Lehrer. Aber gerade darum, weil ich ein ehrlicher Lehrer bin, darum bin ich kein Lecker und kein Schlecker, der Verbeugungen macht. Ich lasse mich nicht einseifen von den Politicos und den Cientificos und glaube nicht, daß der alte Casique da oben der Erlöser und Retter der Republik ist. Dafür haben mich ja diese Bestien auch in die Konzentrationslager geschleift. Zuerst nach El Valle de la Muerte in Veracruz. Dann später in das Straßenbaulager nach Yucatan. Jungens, das könnt ihr mir glauben, da pfiff es noch ganz anders als hier in den Monterias. Hier verrecken zwei oder drei in der Woche, manchmal vielleicht fünf. Aber dort gleich dreißig an einem einzigen Tage! Hier zerrt ihr Trozas, das ist hart genug. Aber ihr habt da zwanzig Gespanne Ochsen zur Hilfe. In den Konzentrationslagern in Yucatan jedoch, wo alle die Gefährlichen hinkommen, da zerren wir Gefangene die schweren eisernen Straßenwalzen, da helfen uns keine Ochsengespanne. Wir sind die Ochsen und die Mulas. Und gepeitscht wird erbarmungslos. Fällst du, so geht die Walze über dich weg und die andern sagen: Por Dios, was hat der es doch gut, daß er nun damit durch ist. Aber, Muchachos, und das könnt ihr mir glauben, gottverdammt noch mal, alle Jungens, die dort aus den Lagern heimkommen, die sind gekocht, gebrüht, gebraten, geröstet. Die haben weder Furcht vor Teufeln noch vor Heiligen mehr, und erst recht nicht vor Casiques und Führern und Leaders. Die reißen jeden Rural lebendig in Fetzen, springen sie an mit bloßen Händen, machen sich nichts aus Säbeln, Knüppeln, Maschinengewehren. Sie wurden gut erzogen in den Lagern, wo man hoffte, sie zu Anbetern des alten Casiquen zu machen. Eine gute Anzahl ist schon losgegangen und arbeitet im geheimen. Es vergeht jetzt kein Tag mehr, wo nicht am Morgen wenigstens zehn Rurales, Polizisten und Leute der Geheimen Politischen Polizei in Winkeln und leeren Räumen, in Gruben und Gräben zerstückelt aufgefunden werden. Die Vergeltung hat begonnen. Und jetzt seid ihr an der Reihe, Muchachos, zu vergelten und heimzuzahlen jeden Hieb, den ihr empfingt. Mit Schrecken kam der Casique zur Macht, mit Schrecken hielt er sich an der Macht, aber mit einem millionenfach größeren Schrecken wird er nun zugrunde gehetzt und alle seine Folterknechte und Peitscher und Schreier und Lügner mit ihm. Nur ja nicht nachgeben jetzt, solange eine dieser Bestien noch am Leben ist. Wenn ihr schon Rebellion machen wollt, dann macht sie ganz und bleibt nicht auf halbem Wege stehen. Jeder Halunke, den ihr am Leben laßt, der brütet und heckt hundert gemeinere Halunken aus. Geht aufs Ganze. Es ist besser, wir alle verrecken in dieser Rebellion, als daß wir leben und die Rebellion ginge verloren. Tierra y Libertad, Muchachos! Salud! Viva la Revolucion Social!“

Und wieder brauste der Kriegsschrei über den weiten Platz der Oficinas und widerhallte von den Wänden des dichten Dschungels: „Viva la Revolucion Social! Tierra y Libertad! Libertad para todos los Indios! Tierra para todos los campesinos! Abaja los Finqueros! Viva el profesor! Arriba el profesor! Hoch der Lehrer! Vamonos a la guerra civil! Que muere la dictadura! Tod der Diktatur! Viva el proletario indio!“

Während noch die größere Menge der Muchachos jubilierte, viele in die Luft sprangen vor Begeisterung, sich umarmten und herumtanzten, einige Gruppen sangen, andere von Gruppe zu Gruppe gingen, um die Begeisterung anzufachen oder Ratschläge zu geben, zogen etwa zwanzig Burschen auf die Haupt=Oficina los und räum=ten alle Papiere, Rechnungsbücher, Listen und Zettel von den Tischen, aus Kisten, von Pflöcken an den Wänden, von Regalen, zer=rissen sie mit ihren Händen und Zähnen und schleppten sie hinaus auf den Platz.

Draußen war im Augenblick ein Feuer am Brennen und alles, was Papier war, loderte auf. Nicht einen einzigen halbverkohlten Fetzen ließen die Muchachos entweichen. Hinter jedem Blättchen, das weg=wehen wollte, waren sie her, fingen es ein, brachten es zurück zum Feuer und gaben acht, daß selbst die schwarze Asche noch zer=krümelt wurde.

„Vergeßt die Artesanos, die Handwerker, nicht. Auch da gibt es noch genug Zettel und Papierchen. Los, rangeholt!"

Die Handwerker gerieten in Angstschweiß, als eine Gruppe auf die paar Hütten zugeeilt kam, in denen die Männer mit ihren Fami=lien zusammengepfercht waren und bewacht wurden, um nicht Bot=schaften auszuschicken. „Haltet eure gottverfluchten, dreckigen Mäu=ler", rief Santiago, als er, gefolgt von einer Anzahl eifriger Papier=sucher, in die erste, die große Hütte eindrang. „Wir fressen euch nicht. Sagt eurer Höllen=Bastardbrut, daß sie hier nicht schreit. Von jetzt an schreien wir, versteht ihr?"

„Gewiß doch, cierto, Muchachito", sagte ein Arriero, „nehmt alles, was ihr findet."

„Wir nehmen es auch ohne deine Erlaubnis", rief Jeronimo, sich dicht neben Santiago in die Hütte drängend.

„Por Jesu Cristo y la Virgencita", jammerten einige der Frauen, „tut uns nichts, wir wollen uns ja auch gern mit euch niederlegen, aber tut uns nichts, Muchachos."

„Mit euch niederlegen, ihr stinkigen Huren? Das würde euch wohl so gefallen. Nein, nicht mit euch. Nicht geschenkt." Das sagte ein dritter der Burschen, die sich in die Hütte quetschten.

Santiago schnitt alle weiteren Angebote kurz ab: „Raus mit allen Papieren, die ihr hier habt, ihr lausigen Hurenbengel."

„Und besser, ihr vergeßt auch nicht einen einzigen Brief oder Urschwisch, den ihr hierherum habt", erinnerte Jeronimo die ver=ängstigten Leute, von denen nicht nur alle Kinder, sondern auch alle Frauen und selbst einige Männer auf die Knie gefallen waren und ihre Hände aneinandergepreßt hoch emporhielten, als beteten sie die Heiligen in der Kirche an. „Die Kehle schneiden wir jedem ab, der auch nur ein winziges Stückchen Papier zurückbehält."

„Hier, hier!" kam von allen Seiten die Antwort. Es wurden Briefe hergereicht und Photographien und Gebetbücher und kleine Notiz=büchelchen und Heiligenbildchen und Traktätchen und Schulbücher, Kalender, Zigarettenplakate und Lohnzettel.

Der Schmied zögerte mit seinen Lohnzetteln. Jeronimo stieß ihm sofort heftig mit der Faust breit in die Kehle, daß der Schmied zu=

rücktaumelte und den Atem verlor. Vom Winkel der Hütte aus, wo er hingesunken war, sagte er: „Perdoneme, Muchacho, aber das sind ja meine Lohnzettel, wenn ich die nicht habe, dann wird mir ja mein verdienter Lohn nicht gezahlt."

„Was geht uns denn dein Schittlohn an, du Schweineknecht", rief Santiago erbost. „Laß dir den Lohn vom Teufel bezahlen. Wer ihn dir bezahlen konnte, ist längst abgezwitscht in die Hölle. Her mit den Zetteln!" Sich dann an alle wendend, rief er: „Noch ein Wort, und wir helfen mit den Machetes nach. Raus mit allen Papieren!"

Drei Minuten darauf schrie er: „Alles abgeliefert?"

„Ja, Muchachos", wurde ihm von mehreren der Handwerker gleichzeitig zugerufen.

„Sucht, Muchachos!" kommandierte er dann seine Begleiter. „Vergeßt nicht eine Stelle. Und wer auch nur ein Fetzchen versteckt hat, nicht größer als hier mein Fingernagel, schiebt ihm den Machete in den Mistbauch. Gottverfluchtes, verheucheltes, kriechendes Denunziantenpack und Klatschgesindel! Wenn es uns verkehrt geht, seid ihr morgen alle wieder da: ‚Ach liebes Patroncitchen, o gnädiges Herrchen, wir waren immer dagegen, wir haben nicht mitgemacht, wir sind für die Ordnung, Herrchen!'" Santiago äffte mit grienendem Munde nach, wie er sich dachte, daß diese Handwerker zu den Patrones, Rurales, Federales und Polizisten sprechen würden, wenn die Rebellion niedergeschlagen würde. „Ginge es nach mir", schrie er, plötzlich in Wut geratend und dem nächsten Mann, einem Gerber, mit dem Fuß in den Leib tretend, „ginge es nach mir, ihr gottverfluchten stinkigen Klatscher, ich schnitte euch allen, mitsamt eurer Bastardbrut, die Kehlen durch, kriechendes Verräterpack. Schitt seid ihr." Dann zu seinen Genossen gewandt: „Was gefunden? No? Deren Glück. Los zu den anderen Hütten, wo die Hurenknechte festgemacht sind. Und geht nicht so sachte mit ihnen um. Der Andrés und der Celso und El Profesor wollen es nicht haben. Schade. Ich ließe keinen hier am Leben."

Zwei Stunden darauf war auch nicht ein einziges winziges Stückchen Papier, bedruckt, beschrieben oder leer, irgendwo in der Ciudad zu finden.

El Profesor, als er den Haufen schwarzer Asche sah, sagte zu Santiago: „Muy bien hecho, manito; sehr gut gemacht, mein Brüderchen. Nun wißt ihr es, genau so wird es in Hucutsin gemacht und auf allen Fincas und auf allen Ämtern. Unsere Genossen in San Rafael, in der großen Papierfabrik, verstehen es, wie man Papier macht. Die machen uns neues Papier, das wir dann beschreiben und bedrucken, so wie es uns gefällt und uns gut tut."

Später am Abend gingen Andrés und noch zwei Burschen bei allen Gruppen herum und fragten, was jeder aus der Tienda haben wolle, er möge es überdenken, denn morgen würde verteilt, was in der Tienda sei, Kleidung, Hemden, Hosen, Halstücher, Matten, Decken, Machetes, Munition, Halsketten, Ohrringe, Fingerringe, Knöpfe, Zwirne, Stoffe, Haarbänder, Hüte, Sandalen, Leder, Riemen, Seile, Tabak, Zündhölzer, Zigaretten, Laternen, Kerzen. Als er so alles aufgezählt hatte, fügte er hinzu: „Aber keiner soll mehr verlangen, als er wirklich braucht. Wenn jeder das hat, was er wirklich braucht, dann können wir über den Rest sprechen. Es wird vielleicht nicht einmal alles reichen, um jedem zu geben, was er braucht. Und jeder muß auch daran denken, daß er wohl ein gut Teil von dem, was er mitnimmt, auf seinem Rücken schleppen muß, denn die Pferde, Esel und Mules haben genug zu tragen für alle die von uns, die nicht kräftig genug sind. Es gehen auch ein Dutzend Frauen mit uns und beinahe zwanzig Kinder."

Martin Trinidad, El Profesor, kam hinzu. Er sagte: „Wir haben später eine Kriegsversammlung, wie wir den Marsch einrichten. Und weil gerade jetzt über die Tienda geredet wird: die Lebensmittel werden nicht an jeden einzelnen verteilt, sondern an Marschgruppen, die auch gleichzeitig Kochgruppen oder Verpflegungsgruppen sind. Die Gruppen werden wir in der Versammlung bestimmen, aber ihr alle könnt euch in den Gruppen gegeneinander austauschen nach Belieben, Kamerad gegen Kamerad. Und natürlich hat jeder einen Teil der Lebensmittel für seine Kochgruppe mitzutragen. Darum schleppt nicht zuviel mit. Der Marsch bis zu den ersten Dörfern kann recht gut vier oder gar fünf Wochen dauern. Wir kommen in die dickste Regenzeit hinein, und wir werden Strecken haben, wo wir froh sein können, wenn wir an einem Tage drei Leguas machen."

Als am nächsten Morgen die Vorräte der Tienda aufgeteilt wurden, ergab es sich, daß nur sehr wenig angefordert wurde. Das, was jeder unbedingt nötig hatte, war bereits in den ersten Tagen des Aufstandes ausgegeben worden. Ob die Ursache, warum die Muchachos nicht mehr von der Tienda forderten, Mangel an Begehrlichkeit war oder der Gedanke an die größere Last, die sie auf dem schwierigen Marsche zu tragen haben würden, das vermochte Andrés, der Verwalter der Tienda war, nicht zu entscheiden. Er dachte auch gar nicht darüber nach. Moralische Gründe, daß es sich um ungerechtes Gut handele, hatte keiner der Muchachos. Das war einmal sicher.

Etwas aber war bemerkenswert. So bemerkenswert, daß es Andrés auffiel. Und das war, daß eine sehr große Zahl von Muchachos, obgleich sie in Fetzen gingen und selbst das schlechteste Hemd und das billigste, das in der Tienda zu finden war, für sie von großem Wert gewesen wäre, nicht zur Tienda kamen und nichts forderten. Andrés traf einige von ihnen und fragte sie, warum sie sich nicht wenigstens ein ganzes Hemd, eine brauchbare Baumwollhose und einen neuen Hut geholt hätten. „Ehe wir aus dem Dschungel heraus sind, ist ja doch wieder alles in Fetzen", sagte der eine. Ein anderer erwiderte:

„Was tut mir denn das Hemd gut, wenn ich doch verrecke. Denn ich kann dir sagen, sobald wir auf die Rurales stoßen, gehe ich drauflos wie verrückt. Entweder ich bleibe da im Dreck liegen, und dann ist es auch recht, dann brauche ich sowieso nichts mehr. Oder ein halbes Dutzend von diesen räudigen Hunden, den Rurales, bleibt liegen, und dann kann ich mir alles in guter Ruhe aussuchen, was mir gefällt, deren Hemden und Hosen und Uniformjacken und Stiefel. Vor allem einen guten Karabiner und tausend handfeste Patronen, auch wenn sie zwei Zentner wiegen, aber ich schleppe sie."

Als Andrés noch weiter herumhörte und Meinungen wissen wollte, lernte er, daß die Mehrzahl der Muchachos, die sich nicht um die Tienda kümmerte, eine gleiche oder ähnliche Antwort hatte. Nur konnten sie das nicht so richtig mit Worten ausdrücken, wie es der erste Muchacho, ein Boyero, den Andrés fragte, getan hatte.

Drei Tage lang hatten alle Frauen der Artesanos für die abziehenden Muchachos Totopostles backen und rösten müssen, um große Vorräte zu schaffen. Jeder Muchacho sollte wenigstens einen Sontle Totopostles für den Marsch haben. Eine Sontle waren vierhundert Totopostles. Das war wenig genug für einen so langen Marsch; denn die Totopostles waren sehr dünn, und man konnte leicht zwanzig auf einen Sitz essen, ohne sich den Magen zu verrenken.

Die Frauen wollten zwar zuerst nicht recht heran, als sie Dienstmädchen, Köchinnen und Bäckerinnen für die Muchachos machen sollten. Sie fühlten sich in ihrer Würde verletzt. So im Vorbeigehen hörte Santiago eine von den Frauen: „Wie kommen wir denn dazu, für die dreckigen und verlausten Chamulaschweine hier Totopostles zu backen. Es ist eine Schande und Schmach für eine Ladinofrau, Criada für so einen dreckigen Chamula zu machen, der nicht einmal eine christliche Sprache reden kann."

Santiago hatte die Frau ruhig ausreden lassen. Jetzt kam er um die Ecke der Hütte herum. „Ja, ihr gottverfluchten Stinkfuntzen, wozu seid ihr denn sonst überhaupt nütze und warum lassen wir euch denn überhaupt am Leben mit eurer Bastardbrut?" Die Weiber erschraken entsetzlich, als sie Santiago vor sich stehen sahen und gewahr wurden, daß er ihren Klatsch gehört hatte.

„Gottverdammt noch mal", brüllte er auf sie ein, „wir haben doch für euch Dreckgesindel tausend Faenas machen müssen, Extraarbeit jeden Abend, nach unserer verflucht harten täglichen Arbeit. Haben in den Faenas Holz für euch kleinmachen müssen, eure Dächer ausbessern, eure Zäune flicken, die Wände verlehmen, Gärten umgraben und pflanzen, alles umsonst, und alles extra nach unserer schweren Arbeit, wenn wir kaum noch kriechen konnten. Was denn da? Da habt ihr doch auch nicht das Maul aufgemacht und euch beschwert? Oder habt ihr es auch nur einmal? Sagt es nur, und ich schlage euch eure verlogenen Fressen breit, daß sie aufplatzen. Schindluder, die ihr seid. Los, ran, ran an die Metates und geknetet. Und wenn nicht jede von euch zehn Sontles geliefert hat, dann gehe ich über eure verlausten Haare her. Nun aber gesprungen und gehopst!"

„Aber Muchacho", antwortete eine der Frauen schüchtern, „das weißt du aber auch recht gut, daß der Mais zwölf Stunden und mehr braucht, um weich zu werden, auch wenn wir ein großes Stück Kalk einlegen."

„Halt's Maul! Wenn du den Mais nicht auf dem Feuer weich kriegst, dann setze dich mit deinem Ursch drauf und brüte ihn weich. Aber in vier Stunden will ich die Totopostles sehen. Tausendmal haben wir Arbeiten in einem Tage machen müssen, die ein Mensch nicht in drei Tagen machen konnte; und wenn die Arbeit nicht fertig war, wurden wir gehenkt oder verpeitscht, daß die Stücke Fleisch nur so wegflogen. Habt ihr denn da auch das Maul aufgerissen und zum Patron gesagt: Das können die armen Muchachos nicht machen, Señor? Dreck habt ihr getan. Und euch nur gefreut, wenn wir verpeitscht wurden und habt vielleicht noch zu den Capataces gesagt: Gebt's ihnen tüchtig, den Chamulaschweinen."

„Das habe ich nie gesagt", verteidigte sich die Frau eines Geschirrmachers.

„Vielleicht du nicht, aber andere haben es gesagt, und du hast kein Wort dreingeredet. Los nun, und gehopst."

Die Weiber spritzten wie besessen und machten sich über den Mais her. Sie riefen alle ihre Kinder herbei, ihnen zu helfen, den Mais auszukörnen. Santiago freilich ging nicht nach vier Stunden nachsehen, ob die Totopostles fertig seien. Er wußte, sein Auftrag konnte in dieser Zeit nicht geschafft werden.

Die Männer der Frauen, die Artesanos, wurden noch härter herangenommen. Hinter ihnen waren Matias und Fidel her, und die sagten ihnen noch viel kräftiger, was sie von ihnen dachten, als was Santiago zu den Frauen gesagt hatte.

Die Männer brachten alle Sättel in Ordnung, stopften die Packsättel aus, schnitten Riemen und drehten Seile, dokterten die Tragtiere, die verwundet von den Weiden hereingekommen waren. Es gab genug Arbeit, um den großen Trupp marschbereit zu machen. Und die Muchachos wußten gut, wie sie die Artesanos zum Arbeiten herankriegten. Sie brauchten nur die Mittel anzuwenden, die von denselben Handwerkern ihnen gegenüber gebraucht worden waren. Dabei erfuhren diese Favoritos der Herrschenden, diese Schmeichler der Patrones, wenn auch spät, aber doch endlich einmal am eigenen Leibe, wie es tut, wenn man nicht zu den Begünstigten und Bevorzugten gehört, sondern zu den Unterdrückten, die kein anderes Wort je lernen als das bedeutungsvolle Wort: Gehorchen.

Es ging bei dieser Schulung noch ungemein gnädig zu. Es gab keine Peitschenhiebe und kein Henken, wenn auch gelegentlich von einem übereifrigen Muchacho ein paar Püffe, Rippenstöße und Fußtritte mit abfielen, um den Befehlen größeren Wert und raschere Ausführung zu geben.

Dabei erfuhren die Muchachos auch noch etwas anderes, etwas, von dem sie bisher selbst nicht gewußt hatten, daß sie es konnten. Sie lernten, daß auch sie zu befehlen verstanden, wenn es sein mußte. In ihrem ganzen langen Leben hatten sie immer geglaubt, daß man als Ladino oder als Gachupin geboren sein muß, um zu wissen, wie man befiehlt. Das Befehlen war gar nicht so schwer, wie die Muchachos vorher geglaubt hatten. Und war es nicht schwer, die Favoritos der Herrschenden zu kommandieren, so konnte es auch nicht viel schwerer sein, überhaupt zu regieren, wenn es notwendig sein sollte. Befehlen ist freilich viel leichter als Regieren. Darum sind alle Diktatoren so schlechte Regenten. Befehlen kann jeder Esel, erst recht einem Indianer, der weder lesen noch schreiben kann. Diktieren kann selbst ein Idiot. Und je mehr er Idiot ist, um so leichter, um so unbekümmerter und um so unverfrorener vermag er zu diktieren.

Vorläufig freilich waren die Muchachos noch sehr weit davon entfernt zu versuchen, ob sie ebenso gut regieren könnten wie hier den Kriechern befehlen. Zwischen den Monterias und den endlichen Sieg der indianischen Proleten lag nicht nur ein wochenlanger Marsch durch den Dschungel inmitten der dicksten Regenperiode, sondern da lagen auch die Kompanien und Bataillone der Rurales und die Regimenter der Federales mit Maschinengewehren und Feldgeschützen. Aber auch das war noch weit. Zuerst einmal hier mit dem Regieren und Organisieren angefangen, hier, wo die Muchachos mit allen wirtschaftlichen Verhältnissen vertraut waren.

„Übt euch hier, wo ihr jeden Weg und jeden Baum kennt!" sagte El Profesor an diesem Abend. „Wenn wir erst einmal da ankommen, wo wir nicht mehr genau wissen, was rechts und was links ist, und wo wir auf freien Feldern sind, da wird es schwieriger. Hier in den Dschungeln würden wir mit einer Armee von Regierungssoldaten und vier Armeen von Rurales fertig. Hier würden wir immer Sieger sein. Aber hierher kommen diese Knechte nicht. Da haben sie den dicken Schitt in den Pantalones. Die warten draußen vor dem Dschungel, in den Dörfern und in den Fincas. Und wenn wir gewinnen wollen, müssen wir zu den Fincas und Dörfern. Da hilft nichts. Rebellionen müssen ausgefochten werden, sie können nicht ausdiskutiert werden. Revolutionen haben Unterdrückte noch nie gewonnen einfach dadurch, daß sie schön darüber zu reden verstanden oder geduldig zuzuhören wußten, was andere sagten. Revolutionen gewinnen die Beherrschten nur durch erbitterten Kampf. Kein anderes Mittel gibt es. Wer euch etwas anderes erzählen will, beschwindelt euch; denn er ist auf der Seite eurer Feinde, eurer Tyrannen. Vergeßt das nicht, Muchachos! Nicht heute, nicht morgen, und nicht in hundert Jahren!"

17

In acht Gruppen oder Compañias, wie Juan Mendez sie nannte, wurde der Haufe eingeteilt. Juan Mendez war der General des Trupps. Da er Sergeant bei den Federales gewesen war, so verstand er genügend von militärischen Dingen. Dutzendmale hatte er Kompanien von Soldaten in militärischen Übungen geführt, wenn die Offiziere zu faul waren oder besoffen und nicht imstande, früh aufzustehen. Die Übungen für die Mannschaften waren angesetzt und mußten abgehalten werden. Und da sonst niemand da war, vielleicht nur ein Capitan und ein Leutnant für das ganze Bataillon, so mußten die Sergeanten heran, die Kompanien anbrüllen und herumfegen.

Juan Mendez nahm die erste Compañia, sein einstmaliger Bataillonskamerad, Lucio Ortiz, führte die letzte als Rückendeckung. El Profesor wurde zum El Comisario ernannt, zum Generalleiter der ganzen Armee.

Andrés übernahm die Organisation der Verpflegung und Lagerung. Matias, Fidel und Cirilo wurden für den Transport und alle Packtiere und Reittiere verantwortlich gemacht.

Juan Mendez bestimmte Celso zu seinem Stabschef, oder wie er ihn nannte: Jefe del Estado Mayor. Celso freilich sagte gleich darauf: „Aus dem Titel mache ich mir einen Hundedreck. Ich nehme nur darum an, damit ich gleich der erste sein kann, der losschlägt, sobald ich auch nur die erste Uniform vor Augen habe. Habe zwar einen recht schönen Revolver, verflucht noch mal; aber ich glaube, ich verlasse mich doch lieber auf meinen guten Machete."

„Ganz wie du willst", erwiderte Juan Mendez, El General, „darüber werden wir wohl besser reden, wenn wir einmal das erste Treffen hinter uns haben und wir dann noch am Leben sind."

„Möglich, ich bin dann nicht mehr am Leben, mi general, aber falls ich verreckt sein sollte, so kannst du mich hinterher einen ganz räudigen und vereiterten Coyote nennen, wenn ich nicht vorher wenigstens fünf Uniformierten den Kopf abgesäbelt habe."

Nur wenige Muchachos hatten Revolver, und noch weniger besaßen Jagdgewehre. Die Mehrzahl der Flinten waren alte spanische Vorderlader. Es waren nur sechs. Sie waren den Artesanos abgenommen worden, von denen, wie sich herausstellte, keiner einen Revolver trug. Die Branntweinschenker freilich hatten Revolver. Auch die beiden Arrieros besaßen Revolver, die sie herzugeben gezwungen worden waren. Diese Revolver jedoch waren so gut wie nichts wert. Sie dienten den Arrieros auf ihren Transporten nur als Schreckmittel und gingen nicht los, wenn sie abgedrückt wurden.

Dagegen waren alle Machetes scharf geschliffen worden, auch die Äxte, die von den Burschen mitgenommen worden waren.

Als Ganzes gesehen und besonders im Hinblick auf den großen Haufen der Muchachos, konnte man bestenfalls nur von einer ganz erbärmlichen Bewaffnung reden.

Zog man weiter in Betracht, daß von den Rurales jeder einzelne einen Karabiner mit Magazinen von je fünf Schuß trug, außerdem jeder Mann einen 45er-Revolver mit sechs Schuß auf den Hüften hängen hatte, so war es nicht übertrieben, von einem Selbstmord der rebellischen Muchachos zu sprechen, sollten sie versuchen, auch nur einen kleinen Trupp von Rurales, alles geübten Soldaten, anzugreifen.

Die einzigen Leute in diesem Trupp, die genau wußten, wie es in einem so ungleichen Kampfe zugehen würde, waren El Profesor, El General und Lucio Ortiz, der zum Coronel ernannt worden war. In der Armee war er Cabo, ein Unteroffizier, gewesen.

Und diese drei Leute, die aus Erfahrung wußten, wie gering die Aussichten der Monteria-Rebellen auf einen Sieg waren, wenn sie auf einen Trupp Rurales oder Federales stießen, machten kein Hehl aus ihrer Kenntnis. In den letzten Tagen vor dem Abmarsch erklärten sie unzählige Male den Muchachos, was ihnen bevorstünde, sollte es auch nur zu einem Scharmützel kommen.

Aber alle ihre Warnungen und Ratschläge trafen auf taube Ohren. Den Muchachos war alles gleich geworden. Sie hatten so viel erduldet, so viel gelitten und ertragen, so viel Wut und Haß in sich aufgespeichert, daß ein jeder Kampf mit ihren Feinden, ganz gleich wie auch immer der Ausgang sein würde, ihnen mehr als Erlösung vorkam denn als wirkliche Niederlage. Sie konnten nicht unterliegen. In ihrem Bewußtsein konnten sie nicht besiegt werden. Sie konnten nur sterben oder siegen. Etwas anderes wünschte keiner und hoffte keiner. An irgendeinen anderen Ausgang dachte nicht einmal einer. Ihr Leben war so wertlos und inhaltlos geworden, daß zu fallen mit dem Bewußtsein, rebelliert zu haben, für alle Ewigkeiten hinaus tausendmal mehr wert war als ihre Haut zu schützen, einem Kampfe auszuweichen und sich auf Nebenwegen aus dem Dschungel zu schleichen, um zu vermeiden, auf ihre Feinde zu treffen.

Wie aussichtslos jeder Ratschlag des Juan Mendez war, die größte Vorsicht zu üben, weil er am besten wußte, wie Rurales und Soldaten vorgehen und wie sehr sie im Vorteil gegenüber unbewaffneten und ungedrillten Rebellen sind, ersah er aus der Antwort, die er erhielt, als er einmal sagte: „Wenn wir mit unserer ersten Compañia auf einen Trupp von zweihundert Federales stoßen, bleibt keiner von uns am Leben. Ihr habt nicht einmal Zeit, auch nur den Revolver, mit dem ihr ja doch nicht zu schießen versteht, hochzuheben, da seid ihr auch schon abgeknallt. Was macht ihr denn da?"

„Was wir machen?" erwiderte Matias mit einem Fluch. „Das will ich dir sagen, Juanito, was wir machen. Wenn zweihundert auf uns loskommen, da haben wir zweihundert, die wir schlachten können. Und es wäre zum Heulen schade, wenn nur zwanzig kämen anstatt dreihundert. Je mehr wir vor uns haben, um so mehr haben wir zum Erschlagen. Und wenn dir das nicht gefällt, dann kannst du ja ausrücken, ehe es ernst wird. Wir rücken nicht aus und gehen drauflos."

„Ich rücke nicht aus. Ich bin vorneweg von euch allen. Ich will euch nur sagen, wie es zugeht, ich habe es mitgemacht und ihr nicht."

„Gut", meinte darauf Fidel, „als du das mitmachtest, da warst du Soldat. Wir aber sind Caoba-Arbeiter. Und du bist das jetzt auch. Das ist ganz etwas anderes als Soldat sein. Soldat kann jeder alte lahme Esel sein. Revolutionäre können nur die Besten sein, die je geboren wurden. Es sind nur die allerbesten Mütter, die Rebellen zur Welt bringen. Und meine Mutter, da ist keine andere in aller Ewigkeit, die mehr Rebell sein konnte als meine. Die hat dem Bruder von unserm Finquero mit ihren Fingern die Kehle aus dem Hals gerissen, als er sich über sie schmeißen wollte. Der Finquero erschoß sie dann wie einen Hund, der krank ist. Das war meine Mutter. Und wenn du eine bessere hast, dann komme nur raus damit."

Ein erfahrener General würde diesem Marsch gegenüber ratlos, hoffnungslos und verzweifelt gewesen sein. Er würde so viele Schwierigkeiten sehen, daß er gesagt hätte: „Oh, lieber Cäsar, diese Armee bringe ich nicht zehn Kilometer weit und ich habe die Hälfte verloren." Alle seine auswendig gelernten Regeln und Instruktionen, seine Kommandos, seine schönen Gruppenschwenkungen und durchgedrückten Knieschmisse würden seine Hilflosigkeit nur vergrößern.

Juan Mendez jedoch war ein General der Revolution. Er kannte keine Instruktionsbücher und wußte nicht einmal, daß es solche Bücher gab. Er sagte: „Marcha adelante al frente!" und da marschierte das Heer und marschierte richtig, weil es menschlich und natürlich marschierte.

In der Trockenzeit war ein Marsch mit einer solchen Masse an Menschen, Packtieren und Vieh schon eine ungeheure Leistung. Jetzt mitten in der dicksten Regenzeit hätte kein vernünftiger Mensch auch nur daran gedacht, diesen Marsch zu unternehmen. Jedenfalls nicht mit einer solchen Menge an Menschen und Tieren. Freilich, wären die Muchachos vernünftige Menschen gewesen, so hätten sie ja keine Rebellion gewagt. Rebellionen, Meutereien und Revolutionen sind immer unvernünftig; denn sie stören den angenehm schläfrigen Zustand, der als Ruhe und Ordnung bezeichnet wird.

Die Hölle war wirklich auf ihrem Wege. Nicht nur für eine Woche, sondern für drei Wochen.

Selbst jene Strecken, die sonst trocken waren, lagen jetzt entweder versumpft oder inmitten weiter Wasserlachen, die groß waren wie Seen. Es regnete alle drei oder vier Stunden. Und das waren Aguaceros. Es regnete nicht, sondern Flüsse strömten aus den Wolken nieder, kleine Bäche. Sie schlugen so heftig auf, daß an jenen Stellen, wo keine Bäume standen, die Erde zuweilen einen halben Meter tief aufgefetzt wurde. Dicke Äste wurden von den Bäumen geschlagen wie bei schweren Stürmen. Pfade bröckelten ab, glitten in Schluchten, und wo sie nicht abbrachen, bildeten sie breite Rinnen reißender Ströme. Felsblöcke lösten sich los und stürzten donnernd die steilen Abhänge hinunter, auf ihren Wegen Urwaldriesen zerbrechend, entwurzelnd und mit sich reißend, als wären es morsche Zweige. Hörte es für eine Weile auf, aus den Himmeln zu strömen, dann lief das Wasser in Rinnsalen und Bächen herunter aus dem Geäst der dichtbelaubten Bäume, damit dem Boden auch nicht ein Tröpfchen verlorengehen sollte. Der Himmel klärte sich. Die Sonne brach in höllischer Glut herunter, verwandelte den Dschungel in ein Dampfbad, das den marschierenden Menschen den Atem nahm. Und kaum begannen die Kronen der höchsten Bäume von der Glut ein wenig trokken zu werden, so verschwand die Sonne wie weggeschossen aus dem Himmelsgewölbe, und es begann zu tröpfeln. Es tröpfelte und rinselte und war chipichipi für zehn Minuten, eine kleine Warnung. Und dann knallte ein neuer Wolkenbruch auf die Erde los, meist begleitet von Donnern und Blitzen, daß man glaubte, das Ende des Universums sei nahe.

Die schwere, reiche Erde des Dschungels, satt des Wassers, erweckte den Eindruck, daß sie unter den steten Lasten stöhnte und ächzte. Sie vermochte auch nicht einen Tropfen mehr zu schlucken. Sie zog sich dicht zusammen, wurde zäh, klebrig und leistete den Widerstand aller Dinge und Geschöpfe des Weltalls, die leben wollen und, um leben zu können, unerbittlich gegen ihre Zerstörer kämpfen müssen. Und weil die Erde so satt und übervoll war, kein Wasser mehr annahm und keines mehr durchließ, so stand der Regen auf dem Boden, wurde Sumpf, See, Flußarm, Morast und tausendfach mehr Morast. Wohin der Mensch auch treten mochte, die Erde sank unter seinen Füßen ein. Dann aber hielt sie ihn fest und wollte ihn nicht mehr hergeben, umklammerte ihn mit hundert Armen und verstrickte ihn in Schlingen. Jeder Schritt war, als versänke er in eine Falle. Alle Kraft, die der Mensch besaß, mußte aufgewendet werden, um die Füße wieder herauszuzerren. Doch der nächste Schritt sank abermals in den zähen Morast, und wieder kostete es die gleiche Mühe, den folgenden Schritt zu machen.

Für Leute, die solche Märsche durch den Dschungel in der Regenzeit nicht kennen, wäre der Plan, diesen Marsch zu unternehmen, ein mutiges Abenteuer gewesen. Für die Caobaleute, die genau wußten, was der Marsch in dieser Jahreszeit bedeutete, war die Tatsache, daß sie den Marsch planten und unternahmen, wohl der beste Beweis, welche Anstrengungen auf sich zu nehmen sie willens waren, um die Rebellion, einmal begonnen, unerbittlich durchzuführen.

„Wir könnten ganz gut auch warten, bis die Regenzeit vorüber ist", sagte einer von ihnen, als sie über den Marsch berieten.

„Freilich könnten wir warten", erwiderte El Profesor. „Aber wer nicht warten kann, sind die Peones in den Fincas, die frei sein wollen wie wir jetzt sind, die mit uns ziehen möchten und mit uns kämpfen, um alle übrigen Peones zu befreien."

Es war schon längst nicht mehr nur die Sehnsucht, nach Hause in ihre Heimat zu kommen. Sehnsucht nach ihrer Heimat hatten sie ständig gehabt. Aber nun war der Aufstand da und alle Muchachos, die in den Dschungeln arbeiteten, schlossen sich ihnen an. Täglich kamen neue Gruppen und vereinigten sich mit ihnen. Und sie alle dachten nun nicht daran, nach Hause zu gehen, sondern daran, gegen die Herren zu revoltieren, um von jeglicher Unterdrückung frei zu werden. El Profesor sagte täglich ein dutzendmal: „Muchachos, wenn ihr nur allein rebelliert und allein nach Hause geht, um in Frieden eure Milpas zu bestellen und Kinder zu zeugen, dann erntet ihr im besten Falle eine einzige Ernte. Ehe ihr es euch auch nur verseht, sind die Rurales und Federales über euch, und ihr werdet wieder zurückgebracht hierher, versklavter als vorher, und dann für ewig. Wir müssen so lange eine gesunde und kräftige Rebellion machen, bis auch nicht ein Rural mehr am Leben ist, und alle Federales entweder freiwillig auf unsere Seite herüberkommen oder ausgerottet werden. Nichts Halbes tun, Muchachos, und an keine Verschiebung glauben! Gleich auf den ersten Fincas und in den ersten Dörfern wird man euch alle guten Dinge versprechen, euch Land und Geld anbieten und alles, was ihr wollt. Laßt euch nicht verführen. Das alles sind nur Angstversprechen und Furchtgeschenke, die durch und durch wertlos sind, wenn ihr nicht die ganze Revolution gewinnt und eine reine und ganz und gar entscheidende Sache durchführt."

„Bravo, Profesor! Viva, Profesor! Arriba, Camarada!" schrien die Muchachos. „So ist es. Du hast recht. So werden wir es machen!"

So hatten sich, völlig unbemerkt von den Muchachos, der Sinn und das Ziel ihrer Rebellion in der letzten Woche von Grund aus geändert. Der Gedanke, nach Hause zu kommen, war vergessen, der Kampf um das Ganze war immer stärker in den Vordergrund gerückt worden.

Selbst Andrés und Celso, die am ersten Tage der Meuterei kaum an etwas anderes gedacht hatten, als nur ihre Mädchen wiederzusehen und ihre Eltern zu begrüßen, dachten jetzt nur noch gelegentlich daran.

„Das alles kann warten, Celso, meinst du nicht auch?"

„Sicher, Andrucho. Zu Hause hat ja nie ein Mensch erwartet, daß ich innerhalb von vier Jahren zurückkommen werde. Müssen sie eben warten. Besser sie warten jetzt noch ein Jahr, als daß dies alles wieder vermanscht wird. Dann hat man wenigstens die Gewißheit, man kann für immer daheim sein und nicht ewig in Furcht leben, eines Tages wieder abrücken zu müssen."

„Richtig, Celso. Und so wird es getan. Tierra y Libertad o la Muerte."

Was ganz im Anfang eine rein örtliche Meuterei gequälter und elendiglich überarbeiteter, armseliger, unwissender indianischer Burschen gewesen war, was nach der Ermordung ihrer Henker zu einer Rebellion sich verwandelte, die alle unterdrückten und gequälten Arbeiter im Reich der Caoba vereinigte, alle, die jegliche Hoffnung auf Erlösung längst aufgegeben hatten, das entwickelte sich wie von selbst zu einer regelrechten Revolution. Es wurde eine Revolution, die nach und nach den ganzen Staat erfaßte und alle, auch die faulsten, trägsten und furchtsamsten Gruppen des Landes anfeuerte und belebte und sich endlich über die ganze weite Republik verbreitete. Im Lande hier und da glimmte und schwelte es. Niemand jedoch wagte, das Maul aufzumachen, weil sein Nachbar, ja sein bester Freund Angeber der Polizei sein konnte. Doch nur ein spritzender Funke war nötig, und die ganze Republik stand in Flammen.

Und was hier im Reich der Caoba die Muchachos taten, war im Kleinen dasselbe, was innerhalb der nächsten Monate überall in der Republik geschah. Die Luft trug die Ideen der Rebellion von Stadt zu Stadt, von Dorf zu Dorf, von Feudalherrschaft zu Domäne, von Finca zu Hacienda, von Plantage zu Pflanzung, von Familie zu Sippe. Die Diktatur, die noch im vorigen Monat der Welt verkündet hatte, daß sie eine ewige Institution für das von Dankbarkeit strotzende Volk geworden und das einzige Regierungssystem sei, unter dem ein Volk wachsen und gedeihen könne, war heute ein klapperndes Gespenst, das selbst denen keine Furcht mehr einflößte, die, als Rebellen an die Wand gestellt, den feuernden Rurales und Federales frech ins Gesicht trotzen. Und während, von den Landsknechten des Diktators umzingelt, ihnen das Urteil des Kriegsgerichts verlesen wurde, schrien sie: „Abajo el caudillo! Que muere la dictadura! Viva la Revolucion Social!" Von Kugeln niedergestreckt, fielen sie in dem glorreichen Bewußtsein, daß sie gewonnen hatten. Die Diktatur krachte in jedem Staate, im Norden wie im Süden, in Veracruz wie in Jalisco, in Sonora wie in Yucatan.

Die Muchachos kämpften um ihre eigene Sache, ohne zu wissen, daß sie dabei zugleich die Sache des ganzen Volkes auskämpften.

18

Jeden Tag waren neue Gruppen aus den fernsten Monterias angekommen, und täglich kamen weitere an. Manche der Gruppen bestanden nur aus fünf Mann, andere sogar nur aus zwei. Einige dieser Gruppen langten in völlig verwildertem Zustand an. Schon lange vorher waren sie von ihrer Monteria geflohen, konnten aber nicht heimkehren, weil sie dann auf den bekannten Pfaden durch den Dschungel hätten zurückwandern müssen. Hier wären sie abgefangen worden. Denn selbst wenn sie nicht von Capataces, die hinter ihnen hergeschickt wurden, aufgegriffen worden wären, so konnte es doch geschehen, daß sie Händler trafen oder Karawanen oder neue Arbeitertrupps. Und wer immer sie traf, würde gemeldet haben, auf welchem Wege sie gesehen worden waren. Wenn es ihnen glückte, in ihr Dorf oder in ihre Finca zurückzugelangen, so waren sie sicher, wieder ausgeliefert zu werden.

Alles das wissend, teils aus eigener Erfahrung, teils aus den Erzählungen derer, die Fluchtversuche unternommen hatten und wieder zurückgebracht worden waren, gaben viele Flüchtlinge den Gedanken auf, in ihre Heimat zurückzukehren. Sie flohen von der Monteria, um grausamen Strafen zu entgehen, und hielten sich von den Wegen und Pfaden fern. Sie führten ein freies Banditenleben in den Tiefen des Dschungels. Sie wohnten in Höhlen, bauten sich winzige Hütten auf dem Erdboden oder in dem Geäst der Bäume, oder sie übernachteten wie Tiere im Dickicht. Sie lebten von dem Fleisch der Tiere, die sie mit Steinen oder Lanzen erjagten. Ging es ihnen zu hart und benötigten sie Dinge, wie Lunte oder Stahl zum Feuerzünden oder Salz oder Kaffee, dann brachen sie des Nachts in Oficinas ein und stahlen, was sie brauchten. Häufig wurden dafür Muchachos der Monterias elendiglich verprügelt, weil man sie beschuldigte, die Spitzbuben gewesen zu sein. War es zu schwierig, in Oficinas, Bungalows, Küchen oder Hütten einzubrechen, dann bemühten sie sich, arbeitende Muchachos im Dschungel zu treffen, um von denen zu erhalten, was sie benötigten, entweder im Guten oder im Bösen. Meist wurde ihnen freiwillig gegeben, was ihnen fehlte, vorausgesetzt, daß die angeredeten Burschen selber das hatten, was die Wilden, oder Los Salvajes, wie sie genannt wurden, brauchten.

Wurden der Salvajes zu viele, dann vereinigten die Monterias, in deren Bezirken die wild lebenden Flüchtlinge hausten, ein halbes Dutzend Capataces, und die Salvajes wurden gejagt wie wilde Tiere. Sie wurden nicht gefangen, auch wenn die Monterias notwendig jeden Mann hätten brauchen können, sondern sie wurden wie wilde

Tiere von dem ersten Jäger erschossen, der sie sah. Und um sie leichter jagen und aufstöbern zu können, nahmen die Jäger ganze Rudel von Hunden mit sich, wenn sie auszogen, um den Dschungel wieder mal zu reinigen.

Es war den Konzessionären der Monterias nicht so sehr darum zu tun, die gelegentlichen Diebstähle zu bestrafen oder zu verhindern. Der Grund war ein anderer. Blieben diese wilden Flüchtlinge unbelästigt und wurde nicht innerhalb gewisser Zeiträume eine neue Jagd auf sie veranstaltet, dann bestand Gefahr, daß die Muchachos der Monterias das Leben als Salvajes der harten Arbeit und der grausamen Behandlung in den Monterias vorzogen, die Monterias ohne Leute und die großen, unverrechneten Schuldkonten unerledigt ließen. Genau dieselben Gründe waren es hier wie in zivilisierten Ländern, wo die Regierungen es verhindern, wenn nötig mit militärischer Gewalt, daß etwa arbeitslose Proleten unbebautes und brachliegendes Land ergreifen, sich auf diesem Lande seßhaft machen und hier ihr Leben nach eigenem Gutdünken unter eigener Regierung führen. Die Idee könnte zu viele Nachahmer finden, und die Industrie würde ohne ein Heer Arbeitsloser sein, das immer willig ist, zu den Bedingungen zu arbeiten, die ihnen auferlegt werden. Es wäre auch keine Diktatur möglich, wenn jeder Mensch unabhängig von den Brosamen leben könnte, die ihm die Regierung verspricht und anbietet, falls er willens ist, diese Regierung dafür zu beweihräuchern und anzubeten.

Diese Salvajes, diese verwilderten Deserteure, hatten freilich kaum irgendwelche Zukunft. Es mochte gelingen, daß sie vielleicht ein oder zwei Jahre wild lebten und dann abermals versuchten, entweder heimzukehren, wo sie hofften, daß man sie und ihre Schulden vergessen hatte, oder eine andere Gegend zu erreichen, wo sie unbekannt waren und vielleicht unbelästigt in irgendeiner Form hätten arbeiten können. Aber ob sie in einer Monteria arbeiteten oder in einer Kaffeepflanzung oder auf einer Finca, schließlich war es doch dasselbe Los. Wohin sie auch kamen, sie waren versklavt, unterjocht, unfrei und hatten auch nicht ein Wort mitzubestimmen, wenn ihre Arbeit und der Lohn dafür festgelegt wurde.

Selten, oder man darf sagen, wohl so ziemlich niemals, hatte jedoch einer der Wilden auch nur die kleinste Möglichkeit, sein Glück außerhalb des Dschungels zu versuchen. Er lebte nicht lange genug dazu. Das Leben im Dschungel, ohne Behausung und ewig auf der Flucht, ist um vieles härter als das der Monteria-Arbeiter. Wurden sie nicht vom Fieber gepackt und weggerafft, dann waren es Tiger oder Löwen oder wilde Schweine oder eine Schlange oder ein Reptil, die sich dieses armseligen Lebens erbarmten. Es war meist eine wirkliche Erbarmung des Himmels, wenn der Wilde rasch von diesem Leben befreit wurde. Er mochte sich ein Bein brechen, und dann war er schon verloren.

Es arbeitete wohl nicht ein Muchacho in den Monterias, der nicht wußte oder sich wenigstens vorzustellen vermochte, was es bedeutete, auf eigene Rechnung im Dschungel zu leben. Diese Furcht der Muchachos vor den Schrecken des Dschungels war die Rettung der Monterias. Wäre das wilde Leben ein Vergnügen, dann würden die Monterias auch nicht einen Mann behalten, nicht unter den Bedingungen, wie sie waren.

Nur die verwegensten und tapfersten Muchachos wagten es, einer grausamen Strafe dadurch zu entgehen, daß sie in die Wildnis gingen.

Unter den vielen Gruppen, die sich mit dem großen Haufen der Rebellen vereinigten, die Mehrzahl von ihnen durch Boten herbeigeholt, andere von selbst gekommen, nachdem ihre Herren und Capataces ermordet worden waren, entweder von ihnen oder von den Muchachos benachbarter Monterias, befand sich auch ein Dutzend jener Salvajes.

Durch ihre früheren Arbeitskameraden, mit denen sie gelegentliche Verbindung hatten, wenn sie Salz, Chile oder sonst etwas brauchten, hörten einige von dem Aufstand. Andere fanden es merkwürdig, daß alle Muchachos aus den Distrikten abwanderten, ohne die Trozas weiter abzufahren, ohne angefangene Arbeiten zu beendigen. Vorsichtig schlichen sie sich in die Nähe einer Oficina. Hier trafen sie dann entweder Burschen an, die sich zum Abmarsch rüsteten, oder sie fanden nur die ermordeten Capataces und verstanden, was sich ereignet hatte.

Da die Monteria La Armonia, eine der größten des Staates, auf dem Hauptwege zu dem wichtigsten Strom lag, gab es für die Salvajes keine andere Möglichkeit, den abmarschierenden Muchachos zu folgen, als auf diesem Wege zu wandern. So kamen sie natürlich zur La Armonia, wo sie, ohne gefragt zu werden, wer sie seien und woher sie kämen, als Hermanos, als Brüder, willkommen geheißen und sofort als Gleichberechtigte aufgenommen wurden. Sie trafen hier immer Bekannte, ehemalige Mitarbeiter jener Monteria, der sie entflohen waren, und von ihnen wurden sie als alte Rebellen gefeiert; denn durch ihre Flucht und ihr wildes Leben hatten sie bewiesen, daß sie früher Rebellen waren als die andern alle.

Drei dieser verwilderten Muchachos, Onofre, Nabor und Isaias, waren am letzten Nachmittag vor dem Generalabmarsch in dem Hauptlager angekommen. Nachdem sie Bekannte und Stammesgenossen begrüßt hatten, schlenderten sie auf dem Platze der Ciudad herum, hoffend, noch mehr alte Freunde zu finden.

Bei diesem Herumschlendern kamen sie an den Hütten vorbei, wo sich die Artesanos unter Bewachung befanden. Sie hockten sich hier zu den wachhabenden Muchachos hin, die ihnen Zigarren gaben.

„Warum bewacht ihr denn diese Spitzel und Denunzianten?" fragte Nabor.

„Damit sie nicht ausrücken und sich wegschleichen und vielleicht zu einer Finca kommen und dort melden, was hier los ist."

„Wer hat denn das angeordnet?"

„El Profesor."

„Ihr seid die rechten Ochsen!" sagte darauf Nabor. „Wenn ich hier auf Wache wäre, dann würde ich nicht lange bewachen, das sollst du nun auch wissen. Diese Sorte bewachst du am besten und am sichersten in einer ganz anderen Weise, aber so, daß sie kein Unheil mehr anrichten können."

Isaias war aufgestanden und dichter an die eine der Hütten gegangen. Die Türen der Hütten waren offen. Und mehrere der Handwerker hockten außerhalb zwischen den Hütten auf dem Boden und spielten Karten. Andere lagen lang ausgestreckt und schnarchten. Wieder andere hatten ihre Köpfe im Schoße ihrer Frauen, die ihnen die Läuse absuchten. An verschiedenen Feuern kochten die Frauen das Essen für den Abend.

Während Isaias über die Gruppen hinsah, tat er plötzlich einen Ausruf: „Chicos, kommt einmal her. Wen habe ich denn hier?"

Seine beiden Genossen standen auf und kamen heran.

„Verflucht", sagte Onofre überrascht, „das sind ja unsere Hähnchen, El Poncho und La Ficha."

„Das sind sie, schön und mollig. Wer hätte das gedacht?"

Die Muchachos, die hier Wache hielten, kamen neugierig näher. „Kennt ihr die beiden?"

„Kennen wir die, Manitos, meine Brüderchen?" Onofre wiederholte das höhnisch. „Und ob wir die kennen. Das sind die gemeinsten, niederträchtigsten und schäbigsten Folterknechte, die es je in der ganzen Christenheit gegeben hat. Die beiden sind es, die uns zu Salvajes machten. Die sind es, die uns drei in die Selva jagten. Diese brutalen Bestien. Die sind keine Menschen, sage ich euch, Manitos. Die sind nicht einmal Tiger. Tiger haben mehr Erbarmen und Mitleid als diese beiden."

Isaias rief: „Hei, Poncho, und du, Ficha, wie gefällt es euch hier?"

Die angerufenen Leute, die auf dem Boden hockten und mit einigen anderen Karten spielten, blickten auf. Als sie die drei Muchachos erkannten, erbleichten sie und ließen die Karten, die sie in der Hand hielten, fallen.

„Es geht euch gut hier?" rief Onofre. „Sitzt hier mit euren Weibern und euren Bastarden und habt ein fettes Leben."

„Ist nicht so fett, Muchachos", erwiderte darauf El Poncho mit dünner Stimme, während er ein dürres Lächeln versuchte.

„Ich glaubte, Muchachos, ihr wäret längst daheim, auf eurer Milpa und verheiratet" sagte La Ficha. Auch er versuchte, ein zappelndes

Lächeln auf seinem Gesicht erscheinen zu lassen. Aber es war nicht gesund genug, um die Blässe seines Gesichtes aufzufrischen.

Die drei Muchachos kehrten sich um und gingen mit den wachhabenden Burschen weiter zurück in der Richtung auf das große Camp zu, jedoch nicht weiter, als den Wachleuten erlaubt war.

„Seit wann sind denn die beiden Capataces hier in La Armonia?" fragte Isaias.

„Wie kann ich das wissen?" antwortete einer der Wachhabenden. „Ich bin nicht von der La Armonia, ich bin von El Palo Quemado. Sind die Capataces?"

„Die brutalsten und gemeinsten unter den Himmeln Gottes."

„Wir haben alle Capataces erschlagen. Hier in der La Armonia auch. Aber die waren hier nicht als Capataces. Die waren hier als Arrieros. Sonst wären sie nicht Gefangene", sagte ein anderer.

„Das ist ja eine gottverdammte Wirtschaft. Was sind das hier für Muchachos? Sind alte Weiber und keine Rebellen. Ha! Da kommen wir nicht weit mit. Rebellen brauchen wir, keine alten Heulfuntzen. Folterknechte fett machen und auch noch bewachen, damit sie nicht von Tigern weggeschleppt werden. Das ist mir auch eine Sache, verflucht noch mal."

Nabor wandte sich an die Muchachos, die hier auf Wache standen. „Wann geht ihr denn zu eurem Abendessen, Camaradas?"

„Sollten wir jetzt haben. Hungrig sind wir genug. Aber wir warten auf die Ablösung."

„Oder auf den Satan", sagte darauf Isaias lachend. „Wer, zur Hölle, weiß, wann eure Ablösung kommt. In vier Wochen. Wir sind die Ablösung, wir drei. Los, schiebt ab und schüttet euch euren Bauch voll, bis er aufplatzt. Habt lange genug gehungert."

Die wachhabenden Muchachos nahmen das Angebot mit Jubel auf. „Wir sind krumm und schief von dem Herumhocken und dummen Glotzen, was die Spione machen, und wie sie sich besaufen und herumfucken mit ihren fetten Weibern, und Kartenspielen um Bohnen und Tabakblätter."

„Was brauchen die überhaupt Tabak und Karten und Branntwein?" antwortete Nabor. „Hat einer von den Hunden uns je ein Blatt Tabak gegeben oder euch vielleicht?"

„Uns? Nicht einer. Angeschrien haben sie uns, wenn sie uns nur sahen, und verklatscht, wo sie konnten, und gelogen. Das kann ich euch sagen, wenn ich hier etwas zu melden hätte, machte ich kurzen Schnitt mit der ganzen Lumpengesellschaft, genau wie mit den Patrones und den Capataces. Aber wir kommandieren hier ja nicht. Und wenn El Profesor, der Andrucho und der Celso das so haben wollen, gut, uns ist es recht."

Darauf sagte Isaias: „Dann geht schon los, damit euch da drüben nicht alles weggefressen wird. Die haben Antilope und zwei junge Wildschweinchen. Eilt euch nicht mit dem Wiederkommen. Wir sind gute Wachen. Das könnt ihr drüben im Camp berichten. Wir lassen hier keinen entwischen. Wir nicht. Um zehn wollen wir Ablösung haben, erzähle das dem General."

„Bueno, asi lo hago", sagte einer der abziehenden Muchachos. „Ich werde dem General melden, daß ihr auf Wache seid. Es ist überhaupt ganz gleichgültig, wer hier auf Wache ist. Und es ist auch dem General gleichgültig. Ich werde die Ablösung für euch selbst aussuchen und um zehn herschicken."

„Laßt uns eure Machetes hier, Camaradas."

„Sicher. Nehmt sie. Wir nehmen neue aus der Bodega. Ihr seid heute erst hier zugekommen?"

„Ja. Für die letzten sechs Monate waren wir wild. Wir nahmen unsere Machetes mit uns, als wir wild gingen. Aber das ist eine lange Zeit her. Ein Machete zerbrach, ein anderer versank im Sumpf und wir konnten ihn nicht fischen, und den dritten mußten wir liegen lassen, als eines Tages Capataces mit Hunden hinter uns her waren und wir nicht Zeit hatten, zu unserm Feuer zurückzurennen und den Machete zu holen. Wir hätten von den Muchachos Machetes stehlen können, wenn sie vor den Bäumen waren; aber dann mußten die Muchachos dafür bezahlen. Und ehe wir dazu kamen, uns neue aus einer Bodega zu holen, da war schon alles vorbei."

„Hier bei uns kriegt ihr alles, was ihr braucht, Muchachos. Ihr habt nur zu sagen, was euch fehlt. Hier nehmt auch noch unsern Tabak, wir gehen zur Tienda. Ist voll von Tabak und allem, was gut ist."

Die Ablösung kam wie versprochen gegen zehn Uhr. Sie fanden die drei Burschen um ein Feuerchen hocken.

„Die sind heute aber merkwürdig still", sagte einer der neuen Wache. „Sonst wenn wir kamen, dann schrien und johlten sie, so besoffen waren sie immer. Wißt ihr, die haben eine Menge Flaschen und sogar Fäßchen mit Aguardiente versteckt und vergraben, und daran besaufen sie sich, auch die Weiber und Kinder. El Profesor sagte, wir sollten ihnen diesen versteckten Aguardiente ruhig lassen, damit sie sich daran dumm und blöde saufen können. Und es wäre so sehr schade, sagte er auch, daß wir ihnen keine Mariguana für ihren Tabak geben könnten, damit sie sich gegenseitig abschlachten, wenn sie genug rauchen."

„Habt nur keine Sorgen", erwiderte Isaias. „Die haben ihr Hektoliter Aguardiente heute weg. Die sind alle so besoffen, daß sie nicht einmal mehr winseln, so dick vollgepumpt sind sie. Ihr habt eine gute Wache. Könnt schlafen wie faule Dormilones. Rennen euch nicht weg. Gute Nacht!"

„Buenas Noches, Camaradas!"

Ehe der Morgen graute, hatten die Wachen noch dreimal in der Nacht gewechselt. Es waren immer andere Muchachos. Einer der

Burschen ging gewöhnlich eine neue Wache suchen, ohne sich lange darum zu kümmern, wer die Ablösenden waren. Solange abgelöst und gewechselt wurde, war es gut. Ihre einzige Verpflichtung war, die Hütten der gefangenen Artesanos nicht ohne Bewachung zu lassen. Dazu brauchten sie keinen General und keine Befehle, um die Wache da zu haben, wo sie bestimmt war. Sie regelten das unter sich. Wer von den wachhabenden Muchachos eine neue Ablösung suchte, fand sie bei der ersten Gruppe der Schlafenden, zu der er kam und dort sagte, daß abgelöst werden müsse.

Als es dann Tag zu werden begann, sagte einer der neu ablösenden Muchachos: „Verflucht, die müssen gestern abend aber alle stinkbesoffen gewesen sein. Keiner rührt sich."

Er ging dichter zur ersten Hütte und blinzelte durch die Staketen.

„Hei, Muchachos, kommt einmal hierher. Das sieht da drinnen sehr lieblich aus. Der Aguardiente, den die gestern gesoffen haben, war rot wie Tinte."

„Nicht einer muckt mehr. Auch die Bastardbrut ist dahin", sagte ein anderer, der hinzugekommen war.

„Laßt einmal die anderen Hütten ansehen."

In den anderen Hütten lagen die Leute gleichfalls alle in roter Tinte oder in Tomatentunke oder was es sonst sein mochte.

Ein Muchacho ging hinüber zu dem großen Camp, wo die Muchachos bereits alle auf waren und an ihren Feuern kochten.

El General, El Profesor, El Coronel, Celso, Andrés, Matias, Fidel, Santiago, Cirilo, Pedro, Valentin, Sixto und noch einige der führenden Muchachos saßen in einer Gruppe und hielten ihren letzten großen Kriegsrat vor dem Abmarsch der ersten Compañia, die sich gegen acht Uhr in Marsch setzen sollte.

Der Muchacho meldete, was er in den Hütten der Artesanos gesehen hatte.

„Bist du sicher?" fragte El Profesor.

„Ganz sicher. Keiner rührt sich oder muckt auch nur."

„Gracias por Dios!" sagte darauf Celso, „Gott im Himmel sei Dank, daß diese lausige Krabbelei da endlich zu Ende gekommen ist."

„Es war vielleicht nicht nötig." Andrés setzte ein hilfloses Gesicht auf, als er das sagte. „Die konnten uns nichts schaden. Hätten gut leben können."

„Rede keine grüne Canela", rief Matias. „Weg damit. Wozu ist das Pack nütze? Chinches. Wanzen."

„Richtig, Manito", setzte Santiago hinzu. „Brauchen wir sie nicht mehr bewachen und füttern. Ist mir die ganze Zeit immer unbequem im Rücken gewesen, wenn ich daran dachte, daß wir die hinter uns zurücklassen wie eine Herde von Spionen."

El Profesor hob seine Hand auf und machte eine halbe Bewegung durch die Luft. „Was reden wir da lange herum? Sie sind zertreten wie Wanzen, und wie sie es verdienten mit ihrer ganzen Brut."

Er sah sich um und sagte zu Fidel: „Du, nimm dir ein Dutzend Muchachos und steckt die Hütten alle in Brand. Seht zu, daß alles gut abbrennt, sonst stinkt es hier schon um Mittag wie die Pest. Wenn alles niedergebrannt ist, schüttet Erde drauf."

19

La Compañia primera, die erste Kompanie, war um acht Uhr morgens nicht fertig zum Abmarsch. Natürlich nicht. In jenen fernen Gegenden ist nie eine Karawane zu der Stunde abmarschfertig, die am Tage vorher festgesetzt wurde. Das ist nicht Schuld der Leute, die für den Abmarsch verantwortlich sind, sondern es sind hundert Umstände und Bedingungen und Vorfälle, die alle und jegliche Pläne beeinflussen.

Es wird, sagen wir, geplant, daß die Karawane zehn Mules braucht. Die zehn Mules sind am Abend vor dem Abmarsch alle da. Am Morgen fehlen drei, die ausgebrochen sind, denn es gibt keine Zäune und keine Mauern. Und wenn man die Tiere anbindet, können sie sich ihr Futter nicht suchen und können sich nicht verteidigen, falls Tiger oder Löwen herankommen. Alle Packsättel sind am Abend vorher marschfähig. Aber in der Nacht fressen Ratten einige Riemen durch, oder herumstreifende hungrige Esel zupfen die Polsterungen der Sättel auf und fressen das hineingestopfte dürre Gras heraus. Die Arrieros und Treiber sind am Abend vorher alle gesund und kräftig. In der Nacht wird einer von einem Skorpion in den Fuß gestochen oder von einer Schlange gebissen oder vom Fieber angefallen. Am Abend vorher war das Camp trocken und der Himmel sternenklar. In der Nacht gibt es einen tropischen Wolkenbruch. Alles ist überschwemmt, Reisepacken und Kisten und Sättel fortgeschwemmt, die Pfade in der Nähe unwegbar für wenigstens einen halben Tag, vorausgesetzt, es erfolgen nicht zwei oder drei neue und noch heftigere Chubascos, begleitet von Hurricanen, die Bäume abknicken wie Zahnstocher. Wird dann am Morgen gepackt, so stellt sich heraus, daß die Packen umgeordnet werden müssen, weil dem einen Tier ein weniger schwerer Packen aufgeladen werden muß, als ursprünglich geplant war, und weil ein anderes Tier darauf besteht, zuletzt beladen zu werden und nicht zuerst, wie die Arrieros am Abend vorher beschlossen hatten.

So sind es hundert Dinge, die auf Marschpläne Einfluß ausüben. Jeder Hanswurst kann hunderttausend Rekruten auf einem Platz zu bestimmter Viertelstunde aufmarschieren lassen; denn vor seinem Auftreten im Zirkus sind von Nichthanswürsten gute Straßen, gute Telegraphen, gute Bahnen gebaut worden, deren er sich bedienen kann. Derselbe Obergeneralissimus würde in jenen Regionen keine zweihundert gutgedrillte Mannschaften von einem Camp zum andern zu führen vermögen mit der gestellten Aufgabe, zwischen sechs Uhr früh und sechs Uhr abends an einem bestimmten Platze zu erscheinen. In den meisten Fällen würde er seine lieben Schwierigkeiten haben, wenn ihm ein Zeitumfang von drei Tagen gegeben ist, um noch als pünktlich zu gelten.

Am Abend vorher war im Kriegsrat beschlossen worden, daß jede Compañia einen Tag später abmarschieren sollte als die vorausgehende. Den großen Haufen auf einmal und zu gleicher Zeit durch den Dschungel zu führen, war selbst in der Trockenzeit nicht zu leisten. Nun, inmitten der Regenperiode, würde es von Unheil gewesen sein, den Marsch in geschlossenem und aufeinander gedrängtem Haufen zu unternehmen.

Es waren inzwischen mehr als fünfhundert Leute geworden, die den Trupp bildeten. Dazu kamen etwa hundert Mules, Pferde und Esel. Außer den Tieren, die zur La Armonia gehörten, waren noch alle jene hinzugekommen, die Don Acacio aus seinen beiden Monterias gebracht hatte. Auch die Muchachos aus den zahlreichen anderen Monterias hatten in den meisten Fällen Packtiere mitgeführt.

Die Ochsen wurden zurückgelassen. Sie fanden hier Weiden in genügender Menge, und sollten sie sich eines Tages entscheiden, zu ihren heimatlichen Fincas, von denen sie aufgekauft worden waren, heimzukehren, so würden sie den Weg allein finden; denn sie waren ja auf demselben Weg hergetrieben worden.

Freilich wurde die Zahl jeden Tag geringer. Denn jeden Tag wurden zwei oder drei geschlachtet. Einmal brauchten die Muchachos Fleisch hier, und dann sollten auch große Fleischvorräte auf den Weg mitgenommen werden. Das Fleisch wurde in Streifen geschnitten, gesalzen, mit grünem Chile abgerieben und getrocknet und hielt sich so lange Zeit auf dem Marsche.

Der Haufe mußte in kleinen Trupps von nur etwa fünfzig oder sechzig Mann und nicht mehr als fünfzehn, wenn möglich weniger Packtieren marschieren. Nur die erste Compañia hatte achtzig Mannschaften und zwanzig Tiere. Sie übernahm die Aufgabe, jeden Paraje zu erweitern und Chocitas zum Übernachten zu bauen. Die Parajes waren meist nur kleine Plätze, eingezwängt im dichten Dschungel oder zwischen einem Fluß und einem steilen Berg, oder in einer schluchtähnlichen Gasse im Dickicht. Für die Karawanen der Händler genügten die kleinen Plätze, nicht aber für die Transporte größerer Massen von Leuten. Freilich waren die Parajes zuweilen gelichtet worden, wenn die Agenten hundert oder hundertfünfzig angeworbene Burschen gleich in einem Zuge zu den Monterias brachten. Aber diese Parajes wuchsen sechs Wochen später wieder völlig zu und wurden von dichtem, stachligem Gestrüpp überwuchert.

Auch brauchten die Tiere Futter. Und hundert oder hundertzwanzig hungrige Packtiere auf einmal an einem Paraje zu füttern, hatte seine Schwierigkeiten. In der Regenzeit freilich wuchs das Grün ungemein rasch nach, und in vierundzwanzig Stunden, bis die nächste Compañia nachgerückt kam, war ein gutes Teil Grün schon nachgewachsen. Man brauchte nur wenig tiefer in den Dschungel hineinschlagen, um neues Laub heranzuschaffen oder futterreiches Gebüsch aufzulichten.

Dies waren unbedeutende Schwierigkeiten. Was aber die Aufteilung des Haufens in zahlreiche Marschtage unbedingt nötig machte, war der aufgeweichte und versumpfte Boden. Das erste Hundert des Haufens kam noch gerade durch. Aber das zweite Hundert sank bereits unheilvoll tief in den Schlamm ein, den die vorausmarschierenden Leute und Tiere mit ihren Füßen und Hufen verursacht hatten. Das dritte Hundert blieb dann völlig im Sumpf stecken. Wurden jedoch die Trupps klein gehalten, so konnte die Erde in den vierundzwanzig Stunden nachsacken und sich um ein gut Teil festigen. Es regnete zwar unaufhörlich nach, aber an vielen Strecken, die nicht eben waren, vermochte das Wasser abzulaufen, was nicht geschehen konnte, wenn ohne Unterbrechung Massen von Menschen und Tieren den Boden zerweichten. Nach diesem Plan wäre die erste Compañia bereits zehn Tage voraus gewesen, wenn die letzte noch in der Monteria lagerte.

An der ersten Siedlung am Ausgang des großen Dschungels sollte jede Gruppe warten, bis alle dort angekommen seien, um sich hier wieder zu einem Haufen zu sammeln. Es war freilich notwendig zu verhüten, daß jemand von jener Siedlung einen Bericht nach den großen Fincas am Wege nach Hucutsin oder Achlumal brachte und die Rurales oder die Federaltruppen in den nächsten Garnisonen von dem Anmarsch der Rebellen unterrichtete. Früher oder später war es ja nicht zu vermeiden. Aber in ihren Plänen wünschten die Muchachos, wenigstens entweder Hucutsin oder Achlumal zu erreichen, ehe das erste Zusammentreffen mit dem Militär erfolge.

Maultierkarawanen marschieren gewöhnlich, je nach der Jahreszeit und je nach dem Gelände, während einer Jornada vier bis neun Leguas, das sind sechzehn bis sechsunddreißig Kilometer. Neun Leguas galt als eine gewaltige Jornada. Sie war nur in der Trockenzeit möglich, und nur mit einer Karawane, die auf dem Rückmarsch war und leer ging. Die übliche Jornada war im Durchschnitt sechs bis sieben Leguas und das bedeutete eine sehr gute Leistung.

Die erste Compañia schaffte am ersten Tage nur drei Leguas. Und als die Muchachos am ersten Paraje anlangten, wußten sie, was sie getan hatten, so ermüdet und ausgepumpt waren sie. Da war kaum ein Schritt gewesen, bei dem sie nicht bis nahe an die Knie im Morast wateten.

Die folgenden Trupps, einen Weg vorfindend, der von den vorausmarschierenden aufgeweicht war, waren nicht in der Lage, denselben Paraje während einer Jornada zu erreichen.

El General hatte angeordnet, daß jede Compañia unter allen Umständen während ihrer Jornada den Paraje zu erreichen habe, den die erste gebaut hatte.

Als aber nun erkannt wurde, daß die folgenden Gruppen auf keinen Fall das zu leisten vermochten, was die erste, auf frischem Wege, leichter tun konnte, ordnete El General für die erste Compañia an, daß sie stets nur eine Jornada von etwa drei Stunden tun solle, ganz gleich, wie weit sie während der drei Stunden komme oder wie wenig sie in dieser Zeit zu marschieren vermöge. Natürlich konnten diese drei Stunden nicht auf die Minute genau festgelegt werden, weil der Paraje stets davon abhing, ob Trinkwasser in der Nähe war, ferner Bäume, die Futterlaub für die Tiere trugen und endlich auch genügend Platz für Lagerung. Denn wenn nach drei Stunden Marsch ein Platz erreicht wurde, wo zur Rechten ein Fluß, zur Linken eine Felswand und der Pfad nur gerade breit genug war, daß auf ihm Mann hinter Mann und Mule hinter Mule in indianischer Marschformation marschieren konnte, so eignete sich der Platz nicht für den Bau eines Paraje; es mußte entweder eine halbe oder eine ganze Stunde länger marschiert werden, oder die Compañia kehrte um und ging zurück zu einem Platz, an dem sie bereits vorbeimarschiert war, der sich aber besser für einen Paraje eignete, ohne die Jornada zu lang werden zu lassen.

Es stellte sich nach einigen Tagen heraus, daß die Verteilung der Lagerplätze nicht nach Weglänge, sondern nach Zeit eine sehr kluge Idee gewesen war. Einmal gewann die erste Gruppe genügend viel Zeit, gute Chozas zum Übernachten zu bauen, und zum anderen wurden ihre Leute und ihre Tiere nicht übermüdet. Diese Vorteile gewann freilich nur die erste Compañia. Aber der Erfolg des Unternehmens wurde gerade durch diese Anordnung verbürgt, vielleicht überhaupt nur möglich gemacht. Für den ersten Trupp waren drei Stunden Marschzeit ohne Rücksicht auf die erzielte Weglänge wenig. Aber für jede folgende Gruppe setzten sich die drei Stunden Marschzeit der führenden Compañia in Weglänge um; denn jede folgende hatte den gebauten Paraje zu erreichen. Drei Stunden waren so wenig, daß, wie schwierig und sumpfig auch immer der Weg sein mochte, der gebaute Paraje immer während einer Jornada erreicht werden konnte. Freilich wurden die drei Stunden Wegzeit der ersten Compañia bereits vier für die zweite, um dieselbe Strecke machen zu können. Immerhin brauchte die letzte Gruppe acht bis neun Stunden, um in einer Jornada zum nächsten Paraje zu gelangen. Jedoch auch die Jornadas der gewöhnlichen Händlerkarawanen währten gewöhnlich acht bis zehn Stunden, eine Zeit, in der sie freilich größere Wegstrecken zurücklegen konnten als die marschierenden Rebellen.

Jeder fünfte Tag war Ruhetag. An jedem fünften Tage blieb jeder Trupp einen vollen Tag in jenem Paraje lagern, wo er sich am Abend vorher eingefunden hatte. Das gab Menschen und Tieren Zeit, sich zu erholen; und das gab dem Wege Zeit, etwas zu versacken und fester zu werden.

Dieser Ruhetag wurde in anderer, sehr vorteilhafter Weise ausgenützt. Jede Compañia sandte zwei Muchachos zur vorausmarschierenden und zwei zu der nachfolgenden, um Nachrichten zu empfangen und Nachrichten zu senden. Auf diese Weise blieben alle Gruppen in steter Verbindung, sowohl mit der ersteren als auch mit der letzten und alle übrigen miteinander. Der größte Heerführer hätte es nicht besser machen können, als dieser ungeschulte Generalstab, an dessen Spitze ein Sergeant stand, der Mühe hatte, eine Meldung auszuschreiben, weil er im Schreiben wenig gewandt war. Aber als Offiziere hatte er Leute wie El Profesor, und hatte Leute wie Celso, Andrés, Santiago und Matias, indianische Burschen, die zwar nicht gelehrt, aber in Herz und Seele Rebellen waren. Sie wußten genau, wohin sie steuern wollten, und sie steuerten, ohne mit irgendwem, der ihnen in den Weg kommen sollte, zu handeln oder zu verhandeln. „Erde und Freiheit!" Dieses Programm war so einfach, so richtig, so unverfälscht, daß El Profesor keine stundenlangen Reden zu halten brauchte, um die Muchachos von der Weisheit dieser Forderung zu überzeugen.

Der Weg, den der Haufe zog, kreuzte nicht nur zahlreiche Flüsse, die jetzt während der Regenzeit teils reißend waren, teils ihre Ufer nach beiden Seiten hin weit überschwemmten, sondern er zog sich auch noch an den Ufern zahlreicher Seen entlang, die in jenen Regionen so häufig sind.

Mehrere dieser großen Seen hatten hohe, felsige Ufer, und der Pfad führte über jene hohen Ufer, die verhältnismäßig trocken waren, weil das Wasser der Wolkenbrüche von diesen Höhen rasch ablief und die tropische Sonne, sobald sie hervorbrach, einen solchen Weg in einer Stunde trocknete.

Viele der Seen vermochte man vom Wege aus nur durch die Stämme der Bäume zu erkennen, so tief lagen sie.

Aber an einigen Seen ging der Pfad dicht am Ufer des Sees entlang, und der Weg lag während der Trockenzeit nur einen Viertelmeter höher als das Ufer. Die Ufer dieser Seen waren meist tief verschilft, und es war oft schwierig, gutes Wasser zum Kochen und Trinken aus dem See zu bekommen, weil man tief in den verschilften Schlamm waten mußte, ehe man an das eigentliche Wasser kam.

Diese Art von Seen am Marschwege waren es, die alles kluge Planen des Generalstabes dem Scheitern nahe bringen konnten.

Am sechsten Marschtage erreichte die erste Compañia den ersten dieser Seen. Es war El Lago Santa Lucina.

El General kroch durch tiefen Morast zu einigen Burschen, die weit voranmarschiert waren und als Vortrupp galten. Celso und Santiago waren unter ihnen.

„Sieht verflucht böse aus hier herum", sagte El General.

„Wem erzählst du das?" erwiderte Celso lachend, der bis zu den Hüften im Sumpf steckte.

„Hier kommt unser Revolutionsmarsch zu seinem ersten Stand."

„Und zu seinem ersten Kampf", fügte Santiago hinzu, der einige Schritte hinter Celso im Schlamme steckte und sich anstrengte, auf irgendeine neu entdeckte Art sich an seinem eigenen Haarwuschel herauszuzerren.

„Wahrscheinlich stecken wir hier eine volle Woche", sagte El General, sich das überlaufene Ufer betrachtend. Er war nicht so dicht herangekommen, um gleichfalls zu versinken. Als das erste Mule herankam, kletterte er ihm auf den Rücken, um einen besseren und weiteren Überblick zu erhalten. Was er sah, entlockte ihm einen neuen Satz: „Es kann auch sein, daß wir hier drei Monate bleiben, bis sich die Wasser verlaufen haben."

Celso watete mit Mühe zurück in die Richtung, aus der er gekommen war, um auf festeren Boden zu gelangen. Es glückte ihm und den übrigen Burschen des Vortrupps.

El General sandte sofort Meldung, daß der Trupp für eine Weile halten solle und da, wo jeder stünde. Vom ersten Mann einer Compañia bis zum letzten derselben war oft ein Abstand von einem halben Kilometer.

Die Muchachos begannen, die Gegend zu untersuchen und zu erforschen, die weiter vom Ufer entfernt lag, um herauszufinden, ob sich nicht ein neuer Weg bahnen lasse, der den See weit umginge. Der erste Bericht, der nach zwei Stunden anlangte, ergab, daß auf wenigstens fünf Kilometer weit zur Seite hin Sumpf und Schlamm sei.

„War vorauszusehen", meinte Celso, „denn wäre das nicht so, dann hätten die Pataches und Karawanen, die hier in den letzten Jahren vorüberzogen, längst einen neuen Weg gesucht."

„Wohl richtig", meinte El General. „Aber irgendwo muß ein anderer Weg zu finden sein. Weit hinter jenem Höhenzug. Ein solcher Weg wird freilich einen Umweg von zwei oder drei Tagen bedeuten; darum wird ihn auch ein Arriero nie gesucht haben. Wer will drei Tage verlieren auf einem solchen Marsch? Für uns natürlich ist das eine andere Sache. Wir können den Umweg machen. Wir kommen schon noch zur Zeit. Die Fincas und die Dörfer und die Erde, die wir haben wollen, und die Freiheit, um die wir kämpfen, laufen uns nicht weg."

El Profesor war herangekommen. „Ob die Erde fortläuft, ist vielleicht nicht so fraglich. Aber Freiheit kann euch allen fortlaufen, wenn ihr nicht zur Hand seid. Wir, die wir Erde und Freiheit haben wollen, müssen nicht nur zu rechter Zeit ankommen, sondern auch noch alle zu gleicher Zeit. In Massen müssen wir ankommen. Sonst unterliegen wir. Wir können nur als Masse und in der Masse und mit der Masse gewinnen, weil wir nur als Masse etwas wert sind. Nehmt hier irgendeinen Mann heraus, dich, Celso, oder dich, Santiago: euch fehlt der geschulte Kopf, das kluge Hirn, um für euch allein etwas zu gewinnen. Jeder gewöhnliche Schreiber in irgendeinem Cabildo oder in einer Tienda ist euch überlegen, der nimmt euch den letzten Centavo aus der Tasche und die letzte Krume Erde weg, weil er geschulter ist als ihr. Einer von denen, die einen klugen Kopf haben, ist mehr wert als hundert von euch Dummen, die ihr nichts gelernt habt, nicht schreiben und nicht rechnen könnt, und darum immer belogen, immer betrogen werdet, weil ihr jedem aufs Wort glaubt, der euch etwas vorredet. Aber in der Masse zählt ihr. In der Masse habt ihr tausend Köpfe und zweitausend starke Arme, und in der Masse seid ihr allen überlegen. Und darum ist es, daß ich sage, die Freiheit kann auch weglaufen, wenn wir nicht alle zusammen in einer großen Masse und alle zu gleicher Zeit kommen. Gegen zehn Millionen Ameisen ist auch der stärkste Löwe machtlos, da läßt er den jungen Ochsen, den er sich schnappte, wieder laufen. Ihr seid die Ameisen, und die Patrones sind die Löwen."

„Gut geredet, Profesor", sagte El General. „Aber was gerade jetzt wichtiger ist, das ist, einen neuen Weg zu suchen. Zurück zur Monteria zu gehen und dort zwei oder drei Monate zu warten, bis hier der Weg ausgetrocknet ist, hat keinen Wert."

„Richtig. Das hat keinen Wert. Wir bleiben am Marschieren. Dann können wir auch nicht verrosten. Und wer weiß, was drinnen im Lande jetzt los ist. Vielleicht kommen wir gerade zur rechten Zeit, alle Lässigen und Faulen unter den Peones aufzurütteln. Wenn sie unsern Zug sehen, unsern Mut und unsere Waffen, dann kommen sie auf ihre Füße. Also los, weitermarschiert!"

Es war fürwahr harte Arbeit, einen neuen Weg durch den versumpften Dschungel zu schlagen. Der neue Weg bog mehr als sechs Kilometer seitlich vom See Santa Lucina hinweg, tief in den unberührten Dschungel hinein. Dann zog er sich mühselig über ein durchbrochenes, felsiges Gelände hinweg, steil einige dreihundert Meter hinauf und dann wieder hinab. Darauf wurde nach Nordwesten zu der Hauptweg wieder aufgesucht, den der Trupp unter unendlichen Mühen spät am Abend auch erreichte.

Dieser Umweg um das sumpfige Gelände des überschwemmten großen Sees hatte so viel Zeit verbraucht, daß die zweite Gruppe aufkam und an diesem Abend mit der ersten gemeinsames Lager unterhielt.

Damit die beiden Compañias sich wieder trennen konnten, um die beschlossene Marschordnung aufrechtzuerhalten, sah sich der erste Trupp am nächsten Tage gezwungen, anstatt drei Stunden sechs Stunden zu marschieren. Die ersten drei Stunden marschierten beide gemeinsam. Als sich dann ein geeigneter Rastplatz fand, blieb die zweite Compañia hier, während die erste drei Stunden weitermarschierte.

Der Umweg um den See Santa Lucina war nicht der einzige Umweg, der neu geschaffen werden mußte. An drei Flüssen konnte der Übergang auf dem üblichen Karawanenweg nicht erfolgen. Neue Furten mußten gesucht werden. Und es kam ein sehr kleiner See, der mehr Mühe verursachte als die großen. Es war La Lagunita. Hier konnte, der felsigen Berge, einiger Flußläufe und zweier anderer Seen wegen, kein Umweg gesucht werden, der weniger als dreißig Kilometer Marsch erfordert haben würde. Es blieb nichts anderes übrig, als den Weg dicht an La Lagunita vorbei in der Weise mit Stämmen zu pflastern, gleich den Callejones im Dschungel, auf denen die Trozas entlang geschleift werden. Aber der Sumpf verschluckte die nebeneinander aufgereihte Stämme so rasch, daß jede nachfolgende Compañia diese Brücken erneut bauen mußte.

Der Marsch bis zur ersten Siedlung an der äußeren Grenze des großen Dschungels hatte achtundzwanzig Muchachos, vier Mädchen und drei Kindern das Leben gekostet. Einige waren im Sumpf versunken und erstickt, andere waren bei den zahlreichen Flußübergängen ertrunken, andere von reißenden Strömungen fortgerissen und gegen Steine und Stämme geschmettert worden, wieder andere waren mit abbrechenden Pfaden in Schluchten gestürzt oder von Felsbrocken zermalmt worden, die sich lösten und auf den marschierenden Haufen schlugen. Es gab ein Dutzend zerbrochene Beine und Arme. Ein halbes Hundert aufgeschlagene Schädel gab es, und ein weiteres halbes Hundert von Muchachos schleppte sich dahin, vom Fieber gepeitscht, mit verschrumpften, matten Augen, grünlich-gelben Gesichtern und faustgroßen, grauen Höhlen in den Backen. Sechs der Gefallenen waren vielleicht einer nach dem andern in verschiedenen Nächten von Tigern oder Löwen geschnappt worden. Immer des Nachts, wenn infolge des Regens die Feuer verlöscht waren, oder die Burschen sich in der Dunkelheit zu weit von dem Kern des Lagers entfernten. Es war freilich nicht gewiß, ob die Tiger sie geholt hatten. Niemand hatte es gesehen. Aber sie waren am Morgen verschwunden, und, vom Regen halb verwischt, wurden mehrere Male die Spuren der mächtigen Tatzen eines Tigre Real nicht weit vom Lager entdeckt.

Ein Drittel der Packtiere war verlorengegangen. Die Ursachen waren dieselben wie bei den Muchachos, und zwar so ziemlich in einem gleichen Verhältnis in den verschiedenen Arten der Ursachen. Die Tiere erkrankten zwar nicht am Fieber, jedoch an Kolik. Das war der einzige Unterschied. Und die Hälfte, trotz aller Vorsicht, hatte Wunden auf dem Rücken, in denen fingerlange Maden sich wanden. Andere trugen böse Wunden an den Beinen, verursacht von glasscharfen Felskanten oder gebissen von Schlangen oder Tigretes.

Trotz dieser Verluste, trotz aller Krankheiten, trotz der Müdigkeit und Erschlaffung aller, war der Trupp zuversichtlicher Stimmung. Es herrschte Fröhlichkeit nicht nur in verschiedenen Kochgemeinschaften, sondern in jeder Compañia. Ganz gleich, wie hart auch der Weg während des Tages gewesen sein mochte, ganz gleich, wie traurig hier und da der Verlust eines Kameraden auch von dem einen oder anderen gefühlt wurde, am Abend im Lager schien alles vergessen zu sein. Die Toten waren begraben, und man ließ sie begraben sein. Es ging lustig zu in jedem Lager einer jeden Gruppe.

Alle waren so voller Glauben, daß sie auf dem Marsch zu ihrem Gelobten Lande, zu Freiheit und Erde seien, daß sich auch nicht einer von ihnen erinnern konnte, je in seinem ganzen Leben so fröhlich und so voller Hoffnung gewesen zu sein, wie jetzt auf diesem Marsche.

Alle hatten während der letzten Monate und Jahre in der Monteria gelebt ohne irgendwelche Hoffnung auf auch nur die kleinste Änderung ihrer Lage, hatten dahingelebt und dahingedämmert, abgestumpft gegen alles, was den Menschen vom Tier unterscheidet, und waren nur dann froh, wenn sie am Abend nicht gepeitscht oder gehenkt wurden und man sie in Ruhe ließ. Dankbar waren sie bis zu kriechender Unterwürfigkeit eines völlig gebrochenen Hundes, wenn ihnen der Patron oder der Capataz mit breitgezogenem Maule sagte: „Nun gut, ich werde dir diesmal deine Prügel schenken; knie nieder und küß mir die Hand!" –

Und nun endlich kamen sie zur ersten Siedlung. Hinter sich den Dschungel und die Monterias mit ihren Grauen und Schrecken. Vor ihnen ihre Dörfer, Väter und Mütter. Vor ihnen Freiheit und Erde. Vor ihnen: „Tierra libre para todos, tierra sin amos y sin capataces! Freie Erde für alle, Erde ohne Herren und ohne Peitscher!"

Es wurde ihnen so wohl ums Herz, sie hätten weinen können, als El Profesor den ganzen Haufen um sich versammelte und sagte: „Oiga, Muchachos, selbst wenn wir verlieren sollten, selbst wenn wir alle von den Kugeln der Rurales und Federales niederkartätscht werden sollten, selbst wenn keiner von uns Freiheit und Erde je gewinnen sollte: Daß wir die Monterias überwältigten, daß wir den Marsch für uns taten, daß wir heute nach eigenem Willen und als freie Männer hier sind, ledig aller Leibeigenschaft, das allein ist unser Leben und das Leben eines jeden einzelnen von uns wert gewesen.

Einmal frei gewesen zu sein, war es auch nur für drei Monate, ist mehr wert denn hundert Jahre Leben als gehorsamer Knecht. Wenn wir jetzt fallen, fallen wir nicht länger mehr als Peones, als Gehenkte und Gepeitschte, wenn wir jetzt fallen, dann fallen wir als freie Bürger der Erde, als freie Rebellen, als wahre Soldaten der Revolution."

„Si, si, profesor. Es la verdad!" schrien die Hunderte versammelter Muchachos. „Somos libres y luchamos por la libertad!"

„Richtig! Muchachos, richtig gesagt!" rief El Profesor von dem Ast des Baumes herunter, auf dem er saß, um einen weiten Überblick über die versammelten Muchachos zu haben. „Wir sind frei. Aber wir sind nicht nur frei für uns allein. Als Freie haben wir eine Aufgabe zu erfüllen. Als Freie sind wir Kämpfer für die Freiheit aller, die heute noch unfrei sind, für alle Bauern und Arbeiter, und alle vereinigt für den gleichen Freiheitskampf."

„Viva la libertad! Viva El Profesor! Arriba la lucha por la Tierra y Libertad!" Die Muchachos schrien es in voller Begeisterung.

An diesem Tage war die letzte Compañia hier angelangt, und die kleine Armee war vollständig.

Freunde und Arbeitskameraden, die in verschiedenen Gruppen marschiert waren, fanden sich wieder, hockten an gemeinsamem Feuer und erzählten sich ihre Erlebnisse des Marsches.

Es ging lustig zu. Viele musizierten auf Mundharmonikas, andere auf einfachen Fiedeln und Gitarren. Es wurde gesungen. Jämmerlich genug war das Singen. Aber es war ihr eigenes Singen, und darum gefiel es ihnen. Es wurde getanzt, gelacht, gelärmt. Das Gefühl, den Dschungel mit seinen Schrecken, Anstrengungen, Sümpfen, Morästen und seinen grausigen Nächten hinter sich zu haben, löste in allen einen Taumel der Freude aus. Es war ihre Erholung von dem harten Marsch und den nassen Nächten.

Der Dschungel als Ganzes war hier bei dieser Siedlung zu Ende. Seine Ausläufer freilich ragten noch tagereisenweit ins Land hinein. Die Wege wurden nur merklich besser, an einigen Stellen jedoch waren sie ebenso schlecht wie im Dschungel. Der Regen dauerte noch an, vielleicht noch Wochen; aber er begann nun, leichter zu werden. Schon in den letzten Tagen auf dem Marsche war der Regen weniger häufig gewesen. Es gab sogar schon einmal drei Tage ohne Regen. Dafür mochte er freilich morgen oder noch in dieser Nacht mit einem schweren Wolkenbruch neu anfangen und eine weitere Periode von zwei oder drei Wochen einleiten.

Aber der Dschungel war verlassen. Auf einem Marsch von fünfzehn Kilometern konnte man nun schon zwei oder drei Hütten, eine

Siedlung oder einen Rancho antreffen. Dann nach weiteren fünfzehn Kilometern kam man bereits zu den ersten größeren Fincas. Dann abermals etwa fünfzig oder sechzig Kilometer mehr, und die ersten kleinen vorgeschobenen Städtchen, wie Hucutsin und Achlumal, wurden erreicht.

Von hier an traf man kleine Pataches, kleine Mulekarawanen, auf den Wegen, sowie Gruppen von indianischen Kleinbauern, die ihre Waren zu Markte brachten. Bis zu jenen kleinen Städtchen, und noch darüber hinaus, befanden sich zwar hin und wieder immer noch Strecken von Dschungel, weite Gelände mit Busch und große Wälder, durch die man halbe Tage marschierte. Aber der Dschungel als Ganzes, als ein Tag und Nacht drohendes Ungeheuer war zu Ende.

Jetzt begannen schon die Felder mit Mais und Bohnen, hier und da verstohlen eingeschoben und eingebettet in den Urwald und in den Busch. Und je weiter der Marsch ging, um so häufiger wurden sie, bis sie sich in den Fincas so weit ausdehnten, wie man mit den Augen sehen konnte.

20

El Requemado, die Siedlung hier am Eingang des Dschungels, hatte etwa dreißig Jahre früher als Monteria begonnen. Nachdem alle Caoba geschlagen war und, wie in allen übrigen Monterias, auch nicht ein einziges neues Bäumchen gepflanzt worden war, obgleich die Konzessionen das ausdrücklich bestimmten, hatte ein Freund des Jefe Politico die Monteria für einige hundert Pesos von der Regierung erworben, einige indianische Familien hergelockt, um hier als Peones zu arbeiten, einen Mayordomo eingesetzt und diese ehemalige Monteria in einen Rancho umgewandelt. Dieser Rancho war armselig und brachte seinem Besitzer, der nie herkam, sondern in Jovel lebte und dort einen kleinen Kramladen unterhielt, so gut wie nichts ein, vielleicht hundert Pesos im Jahr. Der Mayordomo erhielt keinen Lohn, sondern machte sich bezahlt durch den Verkauf von Lebensmitteln an die Karawanen und an Caobaleute, wenn sie auf ihrem Marsch in die Monterias hier vorbeikamen und für eine Nacht rasteten.

Don Chucho, der gegenwärtige Mayordomo, bekam einen fürchterlichen Schrecken, als die erste Compañia angerückt kam und in der Nähe des Ranchos zu lagern begann. Er versuchte einige der Muchachos zu fragen, ob die Monterias geschlossen haben oder ob sie entlassen seien und warum sie Mules und Pferde der Monterias mit sich führten, ohne von Capataces begleitet zu sein. Die Antworten, die er erhielt, waren dürftig und verworren. Aber er war vorsichtig genug, nicht zu eingehend zu forschen, warum die Muchachos auf dem Marsch seien. Schließlich beruhigte er sich damit, daß es ihn ja wirklich im Grunde gar nichts anginge, warum sie die Monterias verlassen hätten.

Als dann aber mit jedem folgenden Tage eine weitere Compañia angerückt kam und keine der früher angelangten abmarschierte, sondern das Lager immer größer wurde, beschloß er, einen seiner Peones mit Nachricht zu einer der nächsten Fincas zu senden. Seine Frau jedoch riet ihm von diesem Vorhaben ab. „Dir ist bis jetzt nichts gestohlen worden, Chucho. Die Muchachos bezahlen, was sie kaufen. Wenn es auch nicht viel ist, was sie kaufen, es ist immerhin etwas. Und wenn die Muchachos etwas unter sich abgemacht haben, was geht's uns an. Kommt es raus, daß du einen Mann zu den Fincas geschickt und die Muchachos an die Rurales verraten hast, dann geht es uns allen trübe hier. Das weißt du recht gut. Laß' darum die Finger davon."

Don Chucho sah ein, daß seine Frau wieder einmal recht hatte. Das schmerzte ihn mehr als die Nähe eines so großen Lagers von Indianern, die auf dem Marsch waren und, was das Unangenehmste war, Waffen mit sich führten. Wo die Muchachos die Revolver, Jagdgewehre und Schrotbüchsen herhatten, ahnte er wohl. Aber er war weise genug, sich das nicht laut einzugestehen, weil er fürchtete, vor Schreck tot umzufallen, wenn er sich klar ausdenken würde, was in den Tiefen des Dschungels und in den Monterias geschehen sein mochte.

Der entscheidende Grund jedoch, warum Don Chucho keine Nachricht abschickte, war ein kluger und wahrhaft strategischer. Er sagte zu seiner Frau ganz richtig: „Wenn die Rurales von dem Anmarsch dieser Masse meuternder Muchachos unterrichtet werden, dann kommen die Rurales nicht hierher, sondern bleiben nahe den Fincas und Domänen und kleinen Städten, wo sie den Haufen erwarten und ihm dort eine Schlacht liefern. Die Muchachos verlieren die Schlacht und fliehen zurück, um sich im Dschungel zu verstecken, bis sie sich einzeln zu ihren Dörfern schleichen können. Wenn sie zurückgetrieben werden, dann müssen sie an dieser Siedlung wieder vorüberkommen; denn der Dschungel ist ihre einzige Rettung, von dort aus haben sie keinen Angriff zu befürchten. Kommen sie zurück, ein geschlagener Haufen, besiegt und gedemütigt, hungrig, verärgert, erbost und verzweifelt, so bleibt von dieser Siedlung kein Halm, kein Schwein, keine Ziege, kein Huhn übrig. Aber was das Schlimmste ist, ich werde erschlagen wie ein kranker Hund und du auch, und wer weiß, was sie sonst noch mit dir machen. Denn sie würden inzwischen erfahren haben, daß ich sie an die Rurales verriet."

Don Chucho erkannte die Sachlage gut. Das mußte sogar seine Frau anerkennen. „Du bist viel klüger, als ich je gedacht habe, Chucho", sagte sie mit einiger Bewunderung in ihrer Stimme.

Worauf er antwortete: „Gut, daß du das endlich einmal einsiehst, Vieja, wer von uns beiden das größte Hirn im Schädel hat. Es ist selten, daß du die Weisheit deines Mannes zu schätzen weißt."

„Schade, daß du so selten deine Weisheit offenbarst." Sie winkte ihn ins Haus, das genauer bezeichnet, nur eine Lehmhütte war. Als er drin war, sagte sie: „Es ist besser, du läßt dich nicht so viel draußen herum sehen."

So sehr dicht bei der Siedlung war das Lager freilich nicht. Dazu wäre in dem kleinen Rancho nicht genügend Platz gewesen; denn es war nur gerade soviel Dschungel gelichtet, daß Platz für die Hütten der Peones war sowie für die Maisfelder und Bohnenäcker. Jedoch weiter hin, auf dem Wege zu den Fincas, etwa einen Kilometer entfernt von dem Rancho, war eine Lichtung am Ufer eines Flusses, dichtbewachsen mit gratigem Dschungelgras und hohem Schilf. Und es war auf dieser Lichtung, wo El General den Haufen zu lagern angeordnet hatte.

Diese Lichtung hatte den strategischen Vorteil, daß von dem Rancho kaum jemand zu den Fincas gehen konnte oder umgekehrt, ohne an dem Lager vorüberkommen zu müssen; denn hier war die einzige Furt über den Fluß, der jetzt infolge des Regens hoch war und wahrscheinlich nur gekreuzt werden konnte, wenn ein langer Umweg, der Tage dauern mochte, unternommen wurde. Diesen Umweg zu finden und zu erforschen, konnte allein eine volle Woche an Zeit gebrauchen.

Es gab also genügend Gründe, warum der Generalstab des Rebellentrupps keinen Angriff von den Rurales oder den Federalsoldaten zu erwarten brauchte. Auf keinen Fall hier, auch nicht innerhalb der nächsten sechs Tage. Keine noch so tapferen Polizeimannschaften des Diktators würden bis hierher kommen, um den Trupp abzuschlachten. Der Dschungel war noch zu dick und zu dicht hier draußen. Maschinengewehre hatten hier keinen Wert, und selbst die vortrefflichen Karabiner reichten in diesem Gelände nicht weit. Hier konnte nichts von alledem verwendet werden, was Soldaten auf Exerzierplätzen und Kasernenhöfen und während der Manöver so schwer gelernt hatten. Hier waren die Muchachos, die barfuß liefen, die den Dschungel kannten, immer und jedesmal im Vorteil gegenüber regulären Soldaten. Hier ging es Mann gegen Mann und ohne Erbarmen und ohne Gnade. Hier waren Knüppel, Machetes, Messer, Steine und die harten Fäuste der Hacheros von größerem Kriegswert als die schönsten Karabiner. Das alles wußten natürlich auch die Offiziere der Landpolizei und der Soldaten recht gut. Und deshalb waren die Muchachos, selbst wenn die Rurales Nachricht von der Rebellion erhalten haben sollten, hier, wo sie jetzt lagerten, vor jedem Angriff sicher.

In dem Kriegsrat der Muchachos wurde nicht um irgendwelche Programmpunkte geredet, nicht darum, welche Ansicht die revolutionärste sei und welche als Verrat angesehen werden müsse, sondern der Streit ging darum, welche der Compañias von nun an, wo er ernst zu werden begann, an der Spitze marschieren sollte. Die erste Compañia hatte die ruhmvolle Aussicht, bis auf den letzten Mann niedergemäht zu werden, sobald die Rurales ein Maschinengewehr auf den Boden brachten.

Glücklicherweise waren die Muchachos nicht verdummt worden von Artikelschreibern und Versammlungsrednern. Sie waren nüchtern und praktisch. Es war ihnen nicht darum zu tun, Ruhm zu gewinnen. Sie hatten keinen anderen Gedanken als den Rurales und Federales die schönen neuen Karabiner, Revolver und Maschinengewehre abzunehmen. Alle besaßen einen guten natürlichen Instinkt, der sie lehrte: Wenn du Waffen hast und dein Gegner hat keine, dann gewinnst du die Revolution oder die Rebellion oder wie du das nennst; denn in seiner letzten Form handelt es sich bei allen wahren Revolutionen nicht um mehr Lohn, nicht um Aufteilung allen Besitzes, nicht um Privilegien, sondern um unverbrämte und unverkleidete Gerechtigkeit.

Der Sinn ihrer Rebellion bestand für die Muchachos vorläufig in nichts anderem als darin, nicht mehr geknechtet, nicht mehr geprügelt, nicht mehr versklavt zu werden. Seit seiner Kindheit hatte jeder einzelne von ihnen erfahren und gesehen, daß immer derjenige, der einen Revolver auf dem Hintern trägt oder einen Karabiner umgehängt hat, den Indianer knechten, ausbeuten, prügeln und ihm befehlen darf; und weil er, der indianische Arbeiter, eben keinen Revolver hat, darum muß er gehorchen und sich alles, was ihm angetan wird, gefallen lassen, und wenn er das Maul auftut, um ein Wort dagegen zu sagen, wird ihm der Revolverkolben auf das Maul geschlagen und der Karabinerkolben in den Magen gestoßen.

So war es ganz natürlich, daß für die Muchachos der Besitz der Waffen gleichbedeutend wurde mit dem Sieg der Rebellion. Allen ihren Gegnern die Waffen abzunehmen, bedeutete für sie, die Ergebnisse der Revolution für alle kommenden Zeiten und Ereignisse zu sichern.

Die Gruppe, die an der Spitze marschierte, würde das erste Zusammentreffen haben mit denen, die vorzügliche Waffen besaßen. Daß von jener ersten Gruppe wahrscheinlich dreiviertel niederkartätscht werden würden, war einem jeden der Muchachos völlig klar. Aber ein Viertel würde wahrscheinlich überleben. Und dieses Viertel hatte Anrecht auf alle Waffen, die gewonnen wurden. So wie jeder Mensch anderswo, der ein Lotterielos kauft, hofft, den großen Preis zu gewinnen, so hoffte jeder einzelne hier, zu dem überlebenden Viertel zu gehören und sich unter den gewonnenen Waffen die auszusuchen, die ihm am besten gefielen.

Den langen Reden und Streitigkeiten darum, welche Compañia von jetzt an den ersten Stoßtrupp bilden sollte, machten El General und Celso plötzlich ein rasches Ende.

El General schrie mit einem Male: „Gottverfluchtes Gesindel, seid ihr denn eine Horde von alten Weibern und Heulfunzen, so lange hier herumzuquasseln? Wir waren die erste Compañia, und wir bleiben die erste Compañia. Schluß und Ruhe nun!"

Weil diese kurze und entscheidende Ansprache an die Armee dem Celso noch nicht deutlich genug schien, stand er auf und rief: „Gottverdammte Hurensöhne, wer nicht einverstanden ist mit dem, was euch El General eben gesagt hat, kriegt eins in die Fresse. Verstanden? Wir sind in der Rebellion. Und in einer Rebellion wird nicht geredet, sondern gekämpft. Ihr kommt alle dran. Nur keine Sorge. In sechs Tagen ist sowieso und auf alle Fälle die Hälfte von euch allen nicht mehr am Leben."

„Viva! Bravo!" riefen die Muchachos. Und mehrere schrien: „Richtig, Celso, aber die andere Hälfte hat die Gewehre und die Patronen. Tierra y Libertad!"

Inzwischen waren die indianischen Männer, die als Peones in der Siedlung lebten, hierher ins Lager gekommen. Sie kannten einige der Muchachos von früher her. Es war Nacht. Am Tage hatten sie sich nicht hergewagt aus Furcht vor dem Mayordomo des Ranchos.

Zaghaft kamen sie heran, weil sie nicht recht wußten, wie der Trupp sie aufnehmen würde. Sie gehörten ja nicht zu ihnen, hatten bis jetzt und während der Tage des Aufmarsches der vielen Compañias nichts getan, sich das Vertrauen oder die Freundschaft der rebellischen Muchachos zu verdienen. Es wäre durchaus natürlich gewesen, daß man sie für Spione ansah, die nicht herkamen, Genossen im allgemeinen Kampf zu finden, sondern die sich hierher schlichen, um die Pläne der Rebellen zu erforschen, sie dann ihrem Mayordomo mitzuteilen oder sich gar einen Peso zu verdienen und die Rebellen an die Rurales oder an den nächsten Domänenbesitzer zu verraten.

Aber durch die Burschen, die sie von früher kannten, weil sie aus denselben Dörfern stammten und derselben Nation angehörten, hatten sie zwar nicht viel, aber doch einiges erfahren. Sie wußten, daß die Muchachos sich in Meuterei befanden, daß sie die Monterias gründlich reingefegt hatten und nun auf dem Marsch waren, um auch in den Fincas einmal ebenso gründlich aufzuräumen.

Weil sie das wußten, kamen sie gleich auf den Kern der Sache, sobald sie einmal im Lager waren.

Sie fragten nach dem Capitan, und man nannte ihnen El Profesor und El General. Sie gingen zu dem Feuer, wo der Generalstab hockte und, ihre Hüte höflich abnehmend, sagten sie: „Jefe, was tun denn wir hier, willst du uns das nicht sagen?"

„Ich bin euer Jefe nicht, Hombres", antwortete El Profesor. „Es gibt keine Jefes mehr und auch keine Patrones. Ich bin euer Camarada. Und wenn ihr Peones seid hier auf diesem dreckigen Ranchito, dann seid ihr willkommen, und ihr seid unsere Camaradas. Tierra y Libertad! Erde und Freiheit für alle, ohne Capataces und Patrones!"

„Camaradas, das ist es ja, was auch wir wollen. Ein Stückchen Erde, das uns gehört, und Freiheit, damit wir das Stückchen Erde in Frieden bebauen können ohne Prügel der Mayordomos, und daß wir miteinander reden und beraten dürfen, was wir wollen, und wir nicht aufs Maul geschlagen werden. Das ist alles. Und wenn wir das haben, sind wir zufrieden und machen deine Rebellion mit."

„Gut, wenn ihr das wollt, dann seid ihr Camaradas buenos, treue Genossen. Wir brauchen mehr Kämpfer, denn es werden genug niedergeschossen werden. Dann kommt nur gleich hier mit uns. Morgen früh marschieren wir."

„Mire, Jefecito, sieh mal hier", begann der Wortführer.

„Verflucht noch mal, habe ich dir nicht gesagt, du sollst nicht Jefe zu mir sagen, oder ich haue dir mächtig eins in deine Fratze."

„Perdoneme, Camarada. Mira. Sieh hier. Ich habe da eine kleine Milpa, ein Stückchen Feld, und da habe ich den Mais schon gepflanzt. Wenn ich mit euch gehe, dann kann ich den Mais nicht einernten. Und ich habe drei kleine Schweinchen. Was mache ich mit denen?"

„Du willst doch Erde haben und Freiheit?"

„Sicher will ich das haben. Aber, sieh hier, Camarada, und da habe ich auch eine Frau. Die ist nun gerade jetzt kräftig dick. Es wird wohl nur noch drei Wochen dauern, sagt die Madrona, die ihr dann helfen wird, wenn es soweit ist. Da kann ich nun meine Frau nicht allein lassen."

„Gut, dann bleibst du eben hier. Und besser, ihr bleibt alle hier auf eurem Rancho, laßt euch weiter verprügeln und weiter die Fressen breitschlagen, wenn ihr sie aufmacht."

„Wir würden das alles freilich gern ändern. Den Rancho könnten wir gut für uns gebrauchen. Wir haben jeder hier, kannst uns alle fragen, nur gerade ein kleines Fleckchen, wo wir unsern Mais pflanzen und unsere Bohnen. Dafür, daß wir das Fleckchen haben, müssen wir jeden Monat drei Wochen für den Rancho arbeiten, ohne daß uns der Mayordomo auch nur einen kleinen Centavito zahlt."

„Habt ihr jeder einen Machete?" Nun nahm El General die weitere Unterredung auf.

„Freilich, Camarada, haben wir jeder einen Machete."

„Gut dann. Wenn du eine neue Milpa aus dem Dschungel lichtest und dir ist ein Busch im Wege, was machst du denn da?"

„Ich wetze meinen Machete und schlage den Busch kurz und klein."

„Richtig, Amigo. Und wenn du Erde und Freiheit auf dem Ranchito haben willst, wo du jetzt arbeitest, schlecht behandelt wirst, und keinen kleinen Centavito verdienst, wer ist dir dann da im Wege?"

„Das weißt du doch, Camarada. Da ist Don Chucho, der Mayordomo."

„So, der ist euch im Wege in eurem Verlangen nach Erde und Freiheit?"

„Das habe ich gesagt, und das weißt du ja auch."

„Ihr habt doch alle Machetes?"

„Freilich haben wir Machetes. Hier Florencio und Marcos, die haben sogar zwei."

„Und gut zu wetzen versteht ihr eure Machetes auch?"

„Sehr gut. Wir machen das ja jeden Morgen zwei Stunden vor Sonnenaufgang, weil wir alle mit gewetzten Machetes lange vor der Sonne beim Mayordomo antreten müssen."

„Dann nehmt nur eure Machetes auf, wetzt sie gut und räumt alles das weg, was euch im Wege ist, wenn ihr den Rancho haben wollt."

Als die Peones gegangen waren, rief El General den Capitan einer jeden Gruppe herbei, um die Befehle für den nächsten Tag auszugeben.

Es war beschlossen worden, daß von nun an alle Gruppen näher zusammenbleiben sollten, weil an einem der nächsten drei Tage wahrscheinlich die ersten Zusammenstöße erfolgen würden. Die erste Compañia, geführt von El General, seinem Generalstabschef Celso und El Profesor, marschierte voran als Stoßtrupp. Eine halbe Stunde Marschzeit darauf folgte die zweite und dritte Compañia. Darauf, abermals mit einer halben Stunde Marschzeit dazwischen, folgte die vierte und fünfte. Die sechste, siebente und achte bildeten die Rückendeckung, bei der dreiviertel aller Mules und Pferde geführt wurden und sich die Reserven der Verpflegung befanden.

Jeder Muchacho trug außerdem seinen gewöhnlichen Packen wie auch sonst, wenn er marschierte. Die Frauen und Kinder, die im Trupp waren, gingen in den Compañias, in denen ihre Männer und Väter marschierten. Einige Frauen, darunter Modesta, marschierten im Stoßtrupp; sie trugen ihre Packen so gut wie die Männer.

Was die Muchachos tun würden und wie sie sich benehmen sollten, wenn sie die Fincas und die Dörfer erreichten, das berieten sie nicht. Es kam ihnen nicht einmal der Gedanke, daß sie beraten müßten, was zu geschehen habe, wenn die Rurales und die Federales endlich besiegt sein sollten. Ohne es zu wissen, und lediglich wieder einmal nur ihrem Instinkt als Unterdrückte folgend, handelten sie durchaus richtig. Es hat keinen Wert, tagelang und wochenlang zu beraten und sich in Sitzungen herumzuschlagen, was man tun müsse, wenn die Revolution gewonnen ist, der Gegner am Boden liegt und sich nicht mehr rühren kann. Gewinne die Revolution, vernichte deine Gegner, und wenn du das getan hast, dann berate darüber, was nun zu geschehen hat!

„Du verkaufst ja auch nicht das Fell des Tigers, ehe du den Tiger geschossen hast und er nicht mehr weglaufen kann", sagte El Profesor, als Andrés riet, sie sollten einen Plan machen, wie die Finca aufzuteilen wäre, wo er geboren worden war und wo seine Eltern als Peones arbeiteten.

„Aber es ist doch vielleicht gut, sich schon vorher nach jemandem umzusehen, der vielleicht das Fell kaufen möchte, damit man nicht so lange mit dem Fell herumlaufen muß."

„Weißt du, Andrucho", belehrte ihn El Profesor, „laß nur die Käufer von Fellen sich vorläufig um sich selbst kümmern. Wenn du die Felle erst einmal sicher hast, dann kommen die Käufer schon, und dann ist es Zeit, über den Preis und die Zahlungsweise zu sprechen."

Es war noch tiefe Nacht, etwa drei Uhr morgens, als El General die Mannschaften der ersten Compañia aufrief, sich marschbereit zu halten. Die übrigen hatten je eine halbe Stunde mehr Zeit für den Abmarsch.

Vier Tage lang war wenig Regen gewesen. Jetzt aber, kurz nach Mitternacht, hatte es wieder heftig zu regnen begonnen. Freilich waren es nun nicht mehr die schweren Ströme, die aus den Wolken schossen. Aber es war doch ein guter, kräftiger Regen, der innerhalb von zwei Stunden nicht nur das ganze Lager aufweichte, sondern auch alle die kleinen, rasch aufgebauten Palmhäuserchen zusammensinken ließ. Der ganze Trupp war in der Stunde, als El General das Marschsignal für die erste Compañia gab, so durchnäßt, als wäre er durch einen Fluß gewatet. Es kostete Mühe und Geduld, die Feuer in Gang zu bringen und sie am Brennen zu erhalten. Die Muchachos trockneten ihre nassen Lumpen, kochten sich Kaffee und wärmten Bohnen und Reis an.

Gegen vier Uhr ließ der Regen nach und El General gab den Befehl für die erste Compañia, zu marschieren.

Die Muchachos nahmen gerade ihre Packen auf, um sich in Marsch zu setzen, als die Peones, die am Abend im Lager gewesen waren, herbeikamen und nach dem General fragten.

„Habt ihr euch nun überlegt, mit uns zu marschieren?" fragte El General.

„No, Camarada", erwiderte der Wortführer. „Das ist nun nicht mehr nötig. Wir haben jetzt, was wir wollen. Wir haben Tierra y Libertad. Der Ranchito ist nun unser. Wir teilen ihn heute auf unter uns."

„Und der Mayordomo hat euch den Ranchito gegeben?"

„Ja. Freilich, als wir ihm sagten, daß wir den Ranchito seit Jahren bebaut hätten und daß darum der Ranchito nun uns gehören müsse, weil wir ihn geschaffen und aus dem Dschungel herausgelichtet haben, da sagte Don Chucho, der Mayordomo, das habe er sich schon denken können. Die verdammten, verlausten und verdreckten Meuterer aus der Monterias hätten uns aufgehetzt, sagte er, und wenn wir nicht das Maul hielten, dann werde er jedem von uns hundert überziehen, sobald die verfluchten, stinkigen und dreckigen Aufwiegler aus den Monterias erst einmal von hier fortgezogen seien."

„Und was habt ihr darauf gesagt?"

„Wir haben sehr wenig gesagt; denn wir hatten schon am Abend noch unsere Machetes gewetzt. Als wir nun näher auf Don Chucho loskamen, feuerte er seinen Revolver los, gleich darauf waren Calixto und Simeon erschossen, und drei andere wälzten sich herum, weil sie ein Stück Blei in die Gedärme gekriegt hatten."

„Und da habt ihr Angst bekommen und seid weggelaufen?"

„No, Camarada. Da sind wir nicht weggelaufen, sondern wir haben daran gedacht, daß man mit einem guten Machete arbeiten muß, wenn man eine Milpa aus dem Dschungel lichten will. Wir haben dann gleich Don Chucho und Doña Amalia eingegraben, damit sie am Morgen niemand sehen sollte. Natürlich, ehe wir Don Chucho eingruben, haben wir ihm den Revolver abgenommen und auch die Jagdflinte, die er hatte. Wir können sie ganz gut für uns gebrauchen. Sein Haus wollen wir nicht. Das ist voll von Ratten. Und nun wirst du wohl verstehen, Camarada Jefecito, daß wir nicht mit euch zu marschieren brauchen. Wir haben, was wir wollen, und mehr wollen wir nicht. Tierra y Libertad, sin mayordomos y sin patrones. Wir sind jetzt die Patrones hier. Aber wenn ihr noch einige Tage hier lagern wollt, Muchachos, wir geben euch gern die Erlaubnis."

„Das ist schon gut, Amigos", sagte El General. „Wir marschieren heute früh noch alle ab und niemand stört euch hier in eurer Verteilung der Erde und in eurer Arbeit. Aber wenn die Rurales hierherkommen sollten und euch fragen: Wo ist Euer Mayordomo Don Chucho? Was sagt ihr da?"

„Wir sagen, Don Chucho und Doña Amalia hatten Furcht und sind in den Dschungel geflohen. Mehr wissen wir nicht. Und wenn die Rurales damit nicht zufrieden sind, dann wetzen wir wieder unsere Machetes, und wir haben ja auch einen Revolver und die Schrotflinte. Überhaupt kommen jetzt keine Rurales mehr, Jefecito. Ihr besiegt sie alle und auch die Federales. Und wir werden nun gehen, denn wir haben ein fettes Schwein geschlachtet, das Doña Amalia so gut gepflegt hatte. Wir haben nun frisches Fleisch zum Braten, das ist jetzt gerade fertig zum Essen. Aber für euch ist es zu wenig, darum können wir euch nicht einladen, mit uns zu essen. Adiós, Camarada Jefe y adiós a todos los capitanes y muchisimas gracias. Habt alle einen guten und fröhlichen Marsch.

El Profesor rief Andrés heran und sagte zu ihm leise: „Hast du gut aufgemerkt, Andrucho? Das ist praktische Revolution. Sie laden uns nicht einmal zum Frühstück ein."

„Was meinst du mit praktischer Revolution, Profesor?“ fragte Andrés.

„Besitz und Eigentum sind fester begründet als zuvor hier in dieser Nachbarschaft. Es hat sich nur der Name des Besitzers geändert. Und ich kann dir sagen, Camarada, morgen oder übermorgen werden sich die neuen Besitzer hier mit ihren Machetes gegenseitig zerfleischen, eben des neuen Besitzes wegen, bis einer oder keiner übrigbleibt, sich des neuen Besitzes zu erfreuen. Wer den Revolver gewann, wird der neue Patron werden, und wer die Schrotflinte hat, der neue Mayordomo. Und die noch übrigbleiben, werden wieder Peones sein.“

„Dann hatte doch die Revolution hier keinen Zweck.“

„Hier nicht. Bei diesen Leuten ist die Revolution zu leicht gewesen und zu rasch gegangen. Das tut Revolutionären niemals gut. Sie wechselten die Äcker und die Schweine. Was aber das Wichtigste ist, die Ideen, auf denen das ganze System aufgebaut ist, diese Ideen wurden hier nicht geändert, nicht einmal berührt, ja, nicht einmal begriffen. Das System bleibt dasselbe. Gestern war der Herr hier Don Chucho, heute Eusebio, morgen Florencio. Es sind immer wieder Herren da, und weil Herren da sind, darum sind auch Knechte da. Im Grunde hat sich hier nichts geändert. Sie haben nicht einmal ein Körnchen Dankbarkeit für uns, die wir ihnen geholfen haben. Sie würden dich und mich verhungern lassen, nur um nicht ein Stück Schweinefleisch für sich weniger zu haben.“

„Wie können die armen Muchachos das besser wissen, wenn es ihnen niemand erklärt?“ verteidigte Andrés die Peones.

„Eine Revolution, die erklärt und vielleicht sogar begründet werden muß, ist keine Revolution, sondern nur ein Streit um Besitz und Ämter. Die wirkliche Revolution, die fähig ist, Systeme zu ändern, sitzt dem wahren Revolutionär im Herzen. Der wahre Revolutionär denkt nicht daran, was er persönlich durch eine Revolution verdienen könnte, sei es ein Ministerposten oder ein Bürgermeisterämtchen oder ein vernichteter Geschäftskonkurrent. Der wahre Revolutionär rührt die Grundfesten des Systems auf, unter dem er leidet und unter dem er andere Menschen leiden sieht. Und er opfert sich und stirbt dafür, um die Grundfesten zu zerstören und neue Ideen zu verwirklichen.“

Andrés schüttelte den Kopf und sagte: „Profesor, das ist mir alles zu hoch. Ich sollte doch erst einmal Profesor werden, wie du einer bist, ehe ich das verstehe.“

„Brauchst dich nicht zu sorgen, Andrucho“, sagte darauf El Profesor, „du, El General, El Coronel, Celso, das Mädchen Modesta, Santiago, Matias, Fidel, Cirilo und noch eine gute Anzahl von uns hier sind die richtigen Leute, die wir brauchen. Ihr habt es im Herzen, und wer es im Herzen hat, dem braucht man nichts zu erklären.“

Da brüllte eine Stimme durch die Bäume: „Also, zum Teufel, wo ist El Profesor? Profesor! Los, wir marschieren!"

„Estoy, da bin ich, General!" sagte El Profesor, nahe herankommend.

„Laß uns nun voranknete n, Camarada, durch den gottverfluchten Dreck hier. Wir müssen zum Vortrupp. Der ist schon ein gutes Stück voraus."

„Ich sprach noch soeben mit Andrés. Hölle und Teufel mögen mir helfen, was das hier für Leute sind, die Peones meine ich. Morgen werden sie sich gegenseitig abzuschlachten beginnen, weil der eine einen Fetzen mehr Land verlangt, als ihm die anderen bewilligen wollen oder weil ihm ein Stück besser gefällt, auf das sich bereits sein Nachbar hingesetzt hat."

„Nicht unsere Sorge, Profesor. Mit solchen Kleinigkeiten können wir uns nicht aufhalten. Auch dafür wird einmal Zeit kommen."

„Richtig, General. Wir werden in den nächsten Wochen anderes zu tun bekommen."

„Aha, gut geahnt, Comisario, vielleicht schon in den nächsten Tagen. Losgehopst. Kneten wir heftig voran, an den hier stöhnenden Muchachos vorüber, daß wir nach vorn kommen. Immer vorn voran sein, Profesor, dann hört man nicht so viel von den kleinen Ärgerlichkeiten. Je weniger man denen zuhört, um so mehr Vertrauen behält man dafür, daß eine Revolution nicht nur Systeme zu ändern vermag, sondern vielleicht auch den ärmlichen Hökersinn der Menschen."

„Wo hast du denn das her, General?"

„Das habe ich mir in der letzten Nacht so ausgedacht, nachdem die Peones gegangen waren und ich außen um das Lager herumstolperte und von weitem zwischen den Bäumen hindurch die Feuer brennen sah und hier und da etwas auffing von den Hunderten von Reden und Gesprächen, die da in der Luft herumschwirrten. Ausgedacht habe ich es mir. Es kam so ganz wie von selbst."

„Vorzüglich ausgedacht, General, das könnte man hübsch und sauber aufschreiben, damit es nicht verlorengeht."

Und während sie so sprachen, wateten sie hurtig voran, über Äste, Wurzeln und Steine stolpernd, hier und da bis an die Knie in dem zähen Morast des Dschungels versinkend, erneut aufgeweicht durch den heftigen Regen der Nacht.

Kalt, grau und wäßrig kroch zögernd der Morgen herauf und wehte mißvergnügt und schlecht geschlafen um die Kronen der Urwaldbäume. Hier auf diesem Pfade, im dichten Gebüsch und unter dem verstrickten Laubdach des Dickichts, das nicht einmal einen Glimmer der sich langsam grauenden Wolken hindurchließ, war es noch stock=finster.

Die marschierenden Muchachos verursachten ein merkwürdiges eintöniges Geräusch durch das Quatschen und Flutschen und schlürfende Spritzen der Löcher und Röhren des Morastes, in den die Marschierenden ihre nackten Beine hineinquetschten und wieder herauszerrten. Sie grunzten, knurrten, stöhnten und ächzten, wenn sie plötzlich tiefer als erwartet einsanken, und wenn sich dann noch, beim leisesten Windhauch, Bäume und hohe Sträucher bewegten und einen dicken Guß im Laube angesammelten Wassers auf die darunter hinknetenden Muchachos ausschütteten.

El General und El Profesor, obgleich sie infolge der Finsternis kaum voransehen konnten und nur zuweilen neben sich die Schatten der schwerbepackten Leute, die sie hinter sich zurückließen, undeut=lich gewahrten, wußten plötzlich, daß sie nahe dem Vortrupp sein mußten. Denn sie hörten Celsos kräftige Stimme brüllen, als wollte sie das Dickicht zu Spänen zerfetzen.

„Ihr lausigen Indios, ihr seid mir auch gerade die richtigen Beglei=ter. Rebellen wollt ihr sein? Ein Schitt seid ihr. Ein Hundeschitt. Nichts weiter. Rebellen? Ha? Daß ich doch nicht aufplatze vor Lachen. Re=bellen. Heulfuntzen seid ihr. Alte verschrumpfte Weiber. Das seid ihr. Habt ihr denn auch so gestöhnt, gewinselt und gejammert, wenn ihr für die Patrones im Mist und Dreck und im Schitt bis zum Halse ge=steckt habt und dann noch die dickste Troza mit langgezottelt? Da habt ihr Lausefetzen nicht mal Mumm gesagt, keiner hat das Maul aufgerissen, nur geschuftet hat jeder einzelne, schlimmer als vier Ochsen. Das freilich war für die gottverdammten und verhurten Patrones und Cabrones. Und jetzt, wo es endlich einmal für euch selber geht, da reißt ihr das Maul, das dreckige, gleich bis hinter eure verfilzten Ohrlappen auf, wenn auch nur eine Zehe hier mal nur gerade so bis an den abgequetschten Nagel in den gottverfluchten Matsch reinrutscht. Flucht meinetwegen von früh bis in die Nacht hinein, wenn ihr eure Freßtore aufsperrt, aber winselt mir hier nicht herum, wenn es nun einmal für eure eigene Rebellion geht. Ihr kennt mich doch wohl, oder vielleicht nicht? Ihr kennt doch meine Flossen. Und das sage ich euch, gottverdammte und verlauste Indios, die ihr seid, wenn ich auch nur noch ein einziges Mal nur einen einzigen von euch hier winseln oder auch nur schüchtern husten höre, dann komme ich euch einmal auffrischen. Aber gründlich. Rebellen. Ha! Rebellen. Los nun, verdammt noch mal und die Stelzen gerührt und voran. Los! Los! Nur nicht schüchtern und zaghaft."

El Profesor und El General waren stehengeblieben.

„Du hast dir da ein Prachtstück von einem Generalstabschef aus=gesucht, General. Auf den kannst du stolz sein."

„Bin ich auch."

„Was ist er denn jetzt?"

„Leutnant."

„Teniente nur? Ich schlage vor, daß du ihn zum Capitan ernennst. Zum Hauptmann."

„Du bist der Comisario, Professor, und da du ihn zur Beförderung empfohlen hast, gut, er ist zum Capitan ernannt."

„Muchas gracias!"

„Aber da fällt mir ein, Comisario, ich habe einen Coronel, zehn Capitanes und ein halbes Hundert Tenientes. Was mir dringend fehlt, ist ein Mayor. Mit deiner Erlaubnis, Comisario, werde ich ihn heute abend im Lager zum Mayor ernennen."

El Profesor hatte sich schon wieder in Marsch gesetzt. In derselben Sekunde jedoch stolperte er über eine dicke Baumwurzel und fiel der ausgestreckten Länge nach hin. Mit den Armen bis zum Ellbogen und mit dem Gesicht bis zu den Ohren steckte er im Schlamm. Und dies war der Grund, warum er jetzt nicht antworten und die Beförderung sofort bestätigen konnte.

ENDE

HEYNE BÜCHER

Jeden Monat mehr als dreißig neue Heyne-Taschenbücher

... ein vielseitiges und wohldurchdachtes Programm, gegliedert in sorgfältig aufgebaute Reihen aller Literaturgebiete: Große Romane internationaler Spitzenautoren, leichte, heitere und anspruchsvolle Unterhaltung auch aus vergangenen Literaturepochen. Aktuelle Sachbuch-Bestseller, lebendige Geschichtsschreibung in den anspruchsvollen „Heyne Biographien“, Lehr- und Trainingsbücher für modernes Allgemein- und Fachwissen, die beliebten Heyne-Kochbücher und praxisnahen Ratgeber. Spannende Kriminalromane, Romantic Thriller, Kommissar-Maigret-Romane und Psychos von Simenon, die bedeutendste deutschsprachige Science-Fiction-Edition und Western-Romane der bekanntesten klassischen und modernen Autoren.

Ausführlich informiert Sie das Gesamtverzeichnis der Heyne-Taschenbücher. Bitte mit nebenstehendem Coupon anfordern!

Senden Sie mir bitte kostenlos das neue Gesamtverzeichnis

Name

PLZ/Ort

Straße

An den
Wilhelm Heyne Verlag
8000 München 2
Postfach 201 204